普通高等教育一流本科专业建设成果教材

无机非金属材料工程
Inorganic Non-metallic Materials Engineering

粉体工程

Powder Engineering

吴玉胜　主编

化学工业出版社
·北京·

内容简介

《粉体工程》以粉体为研究对象，以相关理论为基础，系统论述了粉体粒度分析及测量、粉体填充与堆积特性、粉体的润湿及粉体层静力学、超微粉体特性、粉体制备技术与方法、粉体的分散与表面改性、粉体材料的输送与贮存、混合与造粒、粉尘的危害与防护等内容。详细介绍了固相法、液相法和气相法制备粉体材料的方法。

本书可作为粉体材料科学与工程或无机非金属材料工程专业及相关专业本科生或研究生的教材，也可作为在相关工程领域从事研究和技术工作人员的参考用书。

图书在版编目(CIP)数据

粉体工程 / 吴玉胜主编. —北京：化学工业出版社，2022.8(2025.4 重印)

ISBN 978-7-122-41403-8

Ⅰ. ①粉… Ⅱ. ①吴… Ⅲ. ①粉末法 Ⅳ. ①TB44

中国版本图书馆 CIP 数据核字(2022)第 080492 号

责任编辑：王 婧 杨 菁　　文字编辑：孙亚彤
责任校对：刘曦阳　　装帧设计：李子姮

出版发行：化学工业出版社
(北京市东城区青年湖南街 13 号 邮政编码 100011)
印 装：北京建宏印刷有限公司
787mm×1092mm 1/16 印张 14 字数 320 千字
2025 年 4 月北京第 1 版第 2 次印刷

购书咨询：010-64518888
售后服务：010-64518899
网 址：http://www.cip.com.cn
凡购买本书，如有缺损质量问题，本社销售中心负责调换。

定 价：49.00 元

前言

粉体材料科学与工程属于新兴的综合性学科，涉及材料、化工、电子、机械、冶金、医药等学科的知识。随着科学技术的快速发展，在粉体材料制备、粉体材料改性、粉体材料分析检测等方面的新技术和高端设备的不断更新和发展下，粉体工程学的内涵不断拓展，对粉体材料的制备、表征及应用也有了更高的要求。作为新时代的科技人员，从事粉体材料科学与工程相关领域的研究，需要了解掌握微米及纳米尺度粉体材料的制备方法、改性技术和表征手段等知识。

本书结合国家新工科专业的创新性改革发展对材料科学与工程学科的教学要求和粉体材料高纯化、纳米化的发展趋势，在粉体工程、超微粉体加工技术、纳米材料制备技术、粉体材料表面改性、粉体测试与分析等现有相关著作论述的基础上编写而成。本书不仅涉及对微米级粉体的制备与表征内容的论述，也涉及对纳米粉体材料的制备与表征内容的论述，实现了全尺寸粒径粉体材料的相关知识论述，能更好地满足广大读者的需要。

本书由吴玉胜、李明春、王昱征、李来时四位老师共同编写完成，其中吴玉胜老师负责第 7、8、9 章的编写和全书的统稿工作，李明春老师负责第 4、5、6 章的编写工作，王昱征老师负责第 2、12、13 章的编写工作，李来时老师负责第 1、3、10、11 章的编写工作。在本书的编写过程中也得到了沈阳工业大学功能材料教研室其他同仁的大力支持，在此表示感谢。

由于编者水平有限，书中难免存在疏漏之处，希望读者批评指正。

编　者

2022.3

目录

第1章　绪论

1.1　粉体的基本定义

什么是粉体？首先看一些人们所熟悉的物质，例如生活中的食品，面粉、豆粉、奶粉、咖啡、大米、小米、大豆等；自然界的河沙、土壤、尘埃、沙尘暴；工业产品，火药、水泥、颜料、化肥等。按照学科的分类，以上的物质都是粉体，都是由无数颗粒构成的。所以说，从宏观角度看，颗粒是粉体物料的最小单元。颗粒的大小、分布、结构形态和表面形态等因素是粉体其他性能的基础。

工程上常把在常态下以较细的粉粒状态存在的物料称为粉体物料，简称粉体。构成粉体颗粒的大小，小至只能用电子显微镜才可以看得清的几纳米，大到用肉眼可以辨别清楚的数百微米，乃至几十毫米。如果构成粉体的所有颗粒，其大小和形状都是一样的，则称这种粉体为单分散粉体。在自然界中，单分散粉体尤其是超微单分散粉体极为罕见，目前只有用化学人工合成的方法可以制造出近似的单分散粉体。迄今为止，还没有利用机械的方法制造出单分散粉体的报道。大多数粉体都是由参差不齐的各种不同大小的颗粒组成，而且形状也各异，这样的粉体称为多分散粉体。粉体颗粒的大小和在粉体颗粒群中所占的比例，分别称为粉体物料的粒度和粒度分布。

粉体颗粒的大小，一般用“目”或微米来表示。所谓“目”，是指每英寸（1 英寸=0.0254 米）长度的标准试验筛筛网上的筛孔数量。较粗的粉体，多用目来表示其颗粒粒度。例如，“+325 目 0.5%”表示有 0.5%（占样品的质量分数）的粗颗粒通不过 325 目筛（这部分颗粒称为筛余量）；“−270～+325 目 30%”表示有 30%的物料颗粒能通过 270 目而通不过 325 目筛，即 270～325 目的颗粒在样品中所占质量分数为 30%。值得注意的是，各国的试验用筛所对应的筛孔尺寸是不一样的。但在国际标准化组织（ISO）的协调下，它们正在趋于统一。

1.2　粉体工程研究的内容

20 世纪 50 年代初期，粉体工程这个名词首先出现在日本。实际上，对粉体的研究早在新石器时代就开始了。粉体从古至今一直与人类的生产和生活有着十分密切的关系。众所周知，陶——第一种人造材料早在新石器时代就问世了，而它的生产，除与火有着必然的联系外，与粉末也是分不开的。随着生产的发展，人们对细粉末状态的物质有了逐步的认识，明代宋应星所著的《天工开物》一书就对一些原始的粉体工艺加工过程进行了详细的总结和描述，只是由于各种限制，没能提出粉体的概念。

科学技术发展至近代，几乎所有的工业部门均涉及粉体处理过程。约翰·艾特肯博士在他的论文中这样写道："飘浮在大气中的尘埃引起了人们越来越多的关注。随着对这些看不见的尘埃认识的加深，我们对尘埃的研究兴趣也浓厚了。当我们认识到这些尘埃对我们的生命至关重要时，我们几乎可以说人们对它的担忧是不无道理的。无论是小到经过许多倍显微镜放大后也看不见的那些无机尘埃，还是漂浮在大气层内不可见的更大一点的有机粒子，尽管这些粒子看不见，但它们可是传播人类疾病和死亡的瘟神，这些瘟神比诗人或画家曾表现出来的要真实得多……"上面的一段话指的是环境污染控制领域。现在，粉体工程学已经发展成为一门跨学科、跨行业的综合性极强的技术科学，它的应用遍及材料、冶金、化学工程、矿业、机械、建筑、食品、医药、能源、电子及环境工程等诸多领域。

在粉体工程这一名词出现以前，工业部门的划分一般是以产品类别为基础的，各行业只能独立处理各自遇到的粉体技术问题。由于缺少交流，大家认识不到各行业之间在粉体技术方面的共性，因此在某种程度上阻碍了科学技术的发展。随着知识的积累，在综合学科、边缘学科迅猛发展的大趋势下，人们对粉体的认识也产生了升华。这就是将粉体看成物质的一种特殊存在形式，把各行业在粉体研究中的共性聚合在一起作为一门单独的学科来进行研究，以指导各行业的产品开发和技术进步，一门新的学科——粉体工程学就由此诞生了。

粉体研究的目的如下。

① 提高工业产品的质量与控制水平。粉体颗粒的大小及粒度分布对产品质量影响是非常大的。如传统材料中的水泥，粗细颗粒的比例、颗粒的形状对产品性能有着极大的影响；医药工业中的某些药剂，可以通过细化来改变药剂的用量和吸收性；颜料颗粒的大小对被涂物体表面的遮盖力影响极大，当颗粒细到约等于可见光波长（0.4～0.76μm）的0.4～0.5倍时，颗粒对入射光的散射能力最大，这时颜料便具有较高的遮盖力，而当颗粒直径小于可见光波长的1/2时（即小于上述数值），因发生光的衍射，遮盖力明显下降，颜料具有透明性。再者就是粉体的表面改性，如白云母经过氧化钛、氧化铬、氧化铁、氧化锆等金属氧化物进行表面改性后，用于化妆品、塑料、浅色橡胶、涂料、特种涂料等，可以赋予这些制品珠光效应，大大提高了这些产品的价值，类似的例子举不胜举。

② 节能降耗，促进粉体加工技术的发展。粉体颗粒的制备离不开粉体加工机械、化学加工过程及高温处理过程等。当把粉体加工到很微细的颗粒时，所需要的能量是相当大的。例如建材、化工、冶金等行业中主要使用的微细粉体加工设备之一是球磨机，而目前球磨机的有效能量利用率仅为2%～4%，大约有96%以上的能量在粉磨物料时被消耗掉。通过对粉碎机理的研究，可改进或设计新型的粉磨机械，使之针对细粉磨过程中粉体的聚散情况，最大限度地提高粉磨效率。在化学法加工超细粉体（目前纳米级粉体一般都是用化学方法来进行加工的）时，加工成本高昂，如何找到更好、更有效的方法也是其中的工作之一。粉体加工技术涉及的内容很多，在此不进行逐一叙述。

③ 新材料的研究与开发。随着世界范围高新技术的突飞猛进，新型材料层出不穷。例如，现在人们创造的超硬材料、超强材料、超导材料、超纯材料等新型材料，使科学发展到了利用极端参数的阶段。要使材料达到极端状态，则往往要改变材料原有的属性，而改变属性的方法之一就是使材料颗粒粒度细化至纳米级再进行组合，以生产出一些与原材料属性完全不同的新型材料。超导材料就是在原本不导电陶瓷材料的基础上，采取一些高新技术进行处理后，得到的一种电阻几乎为零的人工合成新型材料。

1.3 粉体颗粒的种类

世界上存在着成千上万种粉体物料。它们有的是人工合成的，有的是天然形成的。各种粉体的颗粒又是千差万别的。从颗粒的构成来看，这些形态各异的颗粒往往可以分成四大类：原级颗粒、聚集体颗粒、凝聚体颗粒和絮凝体颗粒。相对重要的是前三种。

1.3.1 原级颗粒

最先形成粉体物料的颗粒，称为原级颗粒。因为它是第一次以固态存在的颗粒，故又称一次颗粒或基本颗粒。从宏观角度看，它是构成粉体的最小单元。根据粉体材料种类的不同，这些原级颗粒的形状有立方体状的，有针状的，有球状的，还有不规则晶体状的，如图 1-1 所示，图中各种颗粒内的虚线表示微晶连接的晶格层。

粉体物料的许多性能都与它的分散状态有关，即与它单独存在的颗粒大小和形状有关。真正能反映出粉体物料的固有性能的，就是它的原级颗粒。

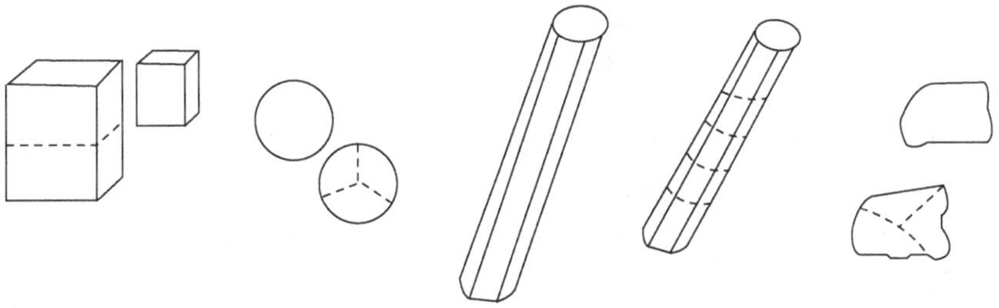

图 1-1 原级颗粒

1.3.2 聚集体颗粒

聚集体颗粒是由许多原级颗粒靠着某种化学力与其表面相连而堆积起来的。因为它相对于原级颗粒来说是第二次形成的颗粒，所以又称二次颗粒。由于构成聚集体颗粒的各原级颗粒之间均以表面相互重叠，因此，聚集体颗粒的表面积比构成它的各原级颗粒的总和小，如图 1-2 所示。聚集体颗粒主要是在粉体物料的加工和制造过程中形成的。例如，化学沉淀物料在高温脱水或晶型转变过程中，使要形成原级颗粒的颗粒彼此粘连，形成聚集体颗粒。此外，晶体生长、熔融等过程也会促进聚集体颗粒的形成。

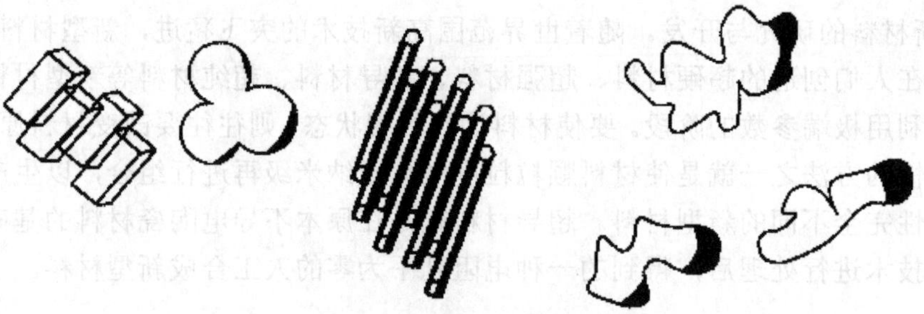

图 1-2 聚集体颗粒

聚集体颗粒中各原级颗粒之间有很强的结合力，彼此结合得十分牢固，并且聚集体颗粒本身就很小，很难将它们分散成为原级颗粒，必须再用粉碎的方法才能使其解体。

1.3.3 凝聚体颗粒

凝聚体颗粒是在聚集体颗粒之后形成的，故又称三次颗粒。它是由原级颗粒或聚集体颗粒或两者的混合物通过比较弱的附着力结合在一起的疏松的颗粒群，而其中各组成颗粒之间是以棱或角结合的，如图 1-3 所示。正因为是棱或角接触的，所以凝聚体颗粒的表面与各个组成颗粒的表面之和大体相等。凝聚体颗粒比聚集体颗粒要大得多。

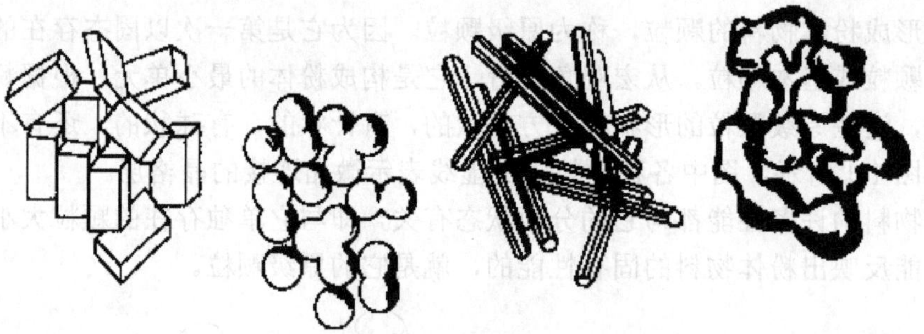

图 1-3 凝聚体颗粒

凝聚体颗粒也是在物料的制造与加工处理过程中产生的。例如，湿法沉淀的粉体在干燥过程中便形成大量的凝聚体颗粒。

原级颗粒或聚集体颗粒的粒径越小，单位表面上的表面力（如范德瓦耳斯力、静电力等）越大，越易于凝聚，而且形成的凝聚体颗粒越牢固。由于凝聚体颗粒结构比较松散，它能够被某种机械力（如研磨分散力或高速搅拌的剪切力）所解体。如何使粉体的凝聚体颗粒在具体应用场合下快速而均匀地分散开，是现代粉体工程学中的一个重要研究课题。

1.3.4 絮凝体颗粒

粉体在许多实际应用中，都要与液相介质构成一定的分散体系。在这种液固分散体系中，颗粒之间的各种物理力迫使颗粒松散地结合在一起，由此所形成的粒子群称为絮凝体颗粒。它很容易被微弱的剪切力所解絮，也容易在表面活性剂（分散剂）的作用下自行分散开来。长期贮存的粉体，可以看成是与大气水分构成的体系，故也有絮凝体产生，形成结构松散的絮团——料块。

1.4 粉体的分类及特点

对于粉体，人们根据不同的认识有不同的分类方法，常见的分类依据有粒径大小、形成原因和存在状态。按照粒径的大小可将粉体分为粒料（粒径>1mm）、粉料（粒径<1mm），其中粉料又分为粗粉体（粒径>0.5mm）、中细粉（粒径为0.074～0.5mm）、细粉体（粒径为10～74μm）、微粉体（粒径为0.1～10μm）、纳米粉体（粒径<100nm）。按照粉体的形成原因分为天然粉体、人工粉体和工业粉尘。按照其存在的状态分为固态、气固态、液固态、液气固态、气液态、气溶胶（以气体为分散介质的胶体物系）。

通过以上对粉体的介绍，可以看到粉体存在如下一些共性特点：粒度不连续、比表面积大、颗粒形状不规则、具有摩擦性。

1.5 与粉体有关的产业

1.5.1 以粉体为主体的相关产业

① 无机非金属材料工业 水泥、陶瓷、玻璃行业中的原料的粉碎、烧成和烧结都涉及粉体的制备、混料、输送等粉体加工工程。水泥熟料的水硬性、研磨性均与粉体本身的粒度大小及其分布情况有关。玻璃和陶瓷的特性也与所用粉体原料的特性有很大关系。

② 冶金和金属工艺学 粉末冶金需要以金属粉末（或金属粉末与非金属粉末的混合物）作为原料，经过成形和烧结，制造金属材料、复合材料以及各种类型制品，整个过程均涉及粉体知识。金属铸造过程中的型砂制备需要对沙子的颗粒进行选择和级配，金属的表面处理与腐蚀防护均涉及粉体的喷丸或粉体涂层等相关知识。

③ 颜料和感光剂工业 颜料的着色主要为粉末状的无机或有机物质。用于着色的粉末颗粒的大小和形状对颜料的着色力、耐光性、耐候性等均有较大的影响。如美术用的颜料基本要求颗粒越细腻越好，颜色越鲜艳越好，越持久不变色越好（稳定性要好）。摄影行业用的摄影乳剂也是固体颗粒（卤化银）在液体（溶液中的明胶）中的悬浮液。现在磁盘具有较高的存储能力也是纳米级磁性材料制备技术快速发展的结果。

④ 电化学和部分无机化学工业 目前清洁能源所涉及的电池及电容器等储电材料的制备首先需要制备一定粒度分布和特定形貌的粉体材料，这些粉体材料经过一系列处理才能制备出性能优异的正极或负极材料。作为第二大金属铝生产用原料，氧化铝主要是采用拜耳法生产的，其过程涉及铝土矿的破碎、氢氧化铝的结晶、氢氧化铝经悬浮焙烧制备氧化铝、氧化铝的输送等粉体工程的相关知识。

1.5.2 在生产工艺的重要部分与粉体相关的产业

① 原子能和能源工业 原子炉的陶瓷燃烧器质量好坏与组成其所用原料的颗粒分

布、大小及其级配均有较大关系，涉及石墨、氧化铍等高密度烧结材料的制备也需要用到粉体工程的相关知识。能源领域中固体燃料的着火性、粉尘的爆炸、固体炸药的特性均与粉体颗粒的大小和形状有很大关系。火力发电所用超临界机组中的涡轮叶片制造涉及陶瓷型芯、表面耐热与防腐涂层材料的制备，这些工序均属于粉体工程范畴。

② 石油化学、高分子化学、有机精密化学工业　石油化学中各种固体催化剂的制备，高分子化学中的乳剂、悬浮剂的分散聚合，橡胶或塑料的填充材料和配合剂的制备，塑料行业中的球晶化、纤维化，医药、农药制备过程中的造粒等，均涉及粉体工程的专业知识。

③ 电子学　集成电路的制造过程需要进行化学气相沉积制备薄膜，磁芯、铁素体、烧结电阻体、碳精电极的制备等，均利用粉体工程的知识。

④ 宇宙科学　涉及超轻量耐热材料、高强度材料，火箭用固体燃料的成型性和燃烧性等均与组成原料的颗粒性质有关，可通过粉体工程的知识对相关性能进行调控。

1.6　粉体工程的学习任务

粉体工程横跨众多学科行业，但作为一门独立的学科还在不断发展与完善之中。我们要认识到这是一门集多个学科基础知识于一体，可以借助其他学科所提出的概念、工具、技术手段和研究技巧来解决某些共性问题的学科，其自身的特点和解决问题的框架及思路日臻清晰。我们需要在以下几个方面去不断丰富与完善其内涵。

① 深入研究制备超细粉体的基本理论与技术，借鉴其他学科的方法，指导生产超细粉体的工艺技术和设备研制。探寻化学合成法、物理法等非机械力超细粉体制备技术，以适应不同特性物料对设备性能的要求。探索超细颗粒的表面功能特性与表面改性，进行表面结构与功能的设计，进一步研究超细粉体的团聚机理，提出消除硬团聚的有效途径。

② 在现有粉体设备的基础上，开发与超细粉碎设备配套的精细分级设备及粉体产品输送设备等其他辅助工艺设备，提高系统综合性能。开发多功能一体化超细粉碎、精细分级、精细提纯及表面改性的设备，并进行设备的系列化生产，从而可制备出具有特殊性能的粉体，减小超细粉体由于物化性质变化对产品深加工带来的影响。要完善设备结构与生产工艺，增强自动控制能力，降低能耗、噪声和污染等不利因素。

③ 开发研究与粉体制备技术相关的粒度在线检测与控制技术，实现超细粉体制备的工业化连续性及粉体性能、质量一致可靠性。超细粉体颗粒的粒度、比表面积和表面电荷等特性测试本身就是一个复杂过程，其结果受测试仪器和测试条件的影响很大，能实现粉体生产过程中产品的粒度和级配自动控制的在线测试仪器与技术将是主要的发展方向。

第 2 章　粉体粒度分析及测量

材料的力学性能、物理和化学性质描述了组成材料的物质组态的基本特性，当物质被“分割”成粉体之后，上述三类性质则不能全面描述材料的性质，必须对粉体材料的组成单元即颗粒进行详细描述。颗粒的大小和形状是粉体材料最重要的物性特性表征量。对于具有比较规则外形的颗粒来说，其粒径比较容易表征，例如，球形的颗粒，用以表示它尺寸大小的直径显然是十分明确的；如果颗粒是立方体，那就可以用边长、棱面对角线长或立方体的对角线长去描述它的尺寸，因此这些量都可以作为直径。而对形状不规则的颗粒进行表征就非常困难了。因为绝大多数情形下颗粒都是非球形颗粒，故一般用“粒径或颗粒尺寸”而非“直径”来表示颗粒的大小。

2.1　单颗粒的粒度

2.1.1　三轴径

当对一不规则颗粒作三维尺寸测量时，可作一个外接的长方体，如图 2-1 所示。若将长方体放在笛卡尔坐标系中，其长、宽、高分别为 l、b、h，可表示为颗粒的三轴径，三轴径的平均值计算公式及物理意义列于表 2-1。

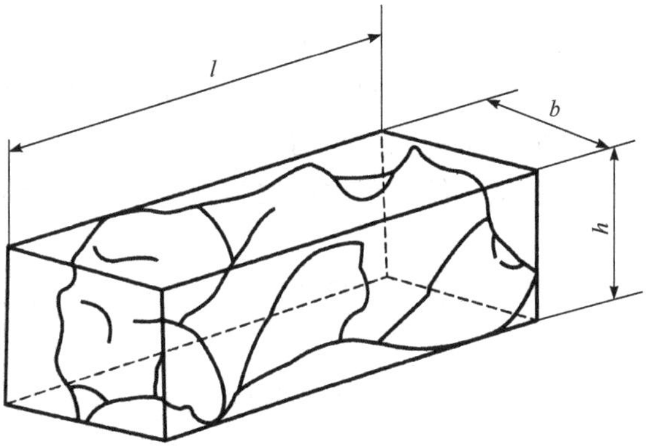

图 2-1　颗粒的外接长方体

表 2-1　三轴径的平均值计算公式及物理意义

序号	名称	计算公式	意义
1	二轴平均径	$\frac{l+b}{2}$	显微镜下出现的颗粒基本大小的投影
2	三轴平均径	$\frac{l+b+h}{3}$	算术平均

续表

序号	名称	计算公式	意义
3	三轴调和平均径	$\dfrac{3}{\dfrac{1}{l}+\dfrac{1}{b}+\dfrac{1}{h}}$	与颗粒外接长方体比表面积相等的球的直径或立方体的一边长
4	二轴几何平均径	$\sqrt{lb}$	接近于颗粒投影面积的度量
5	三轴几何平均径	$\sqrt[3]{lbh}$	与颗粒外接长方体体积相等的立方体的棱长
6	三轴等表面积平均径	$\sqrt{\dfrac{2(lb+lh+bh)}{6}}$	假想的等表面积的正方体的边长

可以根据长方体的一维尺寸计算不规则颗粒的平均径，用于比较不规则颗粒的大小。当只可测得颗粒的 2 个主尺寸时，例如小尺寸的颗粒用显微镜测量尺寸时，就可以用二轴平均径或二轴几何平均径公式确定其直径。当 3 个主尺寸都能测出时，例如大颗粒，则按照三轴平均径或三轴几何平均径确定其直径。当颗粒的形状接近于一平行六面体，当立方体的体积与正平行六面体的体积相等时，相当于以立方体的棱边作正平行六面体的直径。

如果在所研究的问题中颗粒的表面积十分重要，应该突出表面积的影响。这时不妨以与此正平行六面体表面积相等的立方体的棱边作为其直径（按照序号 6 的公式进行计算）。如果在所研究的问题中起决定性作用的不是表面积，而是比表面积（单位体积物质的表面积），则宜用与此正平行六面体比表面积相等的立方体的直径作其直径，也就是利用其三轴调和平均径进行计算。

2.1.2 定向径

在显微镜下观测颗粒投影像时，对于一个颗粒，其二维尺寸随着观测方向而异。对于取向随机的许多颗粒，可沿着一定方向（左右方向或前后方向）观测，用平行于一定方向测得的线性尺寸的平均值表示颗粒的平均粒径，称为统计平均径，又称定向径。颗粒投影的几种粒径如图 2-2 所示。统计平均径按照测定方法分为定方向径、定向等分径和定向最大径。

定方向径（Feret 径）：沿一定方向测量的颗粒投影轮廓两端切线间的垂直距离，用符号 d_F 表示。

定向等分径（Martin 径）：沿一定方向将颗粒的投影二等分的割线的长度，用符号 d_M 表示。

定向最大径（Krummbein 径）：沿一定方向测得的颗粒最大投影长度，用符号 d_{Max} 表示。

定向径的大小比较为：$d_F \geqslant d_{Max} \geqslant d_M$。

需要说明的是，定向径通常是大量颗粒的某一定向径的统计平均值（单一颗粒的定向径没有实际意义），具有统计平均径的意义。

以上各种粒径是纯粹的几何表征量，描述了颗粒在三维空间中的线性尺度。在实际粉末颗粒测量中，还有依据物理测量原理，例如运动阻力、介质中的运动速度等获得的

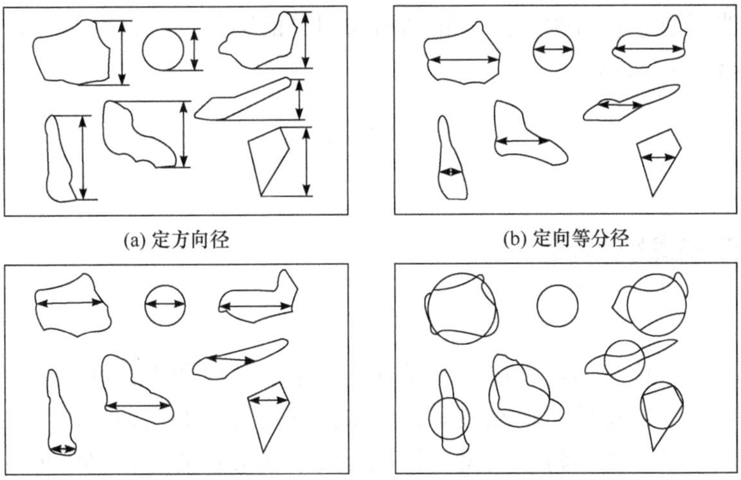

(a) 定方向径　(b) 定向等分径　(c) 定向最大径　(d) 投影圆相当径

图 2-2　颗粒投影的几种粒径

颗粒粒径，这时的粒径已经失去了通常的几何学大小的概念，而转化为材料物理性能的描述。因此，除球体以外任何形状的颗粒并没有一个绝对的粒径值，描述它的大小必须要同时说明依据的规则和测量的方法。

2.1.3　当量直径

在不方便直接度量颗粒的尺寸时，可测定颗粒某方面的特征，例如体积、表面积、比表面积、沉降速度等，以具有与此相同特征的球或其投影圆的直径作为颗粒的直径，这种直径称为当量直径。

球当量直径又分为等体积球当量直径、等表面积球当量直径、等比表面积球当量直径。

等体积球当量直径：与颗粒体积相等的球的直径。

设颗粒的体积为 V，等体积球的直径为 d_V，有 $V=\frac{\pi}{6}d_V^3$，所以：

$$d_V=\sqrt[3]{\frac{6V}{\pi}} \tag{2-1}$$

等表面积球当量直径：与颗粒表面积相等的球的直径，用符号 d_S 表示。令表面积为 S，则有 $S=\pi d_S^2$，故：

$$d_S=\sqrt{\frac{S}{\pi}} \tag{2-2}$$

等比表面积球当量直径：与颗粒比表面积相等的球的直径。

圆当量直径：与颗粒某种投影性质相等的圆的直径。

投影圆当量直径：与颗粒投影面积相等的圆的直径，用符号 d_{H} 表示。令投影面积为 A，则有 $A=\frac{\pi}{4}d_{\mathrm{H}}^2$，所以：

$$d_{\mathrm{H}}=\sqrt{\frac{4A}{\pi}} \tag{2-3}$$

等周长圆当量直径：与颗粒投影轮廓周长相等的圆的直径，用符号 d_L 表示。令周长为 L，则有 $L=\pi d_L$，所以：

$$d_L = L/\pi \tag{2-4}$$

2.2 颗粒形状因数

颗粒的形状对粉体的物理性能、化学性能、输运性能和工艺性能有很大的影响。例如，球形颗粒粉体的流动性、填充性好，粉末结合后材料的均匀性高。涂料中所用的粉末则希望是片状颗粒，这样粉末的覆盖性就会较其他形状的好。科学地描述颗粒的形状对粉体的应用会有很大帮助。同颗粒大小相比，描述颗粒形状更加困难些。为方便和归一化起见，人们规定了某种方法，使形状的描述量化，并且是无量纲的量。这些形状表征量可统称为形状因子，主要有以下几种。

2.2.1 扁平度 m 与延伸度 n

一个任意形状的颗粒，测得该颗粒的长、宽、高分别为 l、b、h，定义方法与前面讨论颗粒大小的三轴径规定相同，则：

$$m = \frac{\text{颗粒的宽度}}{\text{颗粒的高度}} = \frac{b}{h} \tag{2-5}$$

$$n = \frac{\text{颗粒的长度}}{\text{颗粒的宽度}} = \frac{l}{b} \tag{2-6}$$

2.2.2 形状系数

不管颗粒形状如何，只要它是没有孔隙的，它的表面积就一定正比于颗粒在某一特征尺寸的平方，而它的体积就正比于这一尺寸的立方。形状系数分为体积形状系数（φ_V）、表面积形状系数（φ_S）和比表面积形状系数（φ_{SV}）。如果用 d 代表这一特征尺寸，那么体积形状系数 φ_V：

$$V = \frac{\pi}{6} d_V^3 = \varphi_V d^3 \tag{2-7}$$

$$\varphi_V = \frac{V}{d^3} = \frac{\pi d_V^3}{6d^3} \tag{2-8}$$

式中，d_V 为等体积球当量直径。对于球形颗粒，$\varphi_V=\pi/6$；对于立方体颗粒，d 为棱长，$\varphi_V=1$。

表面积形状系数 φ_S：

$$S = \pi d_S^2 = \varphi_S d^2 \tag{2-9}$$

$$\varphi_S = \frac{S}{d^2} = \frac{\pi d_S^2}{d^2} \tag{2-10}$$

式中，d_S 为等表面积球当量直径。对于球形颗粒，$\varphi_S=\pi$；对于立方体颗粒，$\varphi_S=6$。比表面积形状系数为表面积形状系数与体积形状系数的比值。

一些规则几何体的形状系数如表 2-2 所示。

表 2-2　一些规则几何体的形状系数

几何形状		φ_S	φ_V	φ_{SV}
球形（d）		π	π/6	6
圆锥形（$l=b=h=d$）		0.81π	π/12	9.7
圆	$l=b$, $h=d$	3π/2	π/4	6
	$l=b$, $h=0.5d$	π	π/8	8
	$l=b$, $h=0.2d$	7π/10	π/20	14
	$l=b$, $h=0.1d$	3π/5	π/40	24
立方体 $l=b=h$		6	1	6
方柱体	$l=b$, $h=b$	6	1	6
	$l=b$, $h=0.5b$	4	0.5	8
	$l=b$, $h=0.2b$	2.8	0.2	14
	$l=b$, $h=0.1b$	2.4	0.1	24

2.2.3　球形度

球形度是一个应用广泛的形状因数，为颗粒的等体积球的表面积与颗粒的实际表面积之比。表示符号为 ϕ_c 或 ψ。若颗粒的等表面积当量直径为 d_S，等体积当量直径为 d_V，则其表达式为：

$$\phi_c=\frac{\pi d_V^2}{\pi d_S^2}=\left(\frac{d_V}{d_S}\right)^2 \tag{2-11}$$

若用 φ_S 和 φ_V 表示之，则有：

$$\phi_c=\frac{\pi(6\varphi_V/\pi)^{2/3}d^2}{\varphi_S d^2}=4.836\frac{\varphi_V^{2/3}}{\varphi_S} \tag{2-12}$$

下面以棱长为 a 的立方体颗粒为例说明球形度计算过程。

首先计算颗粒的体积：

$$V=a^3$$

颗粒的表面积：

$$S=6a^2$$

则等体积球当量直径：

$$d_V=\sqrt[3]{\frac{6}{\pi}}a$$

等体积球的表面积：

$$S_{球} = \pi\left(\sqrt[3]{\frac{6}{\pi}}a\right)^2 = \pi(6/\pi)^{2/3}a^2$$

所以：

$$\phi_c = \frac{S_{球}}{S} = 0.806$$

表 2-3 为一些规则形状体的球形度，可见，球形度表示颗粒与球形颗粒接近的程度，即ϕ_c值越接近 1，则颗粒形状越接近球形。除球形颗粒外，任何形状的颗粒的ϕ_c值都小于 1。

表 2-3　一些规则形状体的球形度

规则形状体	球形度
球体	1
圆柱体（$d=h$）	0.877
立方体	0.806
正四面体	0.671
圆柱（$d:h=1:10$）	0.580
圆板（$d:h=10:1$）	0.472

2.3 粒度分布

粒度分布表示颗粒群粒径的分布状态。实践证明，形状各异的多分散体，其颗粒大小服从统计学规律，具有明显的统计效果。如果将这种物料的粒径看成连续的随机变量，那么从一堆粉体中按一定方式取出一个分析样品，只要这个样品的量足够大，完全能够用数理统计的方法，通过研究样本的各种粒径大小的分布情况，来推断出总体的粒度分布。有了粒度分布数据，便不难求出粉体的某些特征值，例如平均粒径、粒径的分布宽窄程度和粒度分布的标准偏差等，从而可以对成品粒度进行评价，减少确定分布所需要的试验次数。

2.3.1 频率分布

在粉体样品中，某一粒度大小（用 D_p 表示）或某一粒度大小范围（用ΔD_p表示）内的颗粒（与之相对应的颗粒个数为 n_p）在样品中出现的比例（%）即为频率，用 $f(D_p)$ 或 $f(\Delta D_p)$ 表示。样品中的颗粒总数用 N 表示，则有如下关系：

$$f(D_p) = \frac{n_p}{N}\times 100\% \text{ 或 } f(\Delta D_p) = \frac{n_p}{N}\times 100\% \tag{2-13}$$

这种频率与颗粒大小的关系，称为频率分布。

下面用一个实例说明这种分布的构成。假设用显微镜观察 300 个颗粒的粉体样品，经测定，最小颗粒的直径为 1.5μm，最大颗粒为 12.2μm。将被测定出来的颗粒按由小到大的顺序以适当的区间加以分组，组数用 h 来表示，一般多取 10～25 组。小于 10 组，数据的准确性大大降低；大于 25 组，数据处理的过程又过于冗长。取 h=12。区间的范围称为组距，用ΔD_p表示。设ΔD_p=1μm，每一个区间的中点，称为组中值，用 d_i 表示。落在每一个区间的颗粒除以 N 便是 $f(\Delta D_p)$。将测量的数据加以整理，结果见表 2-4。

表 2-4　颗粒大小的分布数据

h	ΔD_p/μm	n_p	d_i/μm	$f(\Delta D_p)$ /%
1	1.0～2.0	5	1.5	1.67
2	2.0～3.0	9	2.5	3.00
3	3.0～4.0	11	3.5	3.67
4	4.0～5.0	28	4.5	9.33
5	5.0～6.0	58	5.5	19.33
6	6.0～7.0	60	6.5	20.00
7	7.0～8.0	54	7.5	18.00
8	8.0～9.0	36	8.5	12.00
9	9.0～10.0	17	9.5	5.67
10	10.0～11.0	12	10.5	4.00
11	11.0～12.0	6	11.5	2.00
12	12.0～13.0	4	12.5	1.33
总和		300		100

这种通过列表的方式表述粒度分布的方法称为列表法。也可根据表的数据以粒径为横坐标，频率为纵坐标作直方图，形成图示法（图 2-3）。每一个直方图的底边长就是组距ΔD_p，高度即为频率，底边的中点即为组中值 d_i。

如果将各直方图回归成一条光滑曲线，便形成频率分布曲线。工程上往往采用分布曲线的形式来表示粒度分布。

如果能用某种数学解析式来表示这种频率分布曲线，则可以得到相应的分布函数式，记为 $f(D_p)$。频率分布曲线与横坐标轴围成的面积为：

$$\int_{D_{min}}^{D_{max}} f(D_p)\mathrm{d}D_p = 100\% \tag{2-14}$$

应当指出，粒度频率分布的纵坐标不限于用颗粒个数表示（当然，对于显微镜观测，因为可以数出颗粒个数，故用颗粒的个数表示很方便），也可以使用颗粒质量表示。这时所得到的分布，称为质量粒径分布。

此外，粒径分组的组距不一定为等组距，完全可以采用不等组距。这样，粒度的直方图分布又可以分为等组距和不等组距两种。

当$\Delta D_p \to 0$ 时，矩形图分布即成为曲线所示的连续频率分布。

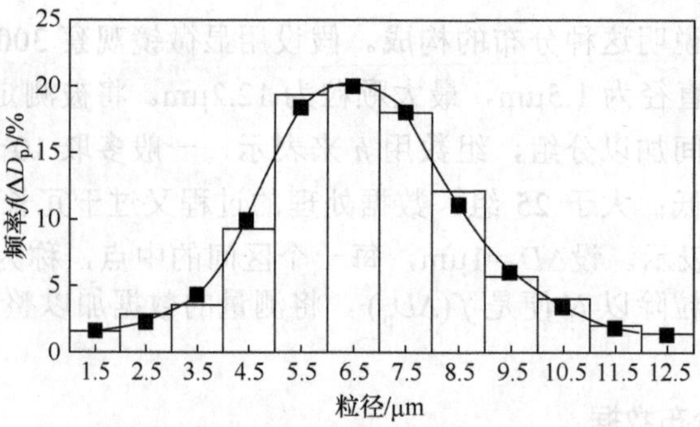

图 2-3 颗粒的频率分布图

2.3.2 累积分布

把颗粒大小的频率分布按一定方式累积，便得到相应的累积分布。它可以用累积直方图的形式表示，但更多的是用累积曲线表示。一般有两种累积方式，一种是按粒径从小到大进行累积，称为筛下累积（用“−”号表示）；另一种是从大到小进行累积，称为筛上累积（用“+”号表示）。前者所得到的累积分布表示小于某一粒度的所有颗粒的质量（或个数）占粉体总质量（或总个数）的比例，用 $U(D_p)$或 $D(D_p)$表示；而后者表示大于某一粒度的所有颗粒的质量（或个数）占粉体总质量（或总个数）的比例，用 $R(D_p)$表示。

将表 2-4 中的数据进行累积处理后，便得到表 2-5，图 2-4 便是根据表 2-5 绘制的累积直方图和两种累积曲线。

表 2-5 颗粒的累积频率

ΔD_p/μm	n_p	d_i/μm	$f(D_p)$/%	累积分布	
				筛下累计/%	筛上累计/%
0.0～1.0	0	0	0	0	100.00
1.0～2.0	5	1.5	1.67	1.67	98.33
2.0～3.0	9	2.5	3.00	4.67	95.33
3.0～4.0	11	3.5	3.67	8.34	91.66
4.0～5.0	28	4.5	9.33	17.67	82.33
5.0～6.0	58	5.5	19.33	37.00	63.00
6.0～7.0	60	6.5	20.00	57.00	43.00
7.0～8.0	54	7.5	18.00	75.00	25.00
8.0～9.0	36	8.5	12.00	87.00	13.00
9.0～10.0	17	9.5	5.67	92.67	7.33
10.0～11.0	12	10.5	4.00	96.67	3.33
11.0～12.0	6	11.5	2.00	98.67	1.33
12.0～13.0	4	12.5	1.33	100	0

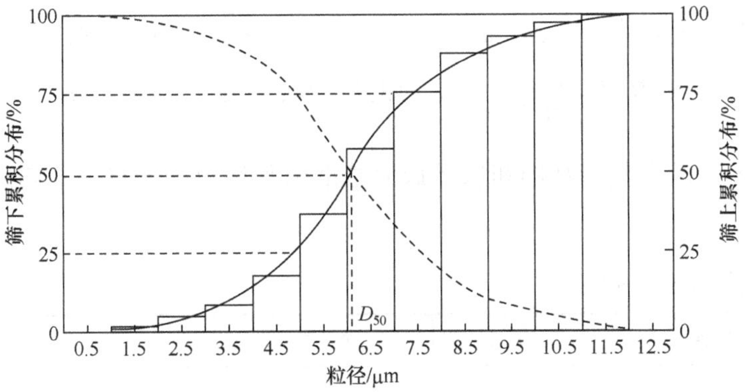

图 2-4　筛上和筛下累积分布直方图与曲线图

由表 2-5 中筛上和筛下分布中的数据及图 2-4 中的筛上和筛下两条分布曲线可以得出以下这样一些关系：

$$D(D_p)+R(D_p)=100\% \tag{2-15}$$

$$\begin{cases} D(D_{min})=0 \\ D(D_{max})=100\% \\ R(D_{min})=100\% \\ R(D_{max})=0 \end{cases} \tag{2-16}$$

相比概率分布，累积分布更有用。许多粒度测定技术，如筛分法、重力沉降法、离心沉降法等，所得的分析数据都是以累积分布显示出来的。它的优点是消除了直径的分组，特别适用于确定中位数粒径等。

2.3.3　频率分布和累积分布的关系

$$\begin{cases} D(D_p)=\int_{D_{min}}^{D_p} f(D_p)\mathrm{d}D_p \\ R(D_p)=\int_{D_{max}}^{D_p} f(D_p)\mathrm{d}D_p \\ f(D_p)=\dfrac{\mathrm{d}D(D_p)}{\mathrm{d}D_p} \\ f(D_p)=-\dfrac{\mathrm{d}R(D_p)}{\mathrm{d}D_p} \end{cases} \tag{2-17}$$

由式（2-17）可知，$f(D_p)$又称为颗粒粒度分布微分函数，而 $D(D_p)$或 $R(D_p)$又称为颗粒粒度分布积分函数。

2.3.4　表征粒度分布的特征参数

（1）平均粒径

在粉体粒度的测定中，采用各式各样的平均粒径来定量地表达颗粒群（多分散体）的粒度大小。本节简单介绍一些在工程技术上经常采用的平均粒径。

设颗粒群粒径分别为 d_1，d_2，d_3，d_4，d_5，…，d_n；相对应的颗粒个数为 n_1，n_2，n_3，n_4，n_5，…，n_n，总个数 $N=\sum_{i=1}^{n} n_i$；相对应的颗粒质量为 m_1，m_2，m_3，m_4，m_5，…，m_n，总质量 $m=\sum_{i=1}^{n} m_i$。以个数为基准和以质量为基准的平均粒径计算公式归纳于表 2-6 中。

表 2-6　平均粒径计算公式

序号	平均粒径名称	记号	个数基准平均值	质量基准平均值
1	个数长度平均径	D_{nL}	$D_{nL}=\dfrac{\sum_{i=1}^{n}(n_i d_i)}{\sum_{i=1}^{n} n_i}$	$D_{nL}=\dfrac{\sum_{i=1}^{n}(m_i/d_i^2)}{\sum_{i=1}^{n}(m_i/d_i^3)}$
2	长度表面积平均值	D_{LS}	$D_{LS}=\dfrac{\sum_{i=1}^{n}(n_i d_i^2)}{\sum_{i=1}^{n}(n_i d_i)}$	$D_{LS}=\dfrac{\sum_{i=1}^{n}(m_i/d_i)}{\sum_{i=1}^{n}(m_i/d_i^2)}$
3	表面积体积平均值	D_{SV}	$D_{SV}=\dfrac{\sum_{i=1}^{n}(n_i d_i^3)}{\sum_{i=1}^{n}(n_i d_i^2)}$	$D_{SV}=\dfrac{\sum_{i=1}^{n} m_i}{\sum_{i=1}^{n}(m_i/d_i)}$
4	体积四次矩平均值	D_{Vm}	$D_{Vm}=\dfrac{\sum_{i=1}^{n}(n_i d_i^4)}{\sum_{i=1}^{n}(n_i d_i^3)}$	$D_{Vm}=\dfrac{\sum_{i=1}^{n}(m_i/d_i)}{\sum_{i=1}^{n} m_i}$
5	个数表面积平均值	D_{nS}	$D_{nS}=\sqrt{\dfrac{\sum_{i=1}^{n}(n_i d_i^2)}{\sum_{i=1}^{n} n_i}}$	$D_{nS}=\sqrt{\dfrac{\sum_{i=1}^{n}(m_i/d_i)}{\sum_{i=1}^{n}(m_i/d_i^3)}}$
6	个数体积平均径	D_{nV}	$D_{nV}=\sqrt[3]{\dfrac{\sum_{i=1}^{n}(n_i d_i^3)}{\sum_{i=1}^{n} n_i}}$	$D_{nS}=\sqrt[3]{\dfrac{\sum_{i=1}^{n} m_i}{\sum_{i=1}^{n}(m_i/d_i^3)}}$
7	长度体积平均径	D_{LV}	$D_{LV}=\sqrt{\dfrac{\sum_{i=1}^{n}(n_i d_i^3)}{\sum_{i=1}^{n}(n_i d_i)}}$	$D_{LS}=\sqrt{\dfrac{\sum_{i=1}^{n} m_i}{\sum_{i=1}^{n}(m_i/d_i^2)}}$
8	调和平均径	D_h	$D_h=\dfrac{\sum_{i=1}^{n} n_i}{\sum_{i=1}^{n}(n_i d_i)}$	$D_h=\dfrac{\sum_{i=1}^{n}(m_i/d_i^3)}{\sum_{i=1}^{n}(m_i/d_i^4)}$
9	几何平均径	D_g	$D_g=\left(\prod_{i=1}^{n} d_i^{n_i}\right)^{\frac{1}{N}}=\prod_{i=1}^{n} d_i^{f_i}$	

注：$\prod_{i=1}^{n}$ 代表 n 个 $d_i^{n_i}$ 或 $d_i^{f_i}$ 连乘。

平均粒径表达式的通式归纳如下：

以个数为基准
$$D_n=\left(\frac{\sum_{i=1}^{n}n_i d_i^{\alpha}}{\sum_{i=1}^{n}n_i d_i^{\beta}}\right)^{\frac{1}{\alpha-\beta}}=\left(\frac{\sum_{i=1}^{n}f_n d_i^{\alpha}}{\sum_{i=1}^{n}f_n d_i^{\beta}}\right)^{\frac{1}{\alpha-\beta}} \tag{2-18}$$

以质量为基准
$$D_w=\left(\frac{\sum_{i=1}^{n}m_i d_i^{\alpha-3}}{\sum_{i=1}^{n}m_i d_i^{\beta-3}}\right)^{\frac{1}{\alpha-\beta}}=\left(\frac{\sum_{i=1}^{n}f_m d_i^{\alpha-3}}{\sum_{i=1}^{n}f_m d_i^{\beta-3}}\right)^{\frac{1}{\alpha-\beta}} \tag{2-19}$$

式中，f_n 和 f_m 分别为个数基准与质量基准的频率分布。

在工程技术上，最常用的平均粒径是 D_{nL} 和 D_{SV}，前者主要用光学显微镜和电子显微镜测得，后者则主要用比表面积测定仪测得。同一种粉体物料，各种平均粒径的大小有时相差很大。所以，在工程技术上，一般要指明所标出的平均粒径是哪一种平均粒径。当几个粉体样品的粒径进行比较时，一定要用同一平均粒径，否则容易造成误会，得出错误的结论。

（2）中位粒径 D_{50}

所谓的中位粒径 D_{50}，是在粉体物料的样品中，把样品的个数（或质量）分成相等部分的颗粒粒径。如图 2-4 所示，有 $D(D_p)=R(D_p)=50\%$。这样，若已知粒度的累计频率分布，很容易求出该分布的中位粒径。

（3）最频粒径 D_{mo}

在频率分布图上，纵坐标最大值所对应的粒径便是最频粒径，即在颗粒群中个数或质量出现概率最大的颗粒粒径。若某颗粒群的频率分布式 $f(D_p)$已知，则令 $f(D_p)$的一阶导数为零，便可求出 D_{mo}；同样，若 $D(D_p)$或 $R(D_p)$为已知，则令其二阶导数等于零，也可求出 D_{mo}。

（4）标准偏差

标准偏差以σ表示，几何标准偏差以σ_g表示。它们是最常采用的表示粒度频率分布离散程度的参数，其值越小，说明分布越集中。σ或σ_g的计算公式如下：

$$\sigma=\sqrt{\frac{\sum_{i=1}^{n}n_i\left(d_i-D_{nL}\right)^2}{N}} \quad （个数基准） \tag{2-20}$$

$$\sigma_g=\sqrt{\frac{\sum_{i=1}^{n}n_i(\log d_i-\log D_g)^2}{N}} \quad （质量基准） \tag{2-21}$$

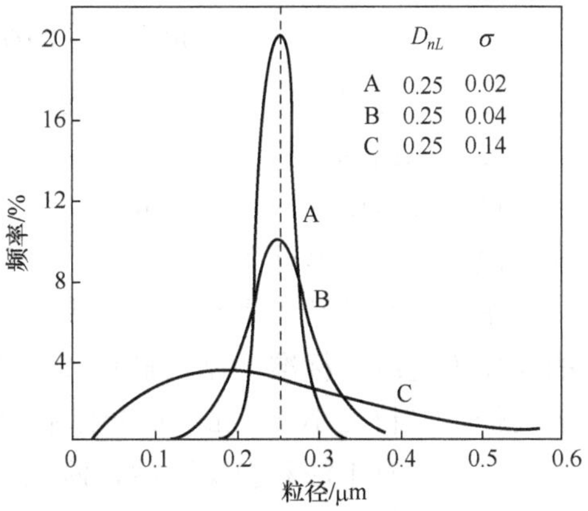

图 2-5　三种粉体粒度分布图

图 2-5 为三种粉体粒度分布图，由图可知，虽然 $D_{nL(A)}=D_{nL(B)}=D_{nL(C)}$，但$\sigma_A<\sigma_B<\sigma_C$，故粉体 A 的分布最窄，C 分布最宽。

2.4 颗粒粒度的测量

2.4.1 粒度测量方法

颗粒的粒度和形状对产品的性质与用途影响很大，因此，粒度与形状的测量非常重要。粒度的测量方法主要有筛分法、沉降法、光透过法、图像法、库尔特计数法、激光法等，下面对相关测试方法进行简要介绍。

2.4.1.1 筛分法

筛分法是最简单且被广泛采用的颗粒测试方法，一般测量粒径大于 38μm（400 目）的颗粒。筛子有非标准筛和标准套筛两种，非标准筛又称手筛，用来筛分粗粒物料，标准筛的筛孔宽度和筛丝直径都是按标准制造的。使用套筛进行物料筛分时，上层筛子的筛孔大于下层筛子的筛孔，且上下筛孔间有一定的比例关系。

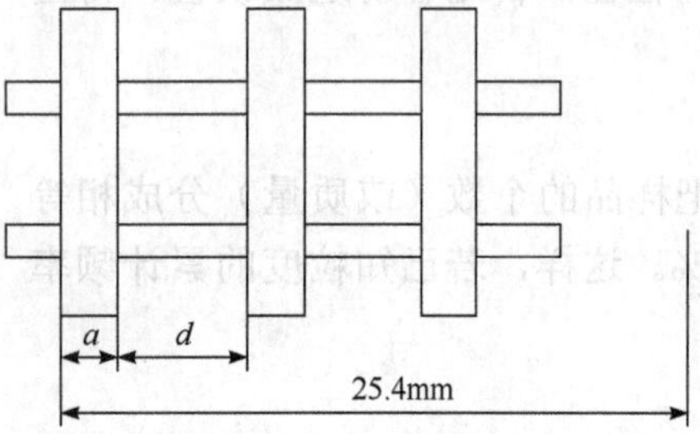

图 2-6 标准筛目数划分

目前广泛使用的标准筛有泰勒标准筛和德国标准筛。

（1）泰勒（Tyler）标准筛

泰勒（Tyler）标准筛的单位为目，目数为筛网上 1in（25.4mm）长度内的网孔数（图 2-6）。用筛网 1in（25.4mm）长度上所具有的筛孔数作为筛子号码的名称。它有两个序列。一个是基本序列，其筛比是 $\sqrt{2}$，基筛以 200 目为基准，筛孔尺寸为 0.074mm，丝直径为 0.053mm。由此可知，不同目数的筛网对应的筛孔尺寸如下：

100 目：$0.074\times\sqrt{2}\times\sqrt{2}=0.148\text{mm}$

150 目：$0.074\times\sqrt{2}=0.105\text{mm}$

200 目：0.074mm

270 目：$0.074/\sqrt{2}=0.052\text{mm}$

400 目：$0.074/(\sqrt{2}\times\sqrt{2})=0.037\text{mm}$

另一个是附加序列，其筛比为 $\sqrt[4]{2}$。

（2）德国标准筛

德国标准筛的网目是 1cm 长的筛网上具有的筛孔数，或 1cm^2 面积上的筛孔数。德国标准筛的特点是筛子网目数与筛孔尺寸（单位：mm）的乘积约等于 6。

筛分法测试结果直观，便于理解，是所有方法中最简单的一种。但目前基于筛分法的仪器没有统一标准，克服筛孔尺寸或校准尺寸随时间的变化较为困难，另外，其分辨率较低，对粒度小于 38μm 的超细颗粒并不适用，这是限制筛分法发展的关键因素。

筛分法有干法和湿法两种，测定粒度分布时多采用干法筛分，而湿法可避免很细的颗粒附着在筛孔上面堵塞筛孔。若粉体试样含水较多，特别是颗粒较细的物料，若允许与水混合，颗粒凝聚性较强时最好使用湿法筛分。此外，湿法不受物料温度和大气湿度的影响，还可以改善操作条件，精度比干法筛分高。

2.4.1.2　沉降法

沉降法是在适当的介质中使颗粒沉降，根据沉降的速度来测定颗粒大小的一种方法。除了利用重力场进行沉降外，还可以利用离心力场测定更细物料的粒度。

用沉降法进行粒度分析一般要将样品与液体混合制成一定浓度的悬浮液。液体中的颗粒在重力或离心力的作用下开始沉降，颗粒的沉降速度与颗粒的大小有关，大颗粒的沉降速度快，小颗粒的沉降速度慢，因此只要测量颗粒的沉降速度，就可以得到反映颗粒大小的粒度分布。但在实际测量过程中，直接测量颗粒的沉降速度是很困难的，所以通常用在液面下某一深度处测量悬浮液浓度的变化率来间接地判断颗粒的沉降速度，进而测量样品的粒度分布。

根据斯托克斯（Stokes）定律，在一定条件下，颗粒在液体中的沉降速度与粒径的平方成正比，与液体的黏度成反比。这样，对于较粗的样品，我们可以选择较大黏度的液体作介质来控制颗粒在重力场中心的沉降速度。对于较小的颗粒，在重力作用下的沉降速度很慢，加上布朗运动、温度以及其他条件变化的影响，测量误差将增大。为了克服这些不利因素，常用离心手段来加快细颗粒的沉降速度。所以在目前的沉降式粒度仪中，一般都采用重力沉降和离心沉降结合的方式，这样既可以利用重力沉降测量较粗的样品，也可以用离心沉降测量较细的样品。

由于实际颗粒的形状绝大多数都是非球形的，所以沉降式粒度仪和其他类型的粒度仪器一样，用“等效粒径”来表示实际粒度。沉降式粒度仪所测的直径称为斯托克斯直径，是指在一定条件下与所测颗粒具有相同沉降速度的同质球形颗粒的直径，当所测颗粒为球形时，斯托克斯直径与颗粒的实际直径是一致的。

（1）重力沉降

重力沉降是根据不同大小的粒子在重力作用下在液体中的沉降速度各不相同这一原理而得到的。根据斯托克斯定律，颗粒的沉降速度为：

$$u_{\mathrm{stk}}=\frac{h}{t}=\frac{(\rho_{\mathrm{s}}-\rho_{\mathrm{f}})gd_{\mathrm{t}}^2}{18\mu} \qquad (2\text{-}22)$$

式中，u_{stk} 为颗粒沉降速度；h 为颗粒沉降高度；t 为颗粒沉降时间；ρ_{s} 为颗粒密度；ρ_{f} 为液体密度；g 为重力加速度；μ 为液体黏度；d_{t} 为颗粒直径（真实或等效直径）。

由式（2-22）可算出某一时刻的颗粒直径：

$$d_{\mathrm{t}}=\sqrt{\frac{h}{t}\times\frac{18\mu}{(\rho_{\mathrm{s}}-\rho_{\mathrm{f}})g}} \qquad (2\text{-}23)$$

所以，只需要测 h 和 t 即可计算出颗粒直径。

（2）离心沉降

在离心状态下，颗粒受到两个方向相反的力（重力忽略不计）的作用，一个是离心力，一个是阻力。经过计算可以得出离心状态下颗粒尺寸上限和下限：

$$d_{\text{离心max}}=\sqrt[3]{\frac{3.6\mu^2}{(\rho_{\mathrm{s}}-\rho_{\mathrm{f}})\rho_{\mathrm{f}}\omega^2 x}} \qquad (2\text{-}24)$$

$$d_{离心\min}=\sqrt[3]{\frac{1200RT\ln\left(\frac{r}{s}\right)}{\pi N_A(\rho_s-\rho_f)\omega^2(r-s)^2}} \tag{2-25}$$

式中，x 为从轴心到颗粒的距离；ω 为离心机转速；s 为液面到轴心的距离；r 为测量位置到轴心的距离；N_A 为阿伏伽德罗常数；R 为气体常数；T 为温度。

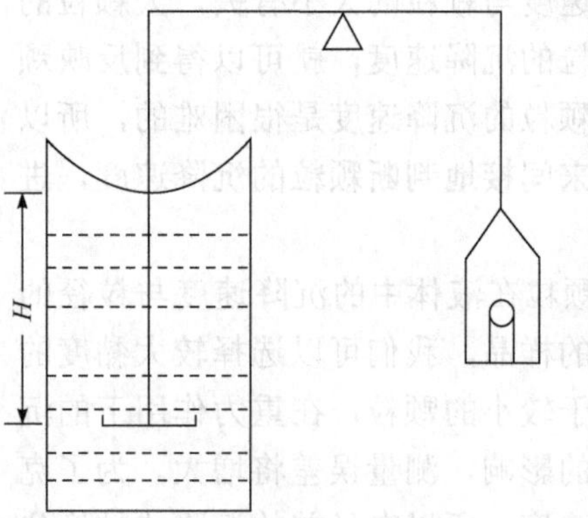

图 2-7　沉降天平工作原理

沉降的方法有很多，一般分为液体沉降和气体沉降两大类。属于前者的有沉降天平法、比重计法、压力法、吸液管法等，属于后者的有氮气沉降分析仪和气流沉降法。沉降天平测量粉体颗粒的工作原理如图 2-7 所示，天平一端的金属盘悬挂在玻璃沉降管中，粉体悬浮液需要有一定的深度，悬浮在介质中的粉体颗粒从不同高度以不同的速度逐渐降落在盘上，通过自动机构使天平杠杆随时恢复平衡。测量并记录沉降盘上粉体的累计质量随时间的变化，就可以计算出粉体的粒度组成。自动天平的平衡装置有电磁式和光电式两种。

沉降法相对于筛分法分辨率更高，在很多新领域，当粒度分布不规则或呈现“多峰”情况时，更能突出该方法的优点。但只有被测颗粒满足球形单分散条件才能应用 Stokes 定律，其测试时间较长，操作相对复杂。目前，重力沉降与离心沉降相结合的新式沉降仪应用广泛，是一种传统理论与现代技术相结合的仪器，在智能化、自动化方面有很大的进步。

2.4.1.3　光透过法

将均匀分散的颗粒悬浮液装入静置的透明容器内，会出现浓度分布，对这种浓度变化，从侧向投射光线，通过对面的光电传感器测定其透过的光亮，再经过一系列处理求得其粒度分布，这种方法称为光透过法。在整个过程中，光强根据 Lamber-Beer 定律可得与悬浮液的浓度或颗粒的投影面积有关，同时在力场中的颗粒沉降速度可由斯托克斯定律确定，从而可以求出粉体的累计粒度分布。所以光透过沉降粒度仪就是光透原理与沉降原理相结合的产物，根据光源的类型分为可见光、激光和 X 射线粒度分析仪，按照力场不同分重力场和离心场两类。

重力场光透过沉降法采用的仪器有多种型号，测量范围为 0.1～1000μm，采用的光源主要有可见光和 X 射线。若采用可见光源时，可测量各种材料的颗粒粒度，但粒度范围在 0.1～1μm 之间光学定律不成立，需用消光系数进行修正。而采用 X 射线源的粒度仪则不需要修正，可以直接测量颗粒的体积、直径，结果准确可靠、分辨率高，适合各种金属或无机粉体的测量。由于含有原子序号 12 以下元素的物料（如碳、石墨、金刚石及有机化合物）不吸收 X 射线，故这类物料不能使用 X 射线源的粒度仪，而应采用可见光源的粒度仪。

对于离心场光透过沉降法，颗粒的沉降速度与颗粒和悬浮介质的密度差有关。当密度差较大时，沉降速度较快。但当密度差较小时，特别是细颗粒，建议采用离心法较为合理。在离心场中颗粒的沉降速度明显提高，适合纳米级颗粒的测量，即测量范围为 0.007～30μm。

与沉降法相比，光透过法具有分辨率高、测量范围宽、原理简单、测量速度快等优点，尤其克服了沉降法中因振动造成的影响。但光被颗粒阻隔仅与颗粒投影面积有关的假设与实际有出入，因为不同颗粒物质的光吸收性能是不同的。对于同一种颗粒物质，其光吸收性能与颗粒度、化学成分等有关。假设颗粒是不透明的，颗粒间或颗粒与沉降容器壁间没有反射以及悬浮液浓度低到足以使两个颗粒不会同时出现在光标的同一方向上，这些看法还值得商榷。即使把可见光换成 X 射线，虽然可以克服上述部分缺点，但也仅适用于化学成分均匀的颗粒物质。

为了提高测量速度，节省时间，中国科学院发明了图像沉降粒度仪，其原理如图 2-8 所示，采用线性图像传感器，将沉降过程可视化，即通过计算机屏幕显示光强沿着高度的变化，明显节省时间。

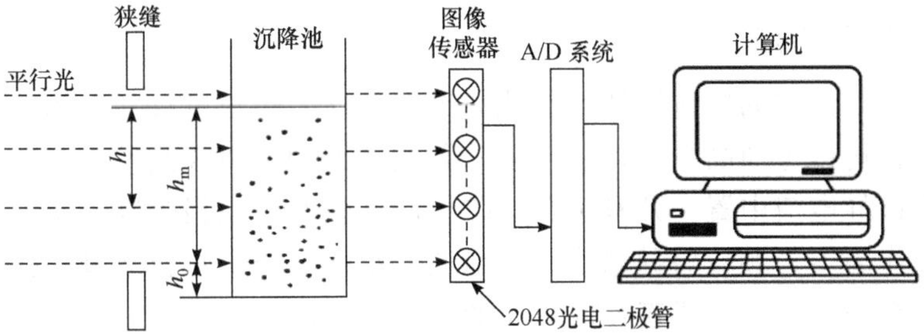

图 2-8　图像沉降粒度仪分析原理

2.4.1.4　图像法

图像法也被称为显微镜法，是唯一能够对颗粒形状、大小及分布状态进行观察和测量的方法，常被用来标定其他方法，或帮助分析其他几种方法测量结果的差异。显微镜测量的样品量是极少的，因此取样和制样时要保证样品有充分的代表性和良好的分散性。为了得到正确的粒度分布，测定的颗粒个数要足够多，必须尽可能在不同的视野中对许多颗粒进行测定，经验测定个数大于 1000 个，对每个粒级至少观察 10 个颗粒。对这些颗粒的尺寸进行测量、统计、分析工作量很大，容易产生人为误差。

图像法所用设备为图像分析仪，它由光学显微镜、图像板、摄像机和计算机组成（图 2-9 为颗粒图像处理仪），其测量范围为 0.25～250μm，若采用体视显微镜，则可以对大颗粒进行测量。有的电子显微镜配图像分析仪，其测量范围为 0.001～5μm。单独的图像分析仪也可以对电镜照片进行图像分析。摄像机得到的图像是具有一定灰度值的图像，需按一定的阈值变为二值图像。功能强的图像分析仪应具有自动判断阈值的功能。颗粒的二值图像经补洞运算、去噪声运算和自动分割等处理，将相互连接的颗粒分割为单颗粒。通过上述处理后，再将每个颗粒单独提取出来，逐个测量其面积、周长及形状参数。由面积、周长可得到相应的粒径（如等面积圆、等效短径、等效长径等），进而可得到粒度分布。

图像处理仪除粒度测量外可以进行一般的形貌特征分析，直观、可靠，既可直接测量粒度分布，也可作为其他粒度仪器测试可靠性评价的参考仪器。缺点是操作相对比较

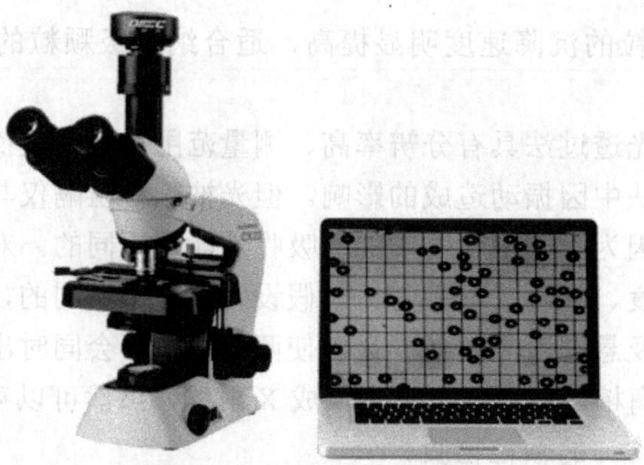

图 2-9 颗粒图像处理仪

繁琐，测量时间长（典型时间为 30min），易受人为因素影响，取样量少，代表性不强，只适合测量粒度分布范围较窄的样品。

2.4.1.5 库尔特计数法

库尔特计数法又称为电传感法、小孔通过法，库尔特粒度仪（库尔特计数器）最早由英国库尔特公司进行商品生产，故得名。其测量原理是将被测颗粒分散在导电的电解质溶液中，在该导电液中置一开有小孔的隔板，并将两个电极分别于小孔两侧插入导电液中，在压差作用下，颗粒随导电液逐个地通过小孔，每个颗粒通过小孔时产生的电阻变化表现为一个与颗粒体积或直径成正比的电压脉冲。

根据上述原理设计的库尔特粒度仪如图 2-10 所示。小孔管浸泡在电解液中，小孔管内外各有一个电极，小孔管内部处于负压状态，因此管外的液体将流动到管内。测量时将颗粒分散到液体中，颗粒就跟着液体一起流动。当其经过小孔时，小孔的横截面积变小，两电极之间的电阻增大，电压升高，产生一个电压脉冲。当电源是恒流源时，可以证明在一定的范围内脉冲的峰值正比于颗粒体积。仪器只要准确测出每一个脉冲的峰值，即可得出各颗粒的大小，统计出粒度的分布。

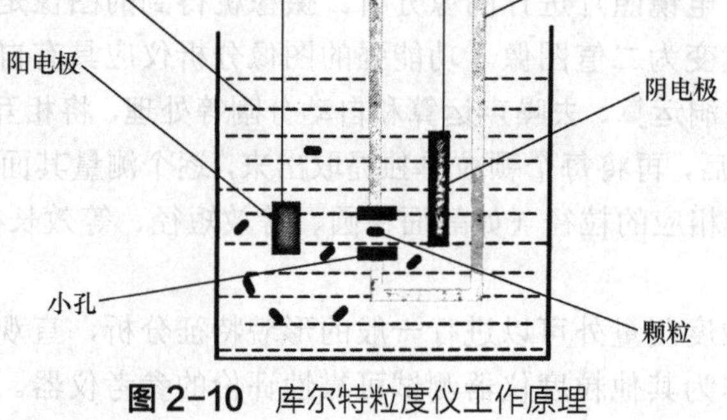

图 2-10 库尔特粒度仪工作原理

库尔特粒度仪主要用于生物细胞及血液中的细胞计数、水质中的颗粒计数、磨料的质量检测、乳浊液中液滴的粒度测量、过滤材料性能的测试（将过滤材料当作小孔），以及晶体生长和颗粒凝聚过程的研究等。其测量速度快，每分钟可以计数数万个颗粒，所需要样品数量少，再现性好，可测试的粒度范围为 1～256μm，重复性误差<2%。但由于大颗粒会将小孔堵塞，所以不适合宽粒度样品的测量，其测量粒度下限取决于小孔的直径、测量电压脉冲的灵敏度以及噪声干扰，通常为 0.5μm。

2.4.1.6　激光法

激光法是近 30 年发展的颗粒粒度测定新方法。20 世纪 70 年代末，出现了根据夫琅禾费（Fraunhofer）衍射理论研制的激光粒度仪，其优点是重复性好、测量速度快，这种仪器的测量下限为几微米，上线为 1000μm。其缺点是对几微米的试样误差较大。20 世纪 80 年代中期，王乃宁等提出综合应用米氏散射和夫琅禾费衍射理论，从而改善了小颗粒范围内测量的精度，目前激光粒度仪的测量范围一般为 0.5～1000μm，有的达到 0.01～3500μm。

激光粒度仪是利用激光所特有的单色性、准直性及容易引起衍射现象的光学性质制造而成的。图 2-11 是激光粒度仪的经典结构。从激光器发出的激光光束经显微物镜聚焦、针孔滤波和准直镜后，变成直径约 10mm 的平行光束，该光束照射到待测颗粒上，就产生了光的衍射或散射现象，衍射或散射通过傅里叶透镜后，在焦平面上形成“靶心”状的衍射光环，衍射光环的半径与颗粒的大小有关，衍射光环光的强度与相关粒径颗粒的多少有关，由于光电探测器处在傅里叶透镜的焦平面上，因此，探测器上的任意一点都对应于某一确定的衍射光环或散射角。通过放置在焦平面上的环形光电探测器阵列，就可以接收到不同粒径的衍射信号或散射信号，由于光电探测器阵列由一系列同心圆环带组成，每个环带是一个独立的探测器，能将投射到上面的散射光能线性地转换成电压信号，然后传递给数据采集卡，该卡将电信号放大，在进行 A/D 转换后送入计算机。再用夫琅禾费衍射理论和米氏衍射理论对这些信号进行处理，就可以得到样品的粒度分布。

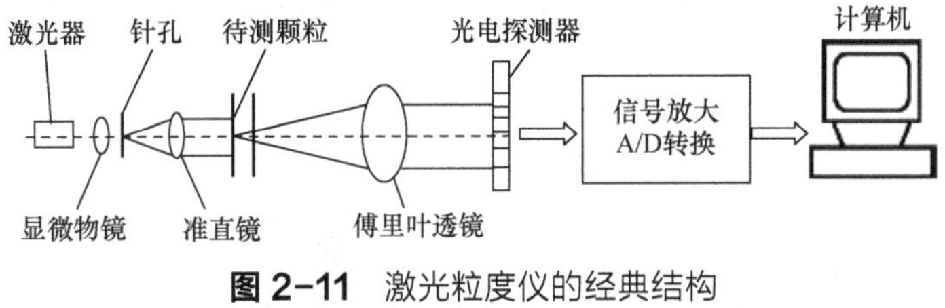

图 2-11　激光粒度仪的经典结构

激光粒度仪测试颗粒粒度具有测量动态范围大、测量速度快、重复性好、操作方便等优点。其主要缺点是分辨率较低，不宜测量粒度分布范围很窄、又需要定量测量其宽度的样品，比如磨料微粉。

2.4.2　粒度测量方法的选择

颗粒粒度的测量是一门高科技含量的学问。对于同一种样品，不同方法测量的结果不同，有时相差很大甚至有数量级的差别，这并不足以为奇。因测量或计算定义本来就不同，或是由于分散状态不同所致。因此，对某一类要测量的样品选择方法时，往往要先用几种方法进行测量对比。选择时应考虑如下几点。

① 应根据数据的应用场合来选择，如对于气相反应的催化剂，需要的是比表面积，而且应该是气体吸附法测量的比表面积。又如，为研究粉体流动性与粒度的关系，所选择的测量方法应是表现在粉体流动行为中的单元，对细粉末来说往往是团粒，而将团粒充分分散至颗粒后的沉降法以及比表面积法显然不适用。

② 根据粒度性质数据的用途和所测样品的粒度范围选择，所测样品的粒度范围往往可预先用显微镜法大致观察确定。有了初步的判断后再选择相应的测试方法。

③ 要求的准确度和精密度、常规测试还是非常规测试、仪器价格等。对于粒度较细或密度较小的颗粒，采用激光法和图像法所得结果比较可靠。例如，通常加工最大粒径为 15～20μm 的产品，这两种仪器测量结果虽有差异，但相差不大。如果用沉降法测量，可能会产生较大的测量误差。又如，对气凝胶和两相流中的颗粒，或处于动态过程如正在结晶长大或因溶解正在减少的颗粒，常要求快速、实时的在线测定，此时常用激光法及全息照相。

2.4.3 粉体试样的取样方法

粉体不同于液体和气体，粉体在流动和搅拌的情况下会由于粒度的尺寸、形貌、密度等的差异出现分离、偏析现象。如果取样的操作方法不当，无论采取任何精确的分析手段都不能获得具有代表性的分析结果。所以对粉体试样进行科学取样是进行粉体性能测试的必要前提。

粉体试样的取样通常要进行划分和缩分操作。所谓划分就是把大量粉体试样分为组成相同的复数份数的操作。所谓缩分就是指粉体制品在进厂检查、出厂检查和工程管理时，从大量粉体中选取少量的代表性试样的操作。常用的操作方法主要有以下几种。

2.4.3.1 二分法

所谓二分法就是将所要分析检测的物料进行二等分的方式，所用设备为分料器，如图 2-12 所示。分料器为左右交错的斜槽装置，使粉体料流分为左右两个方向流动，两个

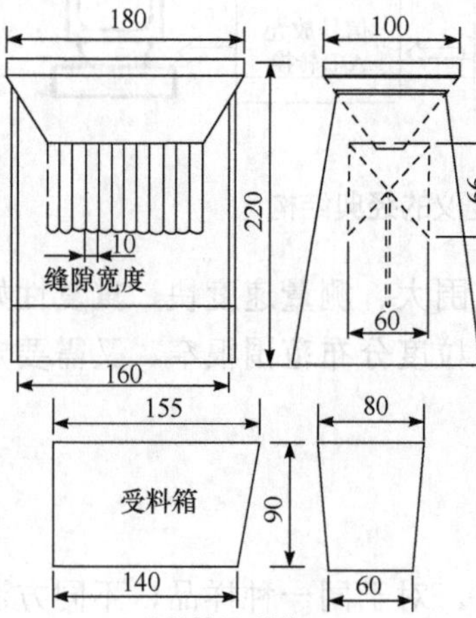

(a) 结构简图(单位：mm)

(b) 实物照片

图 2-12 分料器结构简图及实物照片

方向流动的物料均有收料箱接收物料。在使用分料器划分物料时，具体操作又可分为一侧等分和左右相抵等分的方法。所谓一侧等分的方法为将物料平稳地从分料器的装料口加入，将其中一侧收料盒中的物料再次加入分料器，重复相应工作直到收料盒中收集的物料量满足试验要求时停止。一侧等分的方法比较简单，可操作性强，但即使分料器的制造精度很高，从斜槽左右两侧流出的粉体量与粒度也多少存在偏差，因此 Carpenter 提出了左右相抵的方法。如图 2-13 所示，反复进行划分操作，得到编号①～⑧的划分试样，然后将①与⑧、②与⑦、③与⑥、④与⑤分别合并，得到四个划分试样。

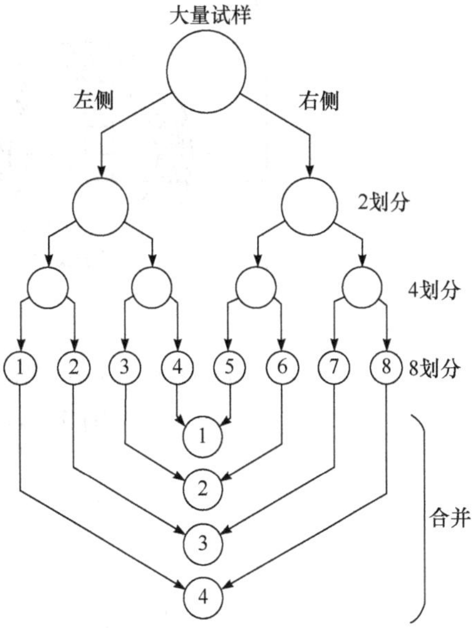

图 2-13　划分粉体物料左右相抵法

分料器适用于比较干燥、流动性好的粉体，而不适用于具有扬尘性、黏附凝聚性的粉体。使用分料器应注意以下事项。

① 将附着在斜槽和收料箱上的料尘用刷子或压缩空气仔细地除净，必要时可用水清洗。

② 把应划分的试样向收料箱投入时，一边沿着收料箱长边方向振动，同时使试样能在收料箱中逐层地叠积。这对粒度分布范围宽而容易偏析的试样显得更为重要。

③ 使收料箱长边与斜槽缝隙方向垂直，慢慢地倾斜给料容器使试样流出。如果向划分器急剧地倒入粉料，则将使斜槽的两侧流出的粉体量互不平衡，而使划分精度降低。这是由于倒入时的惯性容易使粉料在斜槽的某一侧流出，所以，应该保持细流且与斜槽缝隙方向垂直的方向撒料。

2.4.3.2　圆锥四分法

该方法就是众所周知的历来作为化学分析用的试样缩分法。该方法比较适合对黏附凝聚性、潮湿等粉料进行取样，但对流动性好的粉体试料，由于粒度偏析，其划分精度远不及分料器的划分精度。但圆锥四分法由于不需要添配特殊的仪器设备，所以仍然常被采用。

如图 2-14（a）所示，将 4 个大小相同的铝箔顺次叠放并编号，将漏斗（直径为 30mm 或 75mm）置于堆积中心 C 的正上方，使粉体垂直落下。对于通不过漏斗的黏附凝聚性粉体，应放在粗孔的筛网上，边用刷子擦，边使之堆积。用药匙分次少量加料，也可采用小型振动加料器加料。粉料堆积后，如图 2-14（b）、图 2-14（c）所示，把堆料摊成圆盘形状，然后挪开铝箔，使之划分为四份，再交互合并成两个部分，即每次操作划分为两份。少量物料时，因为排列铝箔很方便，常采用圆锥四分法。

2.4.3.3　层叠交替铲分法

如图 2-15 所示，将试样一层一层地堆成堤状，然后从一端顺序垂直截取，并且左右交替分开做双划分。此方法的精度显然欠佳，但不需要添配特殊的仪器设备，便于处理较大量的物料，该方法也可以用于室外大规模地划分矿石，如对各种矿物原料进行易磨性指数测试常用该方法取样。

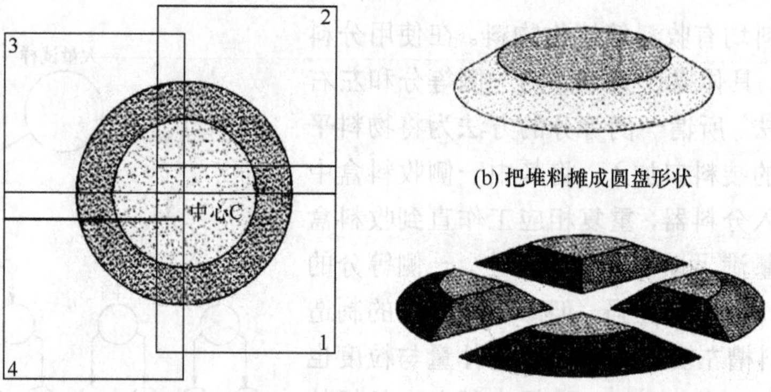

(a) 将铝箔1、2、3、4顺次叠放　(b) 把堆料摊成圆盘形状　(c) 把堆料划分为四份

图 2-14　粉体物料圆锥四分法示意图

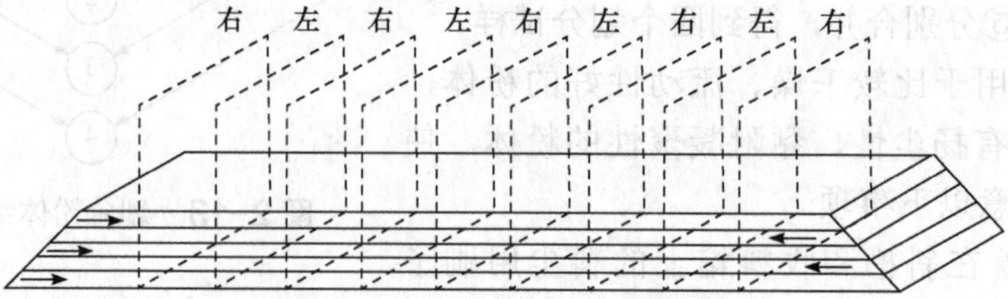

图 2-15　粉体物料层叠交替铲分法

2.4.3.4　旋转划分机

如图 2-16 所示，旋转划分机有旋转型收料器和旋转型料嘴两种。前者比较适用于少量物料的划分，而后者由于收料箱的大小不受限制，所以处理量没有限制。大型的划分

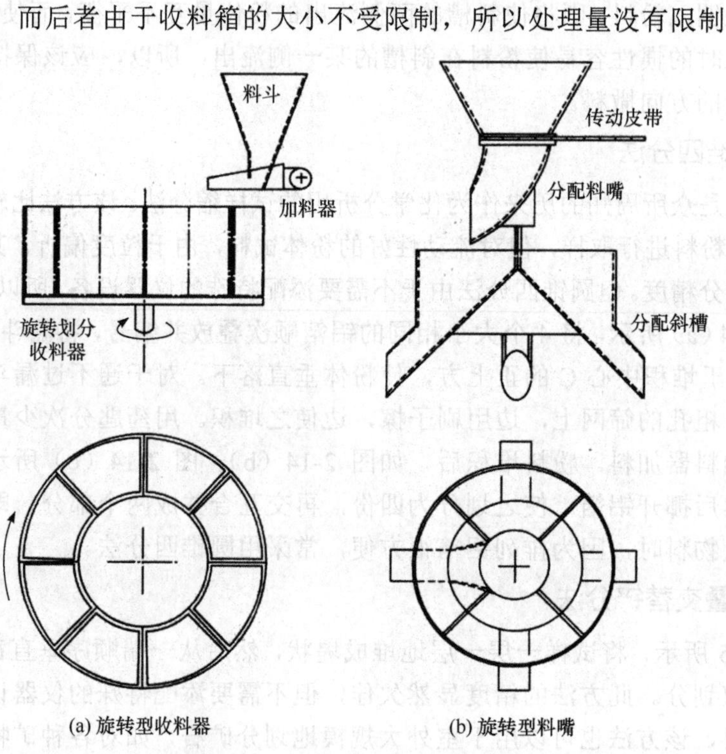

(a) 旋转型收料器　(b) 旋转型料嘴

图 2-16　粉体物料旋转划分结构

装置可划分几吨的试样。如果不停留地划分试样，也能达到使出厂粉体制品批量之间没有偏差的目的。

划分数量最大约为每次 12 划分，超过 12 划分数则偏差就变得明显。旋转速度达到最佳值，能使试样质量分配精度符合标准。旋转轴的设计必须可靠，以保证作完全水平的旋转。

2.4.3.5　料流切断法

图 2-17（a）所示为取样时的情况，一边使加料斗全部料粉流出，一边定时横切料流来取得试样。在工程中可以采用如图 2-17（b）所示的取样器。这时需要注意如图 2-17（c）所示的料流切断形状。由于料流偏析，以均等切断的方式为佳。

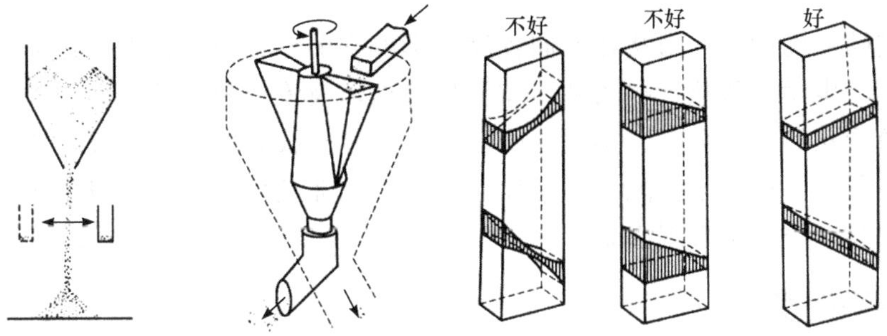

(a) 取样时的情况　(b) 取样器　(c) 料流切断形状

图 2-17　粉体物料的料流切断法

2.4.3.6　超微粉体的取样

开展超微粉体的研究，对于如何得到具有代表性的样品是一大难题。在实际操作过程中，要化验的物料组成有的比较均匀，有的很不均匀。化验时所称取的分析试样只是几克、几百毫克或更少，而分析结果必须能代表全部物料的平均组成，因此，仔细而正确地采取具有代表性的“平均试样”就具有极其重要的意义。一般来说，采样误差常常大于分析误差，因此如果采样不正确，分析结果就毫无意义，甚至给生产和科研带来很坏的后果。对颗粒大小不均匀的超微粉体试样，加之微颗粒表面因带电等作用对取样器产生吸附或排斥作用，选取具有代表性的均匀试样是一项较为复杂的操作。为了保证所取的试样具有代表性，必须按一定的程序，从物料的不同部位，取出一定数量大小不同的颗粒，取出的份数越多，试样的组成与被分析物料的平均组成越接近。

目前超微粉的取样方法有多种，取样器以管式取样器为主，还有定量取样器、螺旋铰刀取样器、自动连续取样器、水泥取样器、闭合式取样器等。但因为超微粉体的流动性较差，这几种取样器对超微粉体的适用性低，要取得具有代表性的试样非常困难，需要针对超微粉体的特点研制新型的取样器或采用特殊的取样方法。如对超微粉体进行电镜观测时，观测区域通常为很小的视野范围，这就要求所观测区域内的微量颗粒样品具有代表性，为保证取样的代表性，通常采用将粉体制成分散液再取样的方法，一般取约 20mg 的粉体置于 50mL 的小烧杯中，加入 30mL 无水乙醇或超纯水，然后在搅拌的同时进行超声波处理 10min 左右，得到高度分散的两相体，然后尽快用滴管将分散液滴滴加到表面覆有碳膜的透射电镜用铜网上或扫描电镜用的样品台上，待液体介质完全挥发后，就可放入电镜观测。

第3章　粉体填充与堆积特性

3.1　粉体的填充评价指标

颗粒空隙空间的几何形状在不同程度上影响它的全部填充特性，进而会影响粉体操作中的力学、电学、传热、耐久性、体积稳定性以及流体透过性。而空隙又取决于填充类型、颗粒形状和粒度分布。确定这些填充特性具有很大的实际意义，它们仅仅与几何形状有关，所以不取决于空隙所含流体的特性，除非几何形状本身发生了变化，流体作用的影响才会在空隙中表现出来。

3.1.1　堆积密度ρ_B

在一定填充状态下，单位填充体积的粉体质量即堆积密度，亦称表观密度，单位kg/m³。

$$\rho_B = \frac{M_P}{V_B} \tag{3-1}$$

式中　M_P——填充粉体的质量；

V_B——粉体的表观体积。

3.1.2　填充率ψ

在一定填充状态下，颗粒体积占粉体体积的比例即填充率。

$$\psi = \frac{V_P}{V_B} \tag{3-2}$$

式中　V_p——颗粒的真体积。

3.1.3　空隙率ε

在一定填充状态下，空隙体积占粉体填充体积的比例即空隙率。

$$\varepsilon = 1 - \psi \tag{3-3}$$

3.1.4　配位数$k_{(n)}$

配位数指堆积粉体中与某一颗粒所接触的颗粒个数。粉体层中各个颗粒有着不同的配位数，用分布来表示具有某一配位数的颗粒比例时，该分布称为配位数分布。Ridgway

和 Tarbuck 整理了研究者的试验结果，得到均一球形颗粒随机填充时空隙率和平均配位数的关系：

$$\varepsilon = 1.072 - 0.1193k_{(n)} + 0.0043k_{(n)}^2 \qquad (3\text{-}4)$$

3.2 粉体颗粒的填充与堆积

3.2.1 等径球体颗粒的填充

3.2.1.1 规则填充

若把互相接触的球体作为基本单元，按它的排列进行研究是很方便的。它们可以组合成彼此平行的和相互接触的排列，并构成变化无限的规则的二维球层，约束的形式有两种：正方形，如图 3-1（a）所示，90°角是其特征；等边三角形（菱形、六边形），如图 3-1（d）所示，60°角是其特征。球层总是按水平面来排列。仅仅考虑重力作用时有三种稳定的构成方式。一层叠放在另一层的上面，形成两层正方或两层等边三角形的球层，如图 3-1 所示，图 3-1（a）、图 3-1（b）、图 3-1（c）为正方形排列，图 3-1（d）、图 3-1（e）、图 3-1（f）为等边三角形排列。图 3-1（a）和图 3-1（d）是在下层球的正上面排列着上层球，图 3-1（b）和图 3-1（e）是在下层球和球的切点上排列着上层球，图 3-1（c）和图 3-1（f）是在下层球间隙的中心上排列着上层球。

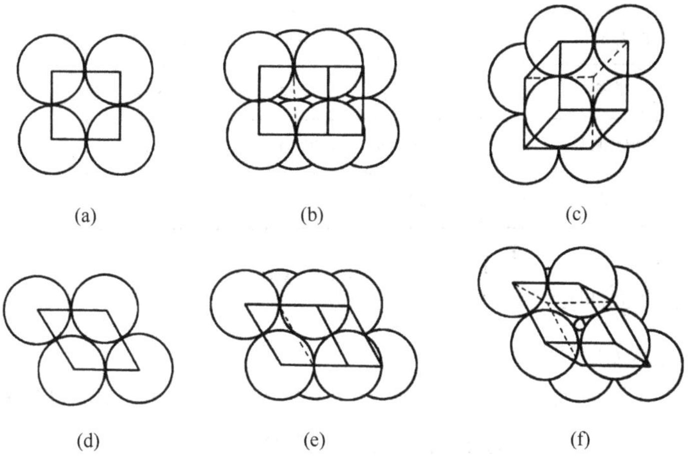

图 3-1　等径球形颗粒的规则排列

图 3-2 即为图 3-1 各图对应的球形颗粒图。取相邻接的八个球并连接其球心得到一个平行六面体，称之为单元体。表 3-1 列出了各种模型的参数，并给出了其相应的空隙率。

空隙率（或填充率）的推导：以立方最密填充为例，设单元体的棱长为 a，球半径为 R，则单元体体积为 $V_0=a^3=(2R)^3=8R^3$。属于此单元体的球的体积为 $V=\frac{4}{3}\pi R^3\times\frac{1}{8}\times 8=\frac{4}{3}\pi R^3$。故填充率 $\psi=V/V_0=\pi/6=0.5236$，空隙率 $\varepsilon=1-\psi=0.4764$。其余可按类似方法计算。

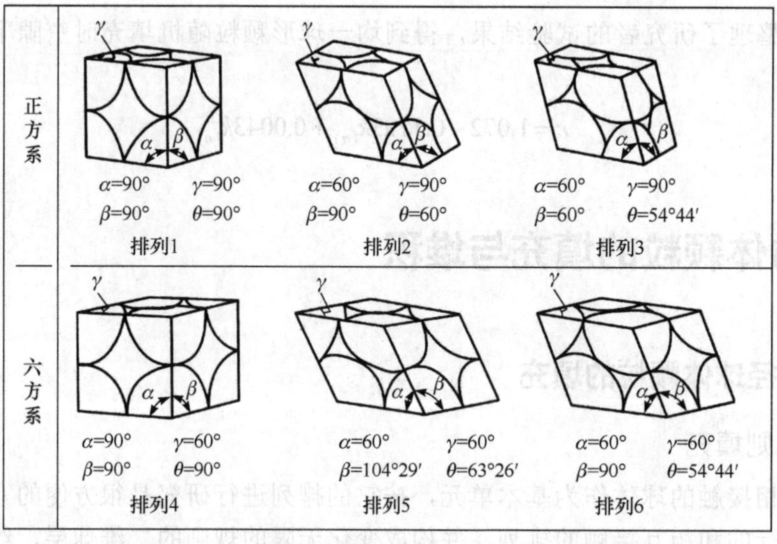

图 3-2 等径球形颗粒的六种基本规则排列

表 3-1 等径球规则填充的结构特性

排列	名称	单元体		空隙率	配位数	填充组
		体积	空隙体积			
(a)	立方体填充，立方最密填充	1	0.4764	0.4764	6	正方系
(b)	正斜方填充	0.866	0.343	0.3961	8	
(c)	菱面体填充或面心立方体填充	0.707	0.1834	0.2594	12	
(d)	正斜方填充	0.866	0.3424	0.3954	8	六方系
(e)	楔形四面体填充	0.750	0.2264	0.3019	10	
(f)	菱面体填充或六方最紧密填充	0.707	0.1834	0.2594	12	

3.2.1.2 随机或不规则填充

随机填充可分为如下四种类型。

① 随机密填充。把球倒入一个容器中，当容器振动时或强烈摇晃时得到的填充类型。此时可得到 0.359～0.375 的平均空隙率，该值大大超过了对应的六方密填充时的平均值 0.26。

② 随机倾倒填充。把球倒入一个容器内，相当于工业上常见的卸出粉料和散装物料的操作，可得到 0.375～0.391 的平均空隙率。

③ 随机疏填充。把一堆松散的球倒入一个容器内，或用手一个个地把球随机填充进去，或让这些球一个个地滚入如此填充的球的上方，这样可得到 0.40～0.41 的平均空隙率。

④ 随机极疏填充。最低流态化时流化床具有的平均空隙率为 0.46～0.47。把流化床内流体的速度缓慢地降到零，或通过球的沉降就可得到 0.44 的平均空隙率。

容器中颗粒填充空隙率的变化如图 3-3 所示。当颗粒随机填充容器时，在容器壁附近形成特殊的排列结构，这就称为壁效应。将粉体置于容器中，从器壁至中心的空隙率并非常数，而是按一定规律变化（类似阻尼振动）。这是因为器壁的曲率半径与颗粒粒径之间的差异及器壁处颗粒配位数较少，形成以正方形和等边三角形单元体混合的基本表面层，属典型的疏排列。另外，表面基本层的排列方式对与之相邻的内层排列具有较大影响，这种影响随与该基本层距离的增大而迅速衰减，至一定距离后，表现为其本身的随机性。

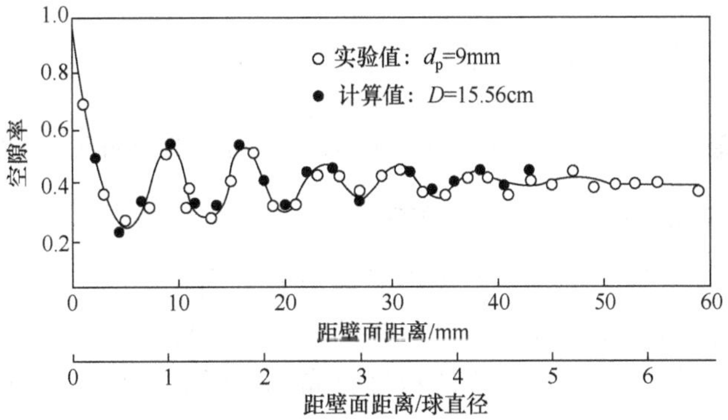

图 3-3 容器中颗粒填充空隙率的变化

3.2.2 不同尺寸球形颗粒的填充

3.2.2.1 二组分球形颗粒的填充

直径不同的两种球形颗粒填充时，一般是小颗粒的直径越小越有利于获得较高的填充率，填充率的大小随两种颗粒混合比的不同而异。

设大颗粒的密度为ρ_1，单独填充时的空隙率为 ε_1，小颗粒的密度为ρ_2，将小颗粒填充到颗粒的空隙中，空隙率为ε_2，则单位体积中大球质量（m_1）和小球质量（m_2）分别为：

$$m_1=(1-\varepsilon_1)\rho_1\,,\quad m_2=\varepsilon_1(1-\varepsilon_2)\rho_2 \tag{3-5}$$

由此可得两种颗粒混合时大颗粒的质量分数 f_1 为：

$$f_1=\frac{m_1}{m_1+m_2}=\frac{(1-\varepsilon_1)\rho_1}{(1-\varepsilon_1)\rho_1+\varepsilon_1(1-\varepsilon_2)\rho_2} \tag{3-6}$$

对于同一种固体物料，由于单一组分的大小颗粒密度和空隙率相同，即$\rho_1=\rho_2=\rho$和$\varepsilon_1=\varepsilon_2=\varepsilon$，因此大颗粒的体积分数为 $f_1=\dfrac{1}{1+\varepsilon}$。式中，小颗粒完全被包含在大颗粒的母体中，此时尺寸比小于 0.2。图 3-4 所示为被粉碎的同种物质粉体的固体二组分体系中单一组分空隙率为 0.5 时，空隙率与尺寸组成之间的关系。空隙率最小时粗颗粒的质量分数为 0.67。由图 3-4 可知，空隙率随大小颗粒混合比而变化，小颗粒粒度越小，空隙率越小。

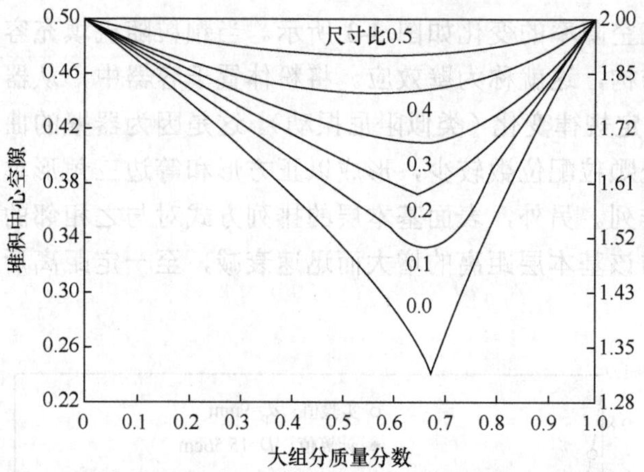

图 3-4 单一组分空隙率为 0.5 时，二组分颗粒的堆积特性

3.2.2.2 霍斯菲尔德（Horsfield）填充

向均一球形颗粒产生的空隙中连续不断地填充适当大小的小球，将可获得非常紧密的填充体。尽管这样的填充实际上是不可能的，但是，随着粒度分布的加宽，空隙率将下降。为了获得密实的填充体，怎样的粒度分布为佳呢？下面作一阐述。

均一球按六方最密填充状态进行填充时，球与球间形成的空隙大小和形状是有规则的，如图 3-5 所示，有两种空隙类型：6 个球围成的四角空隙和 4 个球围成的三角空隙。设基本的均一球称为 1 次球（半径 r_1），填入四角空隙中的最大球称为 2 次球（半径 r_2），填入三角空隙中的最大球称为 3 次球（半径 r_3），其后，再在 2 次球周围填入 4 次球（半径为 r_4），在 3 次球和 4 次球之间填入 5 次球（半径为 r_5），最后以微小的均一球填入残留的空隙中，这样就构成了六方最密填充，称 Horsfield 填充。

以上述 1～5 次球逐次填充的空隙率列于表 3-2。对于均一球六方最密填充来说（ε=0.2594），如把极细的填充物装入 5 次球填充体的空隙中，则可得最终的空隙率为：

$$0.149\times0.2594=0.039$$

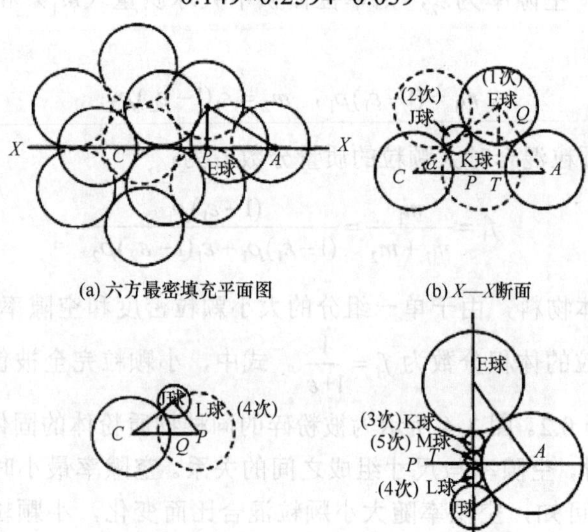

(a) 六方最密填充平面图　(b) X—X断面

(c) 图(b)的一部分　(d) 图(b)右半部分放大图

图 3-5 Horsfield 填充

表 3-2 Horsfield 填充

填充状态	球的半径	球的相对个数	空隙率
1 次球 E	r_1	1	0.2594
2 次球 J	$0.414r_1$	1	0.207
3 次球 K	$0.225r_1$	2	0.190
4 次球 L	$0.177r_1$	8	0.158
5 次球 M	$0.116r_1$	8	0.149
填充材料	极少	极多	0.039

3.2.2.3 哈德森（Hudson）填充

用一定大小的球同时填充到四角空隙和三角空隙中，填充数量及填充后的空隙率见表 3-3。

Hudson 在金属固溶体的研究中，对半径为 r_2 的等径球填充到半径为 r_1 的均一球六方最密填充体的空隙时 r_2/r_1 和空隙率之间的关系作了研究。由前述的 Horsfield 填充可知，$r_2/r_1<0.4142$ 时，可填充成四角空隙；$r_2/r_1<0.2248$ 时，还可填充成三角空隙。表 3-3 为计算结果，由表 3-3 可知，$r_2/r_1=0.1716$ 时的三角空隙基准填充最为紧密。

3.2.3 实际颗粒的堆积

颗粒并不总是球形的，也不都是规则堆积或完全随机堆积的。因此了解下面所描述的堆积特征在实际中是很有用的。

当仅有重力作用时，容器里实际颗粒的松装密度随容器直径的减小和颗粒层高度的增加而减小。对于粗颗粒，较高的填充速度导致松装密度较小。但是，对于像面粉那样的有黏聚力的细粉末，减慢供料速度可得到松散的堆积。

一般，空隙率随球形度的降低而增加，如图 3-6 所示。在松散堆积时，有棱角的颗粒空隙率较大，与紧密堆积的情况正好相反，表面粗糙度越高的颗粒，空隙率越大，如图 3-7 所示。

颗粒越小，由于颗粒间的黏聚作用，空隙率越高，这与理想状态下颗粒尺寸与空隙率无关的说法相矛盾。因此，潮湿粉体的表观体积随水量的增加而变得更大。

表 3-3 Hudson 填充

填充状态	装入四角空隙的球数	r_2/r_1	装入三角空隙的球数	空隙率
四角空隙基准	1	0.4142	0	0.1885
	2	0.2753	0	0.2177
	4	0.2583	0	0.1905
	6	0.1716	4	0.1888
	8	0.2288	0	0.1636
	9	0.2166	1	0.1477
	14	0.1716	4	0.1483

续表

填充状态	装入四角空隙的球数	r_2/r_1	装入三角空隙的球数	空隙率
四角空隙基准	16	0.1693	4	0.1430
	17	0.1652	4	0.1469
	21	0.1782	1	0.1293
	26	0.1547	4	0.1336
	27	0.1381	5	0.1621
三角空隙基准	8	0.2248	1	0.1460
	21	0.1716	4	0.1130
	26	0.1421	5	0.1563

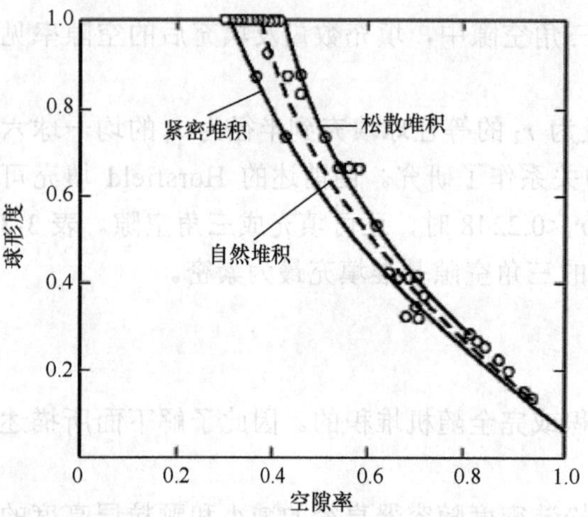

图 3-6 球形度与空隙率的关系

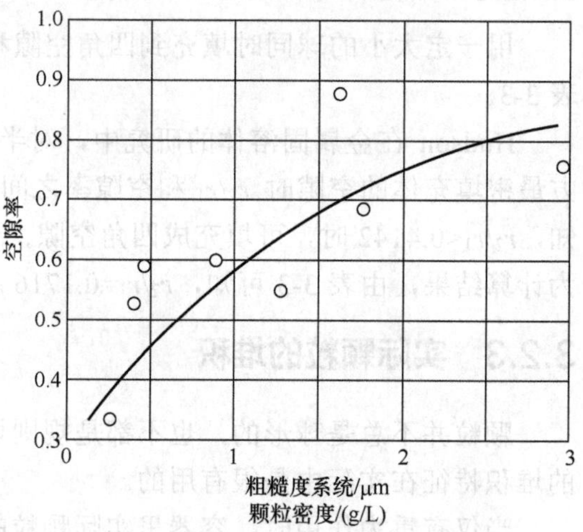

图 3-7 颗粒粗糙度与空隙率的关系

第 4 章　粉体的润湿

粉体的润湿对粉体的分散性、混合性以及液体对多孔物质的渗透性等物理化学性质起着重要的作用。

4.1　粉体颗粒的作用力

粉体颗粒之间存在附着力，致使颗粒很容易团聚在一起，尤其当颗粒很小时。粉体的团聚情况对粉体的摩擦特性、流动性、分散性、混合及造粒性能等起重要的作用。颗粒间的附着力包括范德瓦耳斯力、静电引力、毛细力、磁性力、机械咬合力，有时几种附着力同时存在。

4.1.1　范德瓦耳斯力

通常颗粒是没有极性的，但构成颗粒的分子或原子，特别是颗粒表面的分子或原子的电子运动将使颗粒有瞬时偶极，当两颗粒相互接近时，由于瞬时偶极的作用，两颗粒将产生相互吸收的微弱作用力，这种力称为颗粒间的范德瓦耳斯力。范德瓦耳斯力又可以分为三种作用力：诱导力、色散力和取向力。

同种物质的两个直径为 d_1 和 d_2 颗粒间的范德瓦耳斯力为：

$$F=-\frac{A}{12h^2}\times\frac{d_1d_2}{d_1+d_2} \tag{4-1}$$

等直径球的范德瓦耳斯力为：

$$F=-\frac{Ad}{24h^2} \tag{4-2}$$

式中，h 为颗粒间的距离；A 为哈马克常数。其中 A 适用于真空或近似适用于空气中的颗粒。

若两个颗粒处于其他介质中，则应使用有效哈马克（Hamaker）常数，其近似表达式为：

$$A=\left(\sqrt{A_{11}}-\sqrt{A_{22}}\right)^2 \tag{4-3}$$

式中，A_{11} 是固体颗粒在真空中的哈马克常数，A_{22} 是作为介质的那种液体的颗粒在真空中的哈马克常数。一般而言，有效哈马克常数比在真空中的该常数小一个数量级，若固体与液体的物质本性接近，即 A_{11} 与 A_{22} 越接近，则 A 越小。故溶剂化极好的颗粒之间就不存在范德瓦耳斯力。

4.1.2 静电引力

当介质为不良导体时，浮游或流动的固体颗粒往往由于相互撞击和摩擦，或由于放射性照射及高压电场等作用，容易带静电荷。带电的颗粒间有作用力的存在，称为静电力。

两个直径均为 d 的颗粒，表面距离为 a，带有异号静电荷分别为 Q_1、Q_2，它们之间的引力为：

$$F=\frac{Q_1Q_2}{d^2}\left(1-\frac{2a}{d}\right) \tag{4-4}$$

颗粒表面之间越近、颗粒粒径越小，引力越显著。当两个颗粒带有同号电荷时，颗粒间表现为斥力。

4.1.3 毛细力

实际粉体往往含有水分，所含水分有化合水（如结晶水）、表面吸附式水分和附着水分。附着水分是指两个颗粒接触点附近由于毛细力吸附的水分。水表面张力的收缩作用而引起的两个颗粒之间的牵引力，称为毛细力。特别是当粉体的粒度小、比表面积大、吸水性强、附着水分大时，其水分毛细力不容忽视。

4.1.4 磁性力

当铁磁性物质以及亚铁磁性物质的颗粒尺寸小到单磁畴临界尺寸以下时，颗粒只含有一个磁畴，称为单磁畴颗粒。单磁畴颗粒是自发磁化的粒子，其内部所有原子的自旋方向都平行，无需外加磁场磁化就具有磁性。单磁畴颗粒之间存在磁性力，这种颗粒粉体难以分散，在液体介质中进行分散时，常需结合使用高频磁场。

4.1.5 机械咬合力

颗粒表面不平滑时会使颗粒之间存在机械咬合力，特别是当粉体密度较大或挤压成型时，机械咬合力突显，甚至占主导地位。

两个颗粒间的作用力或颗粒与固体平面之间的作用力可以用高灵敏度的弹簧秤或天平进行测定。颗粒间的作用力也可以借助测定粉体层的破裂力进行推算，或根据其所含接触点的数目进行估算。测定颗粒与平面间的作用力还可以用离心法。

4.2 粉体层中的液体

根据颗粒间液体量的多少，粉体层中静态液体有如下四种存在状态（图 4-1）。

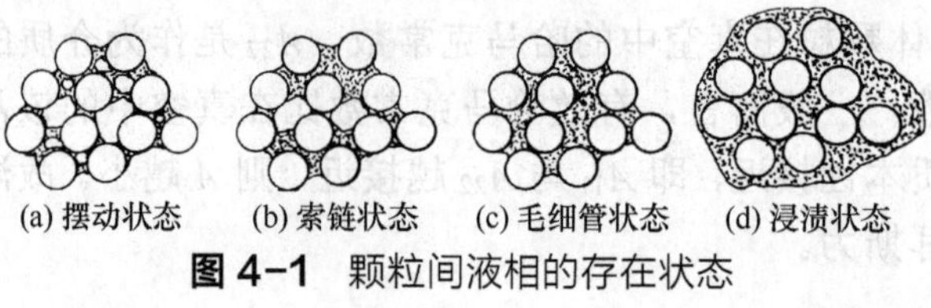

(a) 摆动状态　(b) 索链状态　(c) 毛细管状态　(d) 浸渍状态

图 4-1　颗粒间液相的存在状态

① 摆动状态：当液体量较少时，颗粒接触点上存在透镜状或环状液相，但液相互不连接。

② 索链状态：随液体量增多，液环长大，颗粒空隙中的液相相互连接成网状结构，空气分布于其间。

③ 毛细管状态：当液体量进一步增多时，颗粒间所有空隙全被液体充满，粉体层表面存在气液界面。

④ 浸渍状态：液体量很大时，颗粒全浸在液体中，存在自由液面。

4.3 粉体表面的润湿性

润湿性是指固体界面由气固界面变为液固界面的现象。液固界面相接触时，界面处形成一夹角——接触角，用以衡量液体对固体的表面润湿程度。粉体表面的润湿性可以用 Young-Dupre 公式表示，如图 4-2 所示。

$$\gamma_{SG} = \gamma_{LS} + \gamma_{LG} \cos\theta \tag{4-5}$$

式中　γ_{SG}——固体、气体之间的表面张力；

γ_{LS}——液体、固体之间的表面张力；

γ_{LG}——液体、气体之间的表面张力；

θ——液体、固体之间的润湿接触角。

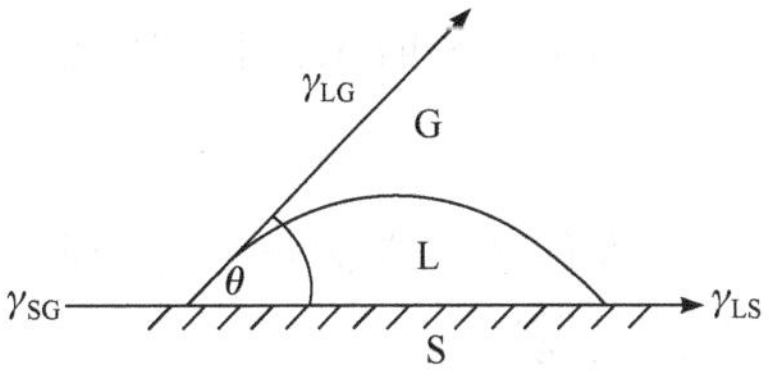

图 4-2　固体表面的润湿接触角

接触角可作为润湿性的直观判断，即接触角小则液体容易润湿固体表面，而接触角大则不易润湿。如图 4-3 所示，θ=0°为扩展润湿，θ≤90°为浸渍润湿，90°<θ<180°为黏附润湿，θ=180°为完全不润湿。

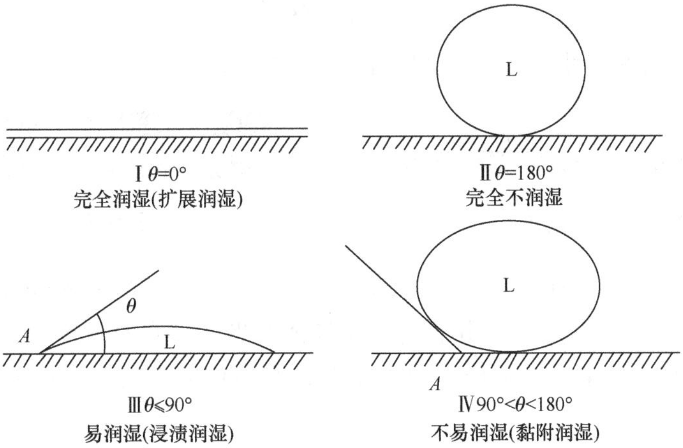

图 4-3　颗粒润湿类型

如图 4-4 所示，将固体单位表面上的液滴去掉时所要做的功为：

$$W_{LS} = \gamma_{LG} + \gamma_{SG} - \gamma_{LS} \tag{4-6}$$

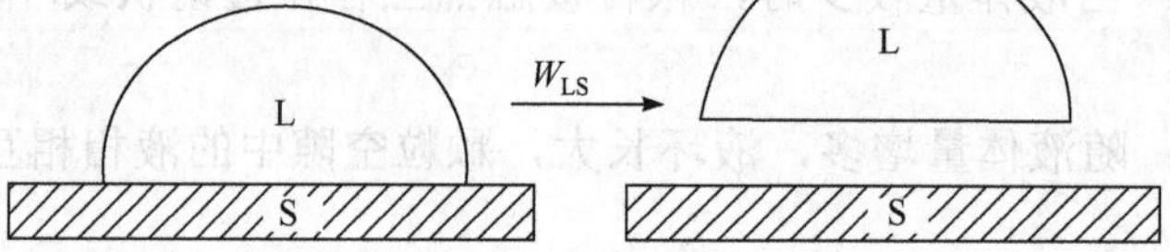

图 4-4 黏附功

此时，液固、气固、气液的接触面积相等。W_{LS}为黏附功，这样的润湿为黏附润湿。由图 4-2 所示，把液滴置于光滑的固体面上，当液滴为平衡状态时，将式（4-5）代入式（4-6）可得到：

$$W_{LS}=\gamma_{LG}(1+\cos\theta) \tag{4-7}$$

为了使液滴能黏附在固体表面上，则应使 $W_{LS}>0$。因为$\gamma_{LG}>0$，所以$\cos\theta>-1$才行。W_{LS}越大，液滴越容易黏附在固体表面上。相反，W_{LS}为负值时，固体表面排斥液滴。

为了使黏附于固体表面上的液滴在固体表面广泛分布，则应满足下式：

$$\gamma_{SG}>\gamma_{LS}+\gamma_{LG}\cos\theta \tag{4-8}$$

如图 4-5 所示，将在固体表面上的液滴薄膜还原单位面积需要的功为：

$$S_{LS}=\gamma_{SG}-(\gamma_{LG}+\gamma_{LS}) \tag{4-9}$$

为使液体在固体表面上扩展，则应有 $S_{LS}>0$。将 S_{LS} 称为扩散系数，像这样的润湿称为扩展润湿。

如图 4-6 所示，将浸渍在固体毛细管中的液体还原单位面积，使暴露出新的固体表面所需要的功 A_{LS} 为：

$$A_{LS}=\gamma_{SG}-\gamma_{LS} \tag{4-10}$$

将式（4-5）代入式（4-10）可得到：

$$A_{LS}=\gamma_{LG}\cos\theta \tag{4-11}$$

式中，A_{LS} 称为黏附张力。这种润湿称为浸渍润湿。

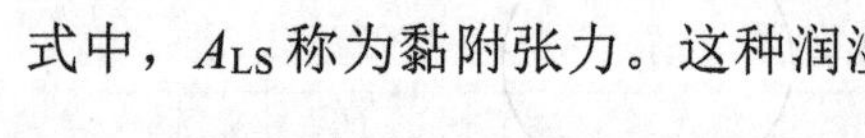

图 4-5 扩展润湿

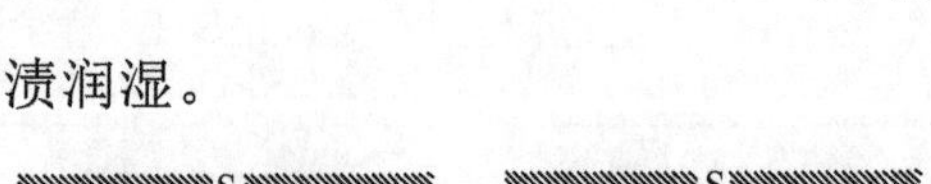

图 4-6 浸湿润湿

粉体分散在液体中的现象相当于浸渍润湿。并且，液体浸透到粉体层中时，与毛细管中液体浸渍情况相同。此时，由于液体和气体的界面没有发生变化，也同样作为浸渍润湿情况处理，如式（4-11）那样，根据接触角和液体的表面张力而决定。

4.4 液桥

粉体与固体或粉体颗粒之间的间隙部分存在液体时，称为液桥。粉体处理中的液体大多是水。液桥除了可在过滤、离心分离、造粒及其他的单元操作过程中形成外，在大气压下存放粉体时，由于水蒸气的毛细管凝缩也可形成。前者的液桥量虽然比后者大得多，但其附着力产生的原理还是毛细管凝缩。显然，液桥力的大小同湿度有关，亦即同水蒸气吸附量有关。而吸附量和液桥的形式则取决于粉体表面对水蒸气亲和性的大小、颗粒形状以及接触状况等。因此，不能忽视在大气压下处理粉体时附着水的存在。

液桥的存在可改变颗粒间的作用力、粉体的成型性能（即可塑性）、粉体的流动性、粉体的电性能。由图 4-7 所示的颗粒间液桥模型可推导液桥的附着力。

由图 4-7 中的几何关系可知：

$$\angle O_3CB+\angle BCD=\angle ACD+\angle BCD=\frac{\pi}{2}$$

$$\angle O_3CB=\angle ACD=\alpha+\theta$$

$$CB=r-r\cos\alpha+\frac{a}{2}=r(1-\cos\alpha)+\frac{a}{2}$$

$$\angle O_3CB=\cos(\alpha+\theta)$$

$$=\frac{CB}{O_3C}=\frac{r(1-\cos\alpha)+\frac{a}{2}}{R_1}$$

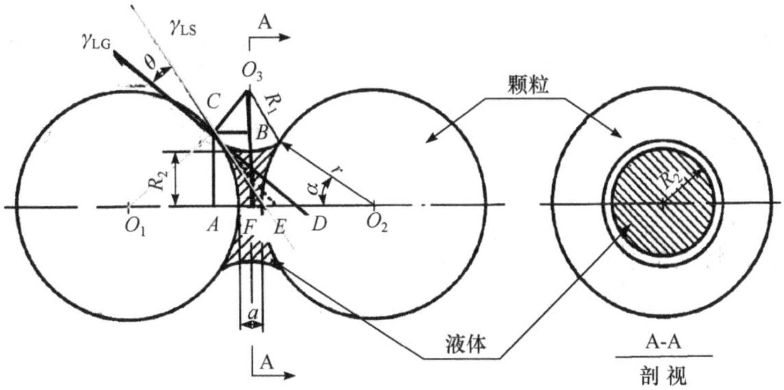

图 4-7　颗粒间液桥模型

所以：

$$R_1=\frac{r(1-\cos\alpha)+\frac{a}{2}}{\cos\alpha(\alpha+\theta)} \tag{4-12}$$

因为 $O_3B=R_1\sin(\alpha+\theta)$，所以：

$$\begin{aligned}R_2&=CA-(R_1-O_3B)\\&=CA-R_1\left[1-\sin(\alpha+\theta)\right]\\&=r\sin a+R_1\left[\sin(\alpha+\theta)-1\right]\end{aligned} \tag{4-13}$$

若颗粒表面亲水，即 θ=0，且颗粒与颗粒相接触，即 a=0，有：

$$\cos\alpha=r/(R_1+r) \qquad \tan\alpha=(R_1+R_2)/r$$

可得：

$$R_1 = r\left(\frac{1}{\cos\alpha} - 1\right) = r(\text{rec}\alpha - 1) \tag{4-14}$$

$$R_2 = r\tan\alpha - R_1 = r(\tan\alpha - \sec\alpha + 1) \tag{4-15}$$

据 Laplace 方程推导出的基本等式，将界面毛细管压力 P 与液体表面张力和界面的主要曲率半径 R_1 及 R_2 相联系，则液体内外的压强差为：

$$P = \sigma\left(\frac{1}{R_1} + \frac{1}{R_2}\right) \tag{4-16}$$

式中，液体表面呈凹面时，R 为正值；液体表面呈凸面时，R 为负值。P 为负压取正值。因此，$R_1<R_2$ 时为负压，$R_1>R_2$ 时为正压。σ 为表面张力系数。

将式（4-14）、式（4-15）、式（4-16）整理后，可得：

$$\begin{aligned} P &= \frac{\sigma}{r}\left(\frac{1}{\sec\alpha - 1} - \frac{1}{\tan\alpha - \sec\alpha - 1}\right) \\ &= \frac{\sigma}{r} \times \frac{2 + \tan\alpha - 2\sec\alpha}{(1 + \tan\alpha - \sec\alpha)(\sec\alpha - 1)} \end{aligned} \tag{4-17}$$

由于负压时两个颗粒相互吸引，因此将该负压称为毛细管压力。Fisher 认为毛细管压力作用于液膜最窄部分的圆形断面 πR_2^2 上，与此同时，由表面张力 F_s 产生的压力还作用于其圆周 $2\pi R_2$ 上，为此提出颗粒间的附着力计算公式为：

$$\begin{aligned} H &= \pi R_2^2 \sigma\left(\frac{1}{R_1} - \frac{1}{R_2}\right) + 2\pi R_2 \sigma \\ &= \pi R_2 \sigma\left(\frac{1}{R_1} + \frac{1}{R_2}\right) \end{aligned} \tag{4-18}$$

将式（4-14）、式（4-15）代入式（4-18）可得：

$$H = \frac{2\pi r\sigma}{1 + \tan(\alpha/2)} \tag{4-19}$$

液桥的破坏出现在最窄的断面部分，但有时也可假想在液桥与粉体颗粒接触的部分。一般来说，以小的力就能在液桥最窄的断面处产生破坏。假定玻璃密度为 2500kg/m^3，按上述公式计算的附着力和玻璃球大小及自重的关系如表 4-1 所示。由表 4-1 可知，随着玻璃球半径的减小，虽然附着力也减小，但因其自重减小，因而附着力与自重比值增大，颗粒越小越容易附着聚集。例如，半径 1μm 玻璃球的附着力在理论上等于 6.02×10^6 个同样大小玻璃球的重力。

表 4-1 玻璃球的大小和附着力（相对湿度 83%, 25℃）

玻璃半径 R/μm	钳角 α/（°）	毛细管压力 P/N	表面张力 F_s/N	附着力 H/N	自重/N	附着力/自重
1000	0.162	6.37×10^{-4}	1.27×10^{-6}	6.38×10^{-4}	1.03×10^{-4}	6.19
100	0.511	6.33×10^{-5}	4.02×10^{-7}	6.37×10^{-5}	1.03×10^{-7}	6.18×10^{2}
10	1.62	6.20×10^{-6}	1.26×10^{-7}	6.33×10^{-6}	1.03×10^{-10}	6.15×10^{4}
1	5.1	5.81×10^{-7}	3.91×10^{-8}	6.2×10^{-7}	1.03×10^{-13}	6.02×10^{6}

若颗粒与颗粒相接触但接触角不为零，Batel 对液面与颗粒接触角为θ时的公式做了推导。根据图 4-8 的关系，可得：

$$R_1 = \frac{r(1-\cos\alpha)}{\cos(\alpha+\theta)} \tag{4-20}$$

$$R_2 = r\sin\alpha - R_1 + R_1\sin(\alpha+\theta) \tag{4-21}$$

又设毛细管压力作用在液面和球的接触部分的断面 $\pi(r\sin\alpha)^2$ 上，表面张力平行于两颗粒连线的分量 $\sigma\sin(\alpha+\theta)$ 作用在圆周 $2\pi(r\sin\alpha)$ 上，则液桥附着力可由式（4-22）表示：

$$F_k = 2\pi r\sigma\sin\alpha\left[\sin(\alpha+\theta)+\frac{r}{2}\sin\alpha\left(\frac{1}{R_1}-\frac{1}{R_2}\right)\right] \tag{4-22}$$

第 4 章

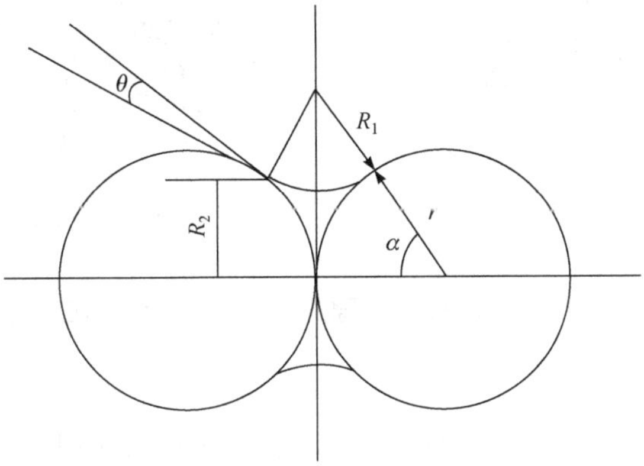

图 4-8　颗粒与颗粒相接触但接触角不为零时颗粒间液桥模型

4.5　液体在粉体层毛细管中的上升高度

4.5.1　抽吸压力（抽吸势）

4.5.1.1　空隙的结构和性质

以均一球作六方最密填充时，可得到如下两种类型的空隙结构（图 4-9）。

① T 空隙（三角空隙）：四个球分别以正三角锥顶点为中心排列所形成的空隙。有六个接触点和四个支路，每支路均与 R 空隙相通（与 Horsfield 填充的三角空隙相同）。

② R 空隙（四角空隙）：六个球围成的空隙（四个球排成正方形，在其两侧的垂线方向排列两个球）。有十二个接触点，八个支路，每支路均与 T 空隙相通（与 Horsfield 填充的四角空隙相同）。

无论 T 空隙还是 R 空隙，每支路的三段圆弧围成的最狭窄部分都相等，其内切圆半径等于 0.155r，r 为填充均一球的半径。T 空隙与 R 空隙的数量比为 2∶1，如将空隙一个接一个地贯穿起来，可得到 R 空隙和 T 空隙以 RTRT…相互交错的形式出现。

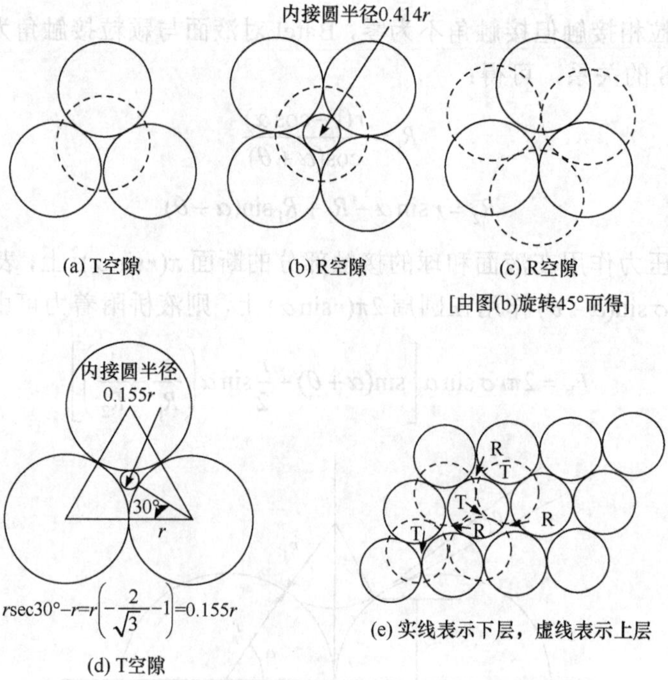

图 4-9 T 空隙和 R 空隙的平面图（虚线球在上面）

4.5.1.2 入口抽吸压力

从表层开始减少处于浸渍状态的等径球填充体内的液体时，颗粒群表面逐渐露出。表层空隙液面呈凹面，形成毛细管状态，液面为半球状。若接触角为零，因 R 空隙的内切圆半径为 $0.414r$，故 R 空隙的毛细管压力为：

$$P_R=2\sigma/(0.414r)=4.83\sigma/r \tag{4-23}$$

同理，因 T 空隙的内切圆半径为 $0.155r$，因此，T 空隙的毛细管压力为：

$$P_T=2\sigma/(0.155r)=12.90\sigma/r \tag{4-24}$$

P_R、P_T 则分别称为 R 空隙、T 空隙的入口抽吸压力或抽吸势。

如用水力半径 m 表示入口抽吸压力，则其计算式可作如下改变：

根据水力半径的定义，可得粉体填充层空隙水力半径：

$$m=\frac{\text{填充层颗粒间空隙体积}}{\text{填充层颗粒总表面积}}=\frac{\varepsilon}{S_V(1-\varepsilon)} \tag{4-25}$$

如接触角为δ，则 $R=2m/\cos\delta$，因此入口抽吸压力为：

$$P_c=\frac{2\sigma}{R}=\frac{\sigma}{m}\cos\delta \tag{4-26}$$

实际粉体填充层空隙的抽吸压力：

$$P_c=8\times\frac{1-\varepsilon}{\varepsilon}\times\frac{\sigma}{D_{SV}} \tag{4-27}$$

4.5.2 液体在粉体层毛细管中的上升高度

如图 4-10 所示，A 点和 B 点在同一水平面上，设 A 点的压力为 P_A，B 点压力为大

气压 P_a，液面为半径 R 的球面，根据 Laplace 方程，毛细管压力为 $2\gamma/R$，因而在 A 点处毛细管内液体的压力平衡式为：

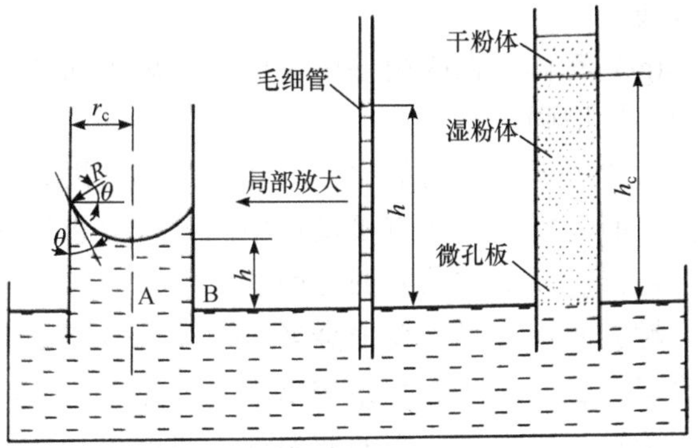

图 4-10 毛细管上升高度

$$P_A = P_a - \frac{2\gamma}{R} + \rho gh$$

因为 $P_A=P_a$，所以 $\rho gh = \frac{2\gamma}{R}$，液体与毛细管壁间的接触角为$\theta$，毛细管半径为 $r_c=R\cos\theta$，因此：

$$h = \frac{4\gamma\cos\theta}{R} \times \frac{1}{2r_c} \tag{4-28}$$

移项可得毛细管常数为：

$$\frac{\rho g(2r_c)h}{\gamma\cos\theta} = 4 \tag{4-29}$$

对于粉体层来说，用颗粒直径 D_p 来代替毛细管管径 $2r_c$，用 h_c 代替 h，则粉体层毛细管常数为：

$$K_c = \frac{\rho g h D_p h_c}{r\cos\theta} \tag{4-30}$$

求得毛细管常数值，即可计算毛细管上升高度。

对于六方最密填充，如 R 空隙的毛细管压力与静水压力 ρgh 平衡，当δ=0 时，可求得 K_c=2×4.83=9.66，用玻璃球填充物所做试验的测定值为 K_c=9.8～12，基本相符。

4.6 粉体润湿的应用

固体表面的润湿性由其化学组成和微观结构决定。固体表面自由能越大，越容易被液体润湿；反之亦然。因而，寻求和制备高表面自由能或低表面自由能的固体表面成为制备超亲水表面和超疏水表面的前提条件。金属或金属氧化物等高能表面常用于制备超亲水表面，而制备超疏水表面常通过在表面覆盖氟碳链或碳烷链降低表面能。

粉体的润湿性对复合材料界面结合强度具有重要的影响。通常通过以下措施来改善粉体的润湿性。

（1）表面涂覆或包覆

用硬脂酸钠改性 MgO 粉体，在吸附层中硬脂酸根离子的亲水基朝向水相，接触角减小，使粉体对水的润湿性增强。

采用机械化学法用钛酸酯偶联剂对氧化铝表面改性，结果表明，氧化铝表面粉体由亲水性表面变为亲油性表面，提高其在有机基体中的分散性和相容性。

在陶瓷粒子表面上包覆金属的方法有两方面的作用：一是能增加固体粒子的总体表面能；二是通过改变接触界面（使界面变成金属-陶瓷粒子）来改善润湿性。

表面改性处理可改善陶瓷表面状态和结构以增大固体表面能，如通过新的涂覆物质取代金属与陶瓷的直接接触，可提高体系的润湿性。通过在 SiC 表面化学镀镍能大大提高材料性能。用镍改性铝基复合材料，镍与铝发生反应生成金属间化合物 $NiAl_3$、Ni_2Al_3 等，从而获得较好的润湿效果。

（2）热处理

对陶瓷颗粒进行热处理以提高金属对陶瓷的润湿性已经广泛运用于金属/陶瓷复合材料的制备技术。通过热处理可以将吸附在陶瓷表面的氧排除，以免金属氧化而在界面处形成氧化物阻止金属与陶瓷元素的相互扩散，阻碍界面反应的进行，从而降低金属对陶瓷的润湿性。对陶瓷颗粒进行预热处理，可以减少或消除颗粒表面吸附的杂质和气体，提高其与液态金属的润湿性。

金属/陶瓷润湿性是材料科学中普遍存在的现象，人们很早就开始了这方面的研究，在热力学、动力学、量子化学等领域建立许多润湿性模型，但是迄今为止没有一种模型能定量预测金属/陶瓷润湿性。进一步研究金属/陶瓷润湿机理，为改善体系润湿性提供指导是研究金属/陶瓷润湿性的永恒目标。随着科学技术的不断发展，对金属/陶瓷复合材料性能提出了更高的要求，研究金属/陶瓷润湿性对开发新型金属/陶瓷体系、探寻和发展材料的制备技术都有十分重要的意义。

第 5 章　粉体层静力学

粉体在输送、贮存过程中，粒子与粒子之间、粒子与器壁之间由于相对运动产生摩擦，构成粉体力学。根据颗粒的运动情况，粉体力学也分为粉体静力学和粉体动力学。粉体静力学主要研究外力与粉体粒子本身的相互作用力（包括重力、摩擦力、压力等）之间的平衡关系，如粉体内的压力分布、安息角、内摩擦角、壁摩擦角等。粉体动力学主要研究粉体在重力沉降、旋转运动、输送、混合、贮存、粒化、颗粒与流体相互作用等过程中的粒子相互间的摩擦力、重力、离心力、压力、流体阻力以及运动状态如粉体流动性、颗粒流体力学性质等。

5.1　粉体的摩擦特性

摩擦特性是指粉体中固体粒子之间以及粒子与固体边界表面因摩擦而产生的一些特殊物理现象以及由此表现出的一些特殊的力学性质。由于颗粒间的摩擦力和内聚力而形成的角统称为摩擦角。摩擦角主要分为内摩擦角、安息角、壁摩擦角及滑动摩擦角、运动摩擦角。

5.1.1　内摩擦角

在粉体层中，压应力和剪切力之间有一个引起破坏的极限。即在粉体层的任意面上加一定的垂直应力σ，若沿这一面的剪应力τ逐渐增加，当剪应力达到某一值时，粉体沿此面产生滑移，而小于这一值的剪应力却不产生这种现象。求极限剪应力和垂直应力的关系时，用所谓的破坏包络线法。

5.1.1.1　粉体层应力的莫尔圆分析法

在大多数情况下，粉体是形状不同、大小不同的固体颗粒的机械混合物，各个颗粒之间填充着气体（空气）或者气体和液体。在处理粉体内部应力分布的问题时，如果将固体、液体和气体逐个分析，然后加以综合，必定十分复杂而且困难。因此，在以后的讨论当中，特做一些使问题简化的假设和规定。

假设粉体层完全均质，粉体为整体连续介质，粉体中微元体上的应力状态与静力学中有关应力的分析一样，任一点都可以作三个互相垂直的面，经过这三个面传递三个主应力：最大主应力、最小主应力、中间主应力。没有剪应力的面叫主平面，作用于该面上的垂直应力叫主应力。

规定压应力为正，拉应力为负（粉体主要受压力）；剪应力逆时针为正，顺时针为负。对粉体通常视为平面应力系统，即忽略中间应力。

（1）粉体层应力平衡关系

用二元应力系分析粉体层中某一点的应力状态，在粉体层中取坐标轴，并设有一小直角三角形包围着这一点，该三角形的厚度为单位长度，两直角边与斜边上的应力平衡（图 5-1）。剪应力为τ_{xy}、τ_{yx}，注脚的前一个字母表示受力面的垂直方向，后一个字母表示剪应力方向。σ、σ_x、σ_y分别垂直于受力面，朝三角形内侧的取正值，即为压缩应力。

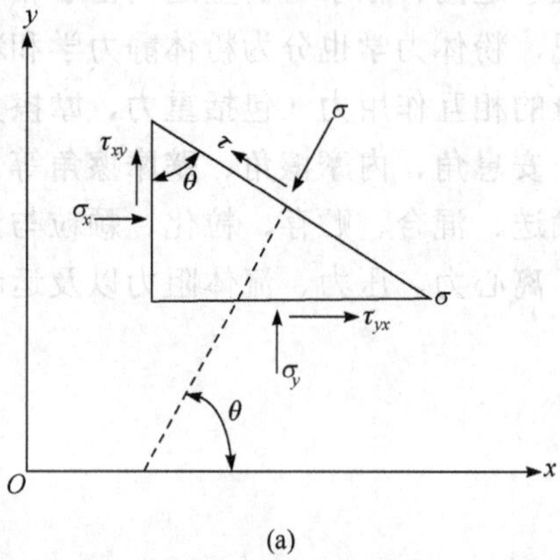

图 5-1　包围粉体层中某一点的直角三角形上的应力平衡

设斜边长度为l，压应力σ和x轴的夹角为θ，力的平衡如下（式中消去l）：

$$x\text{ 轴：}\ \sigma_x\cos\theta+\tau_{yx}\sin\theta=\sigma\cos\theta+\tau\sin\theta \tag{5-1}$$

$$y\text{ 轴：}\ \sigma_y\sin\theta+\tau_{xy}\cos\theta=\sigma\sin\theta-\tau\cos\theta \tag{5-2}$$

由式（5-1）、式（5-2）分别求得σ和τ：

$$\begin{aligned}\sigma&=\sigma_x\cos^2\theta+\sigma_y\sin^2\theta+(\tau_{yx}+\tau_{xy})\sin\theta\cos\theta\\&=\frac{1}{2}(\sigma_x+\sigma_y)+\frac{1}{2}(\sigma_x-\sigma_y)\cos2\theta+\frac{1}{2}(\tau_{yx}+\tau_{xy})\sin2\theta\end{aligned} \tag{5-3}$$

$$\tau=\frac{1}{2}(\sigma_x-\sigma_y)\sin2\theta+\frac{1}{2}(\tau_{yx}-\tau_{xy})-\frac{1}{2}(\tau_{yx}+\tau_{xy})\cos2\theta \tag{5-4}$$

由于$\tau_{xy}=\tau_{yx}$，解得粉体层中θ面上的压应力σ和剪应力τ为：

$$\sigma=\frac{1}{2}(\sigma_x+\sigma_y)+\frac{1}{2}(\sigma_x-\sigma_y)\cos2\theta+\tau_{xy}\sin2\theta \tag{5-5}$$

$$\tau=\frac{1}{2}(\sigma_x-\sigma_y)\sin2\theta-\tau_{xy}\cos2\theta \tag{5-6}$$

（2）最大主应力和最小主应力

由式（5-5）可知，σ随θ角变化，故其最大和最小值可通过对式（5-5）取极值。对式（5-5）微分得：

$$\frac{\mathrm{d}\sigma}{\mathrm{d}\theta}=-(\sigma_x-\sigma_y)\sin2\theta+2\tau_{xy}\cos2\theta=0 \tag{5-7}$$

令此时的θ为ψ，则：

$$\tan 2\psi = \frac{\tau_{xy}}{(\sigma_x - \sigma_y)/2} \tag{5-8}$$

将式（5-8）代入式（5-6）后，$\tau = 0$，主应力即表示该作用面无剪力$(\tau = 0)$时的垂直应力。

最大主应力σ_1和最小主应力σ_3如下：

$$\left.\begin{matrix}\sigma_1\\ \sigma_3\end{matrix}\right\} = \frac{1}{2}(\sigma_x + \sigma_y) \pm \frac{1}{2}(\sigma_x - \sigma_y)\cos 2\psi \pm \frac{(\sigma_x - \sigma_y)}{2}\tan 2\psi \sin 2\psi$$

$$= \frac{1}{2}(\sigma_x + \sigma_y) \pm \frac{1}{2}(\sigma_x - \sigma_y)\frac{\cos^2 2\psi + \sin^2 2\psi}{\cos 2\psi} \tag{5-9}$$

如果把$\dfrac{1}{\cos 2\psi} = \sqrt{1 + \tan^2 2\psi} = \sqrt{1 + \dfrac{4\tau^2{}_{xy}}{(\sigma_x - \sigma_y)^2}}$代入式（5-9），可得：

$$\left.\begin{matrix}\sigma_1\\ \sigma_3\end{matrix}\right\} = \frac{1}{2}(\sigma_x + \sigma_y) \pm \sqrt{\frac{1}{4}(\sigma_x - \sigma_y)^2 + \tau^2{}_{xy}} \tag{5-10}$$

最大主应力σ_1与最小主应力σ_3的角度相差$\dfrac{\pi}{2}$。

（3）莫尔圆

用一个圆来给出与θ相对应的σ和τ，具有这种对应关系的圆称为莫尔圆。

将式（5-5）和式（5-6）分别移相平方后相加，经整理得：

$$\left(\sigma - \frac{\sigma_x + \sigma_y}{2}\right)^2 + \tau^2 = \left(\frac{\sigma_x - \sigma_y}{2}\right)^2 + \tau^2{}_{xy} \tag{5-11}$$

如将σ和τ分别取为横坐标和纵坐标，则式（5-11）可用圆表示，其中圆的半径为$r = \sqrt{\left(\dfrac{\sigma_x - \sigma_y}{2}\right)^2 + \tau_{xy}^2}$，圆心坐标为$\left(\dfrac{\sigma_x + \sigma_y}{2,},0\right)$。

（4）莫尔圆与粉体层的对应关系（图 5-2）

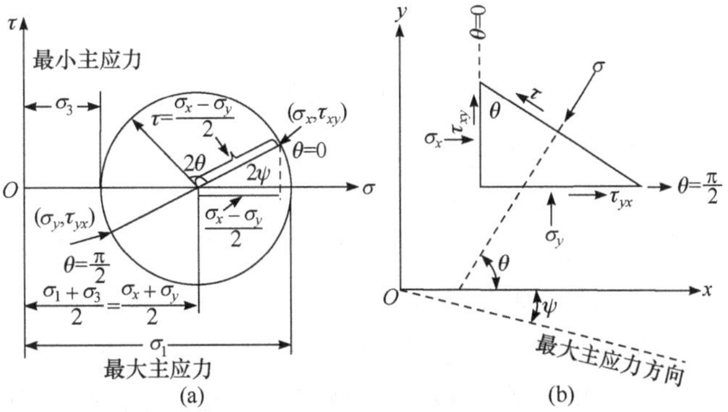

图 5-2　莫尔圆与粉体层的对应关系

① 角对应关系

在 xOy 坐标系中，σ_x、τ_{xy} 相当于作用在 $\theta=0$ 的面上，σ_y、τ_{yx} 相当于作用在 $\theta=\frac{\pi}{2}$ 的面上，而在相应的莫尔圆中，它们是处在圆心的对称位置上，即仅相差π。一般来说，xOy 坐标系中的 θ 相当于莫尔圆中的 2θ。

在 xOy 坐标系中，某点粉体层处的应力面（如 σ_x、τ_{xy} 所在应力面）的法向方向与任意一个应力面（σ、τ 所在应力面）的法向方向夹角为 θ 时，在 $\sigma O\tau$ 坐标系的莫尔圆中对应的圆心角为 2θ。

在 $\sigma O\tau$ 坐标系的莫尔圆图中，点（σ_x，τ_{xy}）顺时针旋转 2ψ 即达到最大主应力 σ_1 的位置。根据角对应关系，相应在粉体层（xOy）中的应力（σ_x、τ_{xy}）作用面也按顺时针方向旋转 ψ 即达到最大主应力位置。

② 应力对应关系

$$\sigma_x=\frac{\sigma_1+\sigma_3}{2}+\frac{\sigma_1-\sigma_3}{2}\cos 2\psi \tag{5-12}$$

$$\sigma_y=\frac{\sigma_1+\sigma_3}{2}-\frac{\sigma_1-\sigma_3}{2}\cos 2\psi \tag{5-13}$$

$$\tau_{xy}=\frac{\sigma_1-\sigma_3}{2}\sin 2\psi \tag{5-14}$$

如果将 x 轴和 y 轴分别取在与最大和最小主应力面法线方向平行的方向上，则粉体层中与最大主应力面成 θ 夹角的应力面上的压应力和剪应力分别为：

$$\sigma=\frac{\sigma_1+\sigma_3}{2}+\frac{\sigma_1-\sigma_3}{2}\cos 2\theta$$

$$\tau=\frac{\sigma_1-\sigma_3}{2}\sin 2\theta$$

变形后成为：

$$\begin{aligned}\sigma&=\sigma_1\cos^2\theta+\sigma_3\sin^2\theta\\&=\sigma_3+(\sigma_1-\sigma_3)\cos^2\theta\\&=\sigma_1\left(\frac{1+\cos 2\theta}{2}\right)+\sigma_3\left(\frac{1-\cos 2\theta}{2}\right)\end{aligned}$$

$$\tau=(\sigma_1-\sigma_3)\sin\theta\cos\theta$$

（5）粉体层应力的莫尔圆图解法

如图 5-3（a）所示，已知最大主应力 σ_1 和最小主应力 σ_3，当最小主应力面和 x 轴的夹角为 φ 时，可由作图法求得任意方向面 A-B 上所作用的应力。在图 5-3（b）中，由已知的 σ_3（即 C 点）作与 σ 轴成 φ 角的直线和莫尔圆相交，交点设为 P（极点）。由 P 点作 A-B 的平行线和莫尔圆相交于 Q，Q 点的坐标即为作用于 A-B 的应力 σ 和 τ。为什么可以这样作图呢？因为∠QPC 和∠QFC 分别为弧 $\overset{\frown}{QC}$ 的四周角和中心角，2∠QPC=∠QFC。而且，∠QPC=∠BAO=$(\pi/2)-\theta$，∠QFC=$\pi-2\theta$，因此，∠QFD=π−∠QFC=2θ。在上述求极点 P 时，如通过 D 点作最大主应力面的平行线亦可得到相同的结果。

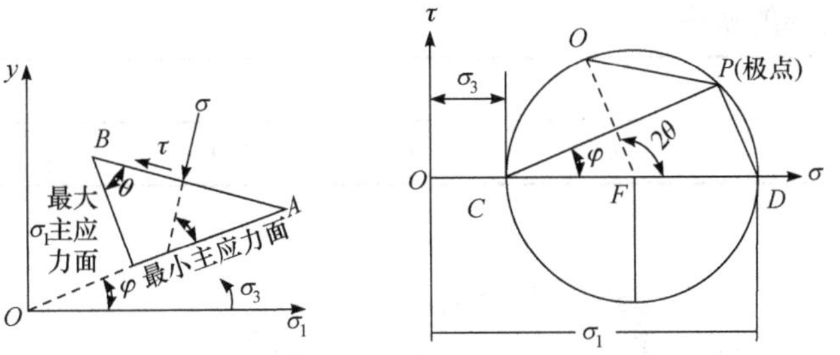

(a) 应力状态　　(b) 莫尔圆

图 5-3　莫尔圆图解法

5.1.1.2　内摩擦角的确定

（1）三轴压缩试验

如图 5-4 所示，将粉体填充在圆筒状透明橡胶膜内，然后用流体侧向压制。用一个活塞单向压缩该圆柱体直到破坏，在垂直方向获得最大主应力σ_1，同时在水平方向获得最小主应力σ_3，这些应力对组成了莫尔圆。以砂为例的测定值见表 5-1。

以表 5-1 中的数据作出三个莫尔圆（图 5-5），这三个圆称为极限破坏圆。这些圆的公切线称为该粉体的破坏包络线。这条破坏包络线与σ轴的夹角ϕ_i即为该粉体的内摩擦角。试料的破坏面有各种形式，图 5-4（b）～图 5-4（d）是其代表的图形。如最大主应力方向取作 x 轴，最小主应力方向取作 y 轴，画出与图 5-4（a）对应的莫尔圆如图 5-6 所示。破坏面与最小主应力方向的夹角为θ，它与破坏角互为余角，由莫尔圆中的几何关系可知，极点 P 到σ_1连线与σ轴的夹角为$\pi/4-\phi_i/2$，该角是破坏面与铅垂方向的夹角。

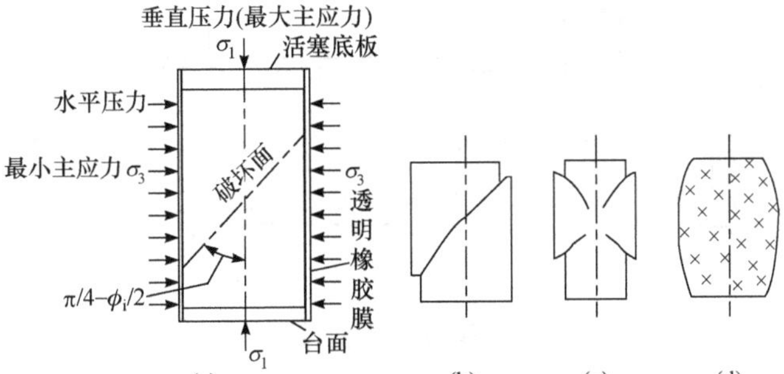

(a)　(b)　(c)　(d)

图 5-4　三轴压缩试验原理和材料的破坏形式

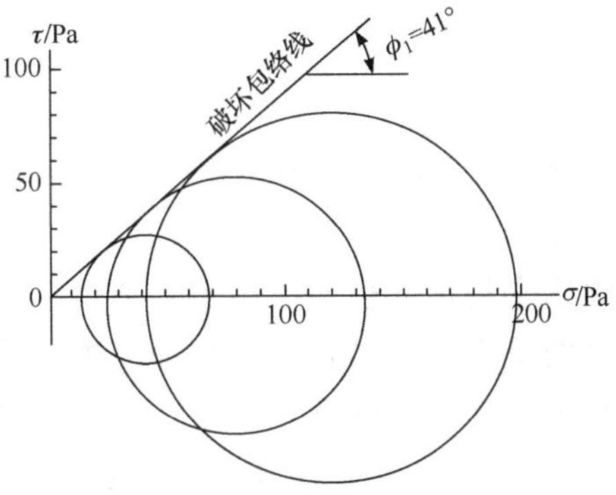

图 5-5　三轴压缩试验结果

表 5-1　三轴压缩试验的例子

水平压力σ_3/Pa	13.7	27.5	41.2
垂直压力σ_1/Pa	63.7	129	192

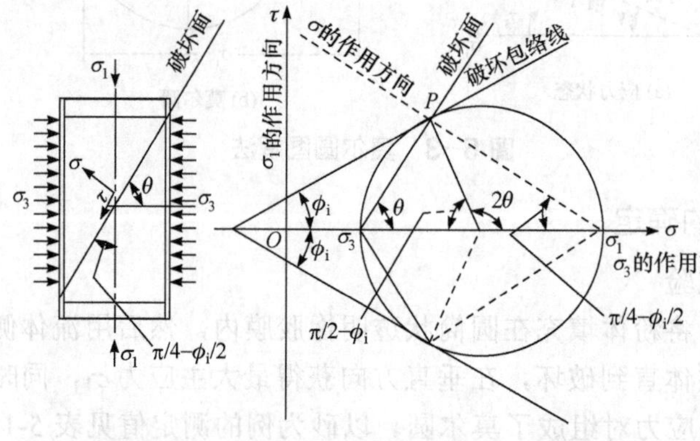

图 5-6　三轴压缩试验粉体层破坏面的角度

（2）直剪试验

把圆形盒或方形盒重叠起来，将粉体填充其中，在铅垂应力σ的作用下，再在上盒或中盒上施加剪应力τ，逐渐加大剪应力，使重叠的盒子错动。通过测定错动瞬间的剪应力，得到σ与τ的关系，见图 5-7。

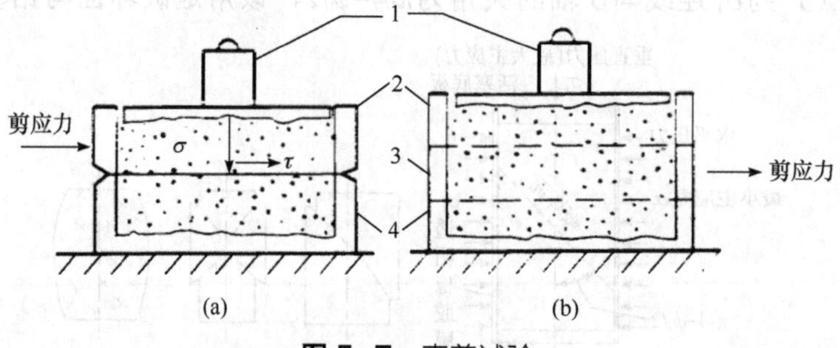

图 5-7　直剪试验

1—砝码；2—上盒；3—中盒；4—下盒

5.1.1.3　破坏包络线方程

用直线表示破坏包络线时，可写成如下的形式：

$$\tau=\sigma\tan\phi_i+C=\mu_i\sigma+C \tag{5-15}$$

上式称为 Coulomb（库仑）公式，式中内摩擦系数$\mu_i=\tan\phi_i$，呈直线性的粉体为库仑粉体。库仑粉体的莫尔圆如图 5-8 所示。

C=0 的粉体称之为简单库仑粉体，也叫无附着性粉体，初始抗剪强度为零，具有不团聚、不可压缩、流动性好的特点，且与粉体预压缩应力无关。

C≠0 的粉体为附着性粉体，初抗剪强度不为零，具有团聚性、可压缩性。

有的粉体在试验时得到的破坏包络线在σ值小的区域不再保持直线，而呈下弯曲线，如图 5-9 所示，因此破坏包络线方程的一般形式写成：

$$\frac{\sigma-\sigma_a}{\sigma_a}=\left(\frac{\tau}{c}\right)^n \tag{5-16}$$

式中，n 为常数，与粉体的流动性有关；σ_a 为抗张强度；c 为与初始抗剪强度有关的系数。

由于 μ_i 为 σ 的函数，所以，将其切线对 σ 轴的斜率作为内摩擦系数：

$$\mu_i=\frac{d\tau}{d\sigma} \tag{5-17}$$

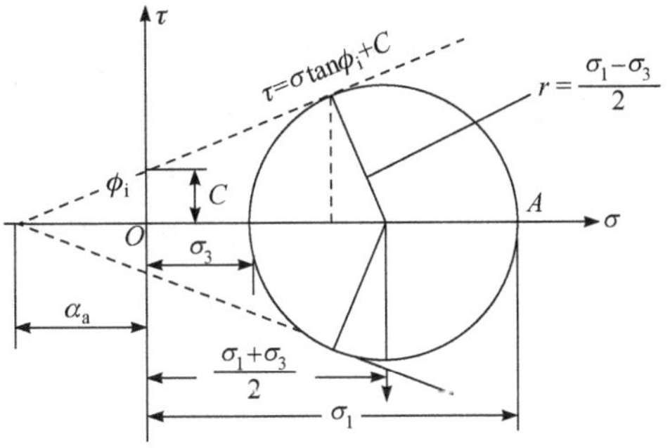

图 5-8 库仑粉体

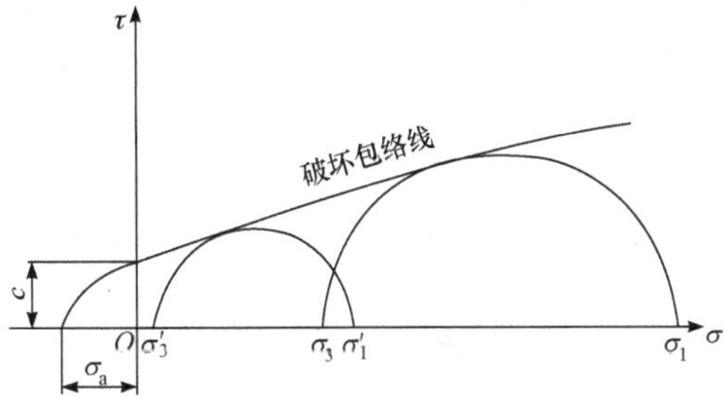

图 5-9 破坏包络线

对于库仑粉体，当 $\sigma_a=0$ 时，有如下关系式：

$$\frac{\sigma_1+\sigma_3}{2}\sin\phi_i=\frac{\sigma_1-\sigma_3}{2} \tag{5-18}$$

变形后得：

$$\frac{\sigma_3}{\sigma_1}=\frac{1-\sin\phi_i}{1+\sin\phi_i}=\frac{\sqrt{1+\mu_i^2}-\mu_i}{\sqrt{1+\mu_i^2}+\mu_i} \tag{5-19}$$

当 $\sigma_a\neq 0$ 时，有如下关系式：

$$\frac{\sigma_3-\sigma_a}{\sigma_1-\sigma_a}=\frac{1-\sin\phi_i}{1+\sin\phi_i} \tag{5-20}$$

5.1.2 安息角

安息角（又称休止角、堆积角）是粉体粒度较粗状态下由自重运动所形成的角。安息角主要用来衡量和评价粉体的流动性（黏度）。另外，表征粉体流动性的指标还有压缩度、平板角、均齐度、凝集度等。安息角的测量方法有火山口法、排除角法、固定圆锥法、等高注入法、容器倾斜法和回转圆筒法等多种。排出角法是去掉堆积粉体的方箱的某一侧壁，则残留在箱内的粉体斜面的倾角即为安息角。对于无附着性的粉体而言，安息角与内摩擦角虽然在数值上几乎相等，但实质上却是不同的，内摩擦角是粉体在外力作用下达到规定的密实状态，在此状态下受强制剪切时所形成的角。

应该指出，用不同方法测得的安息角数值有明显差异，即使是同一方法也可能得到不同值。这是粉体颗粒的不均匀性以及试验条件限制所致。下面以固定圆锥法说明安息角的测定过程。

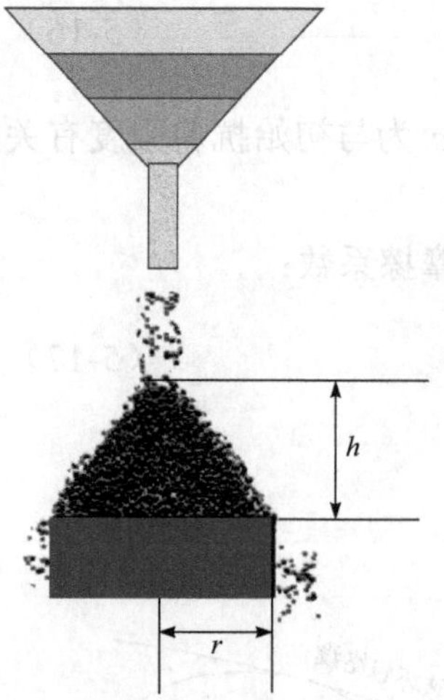

图 5-10 安息角测量示意图

固定圆锥法（图 5-10）是将粉体注入某一有限直径的圆盘中心上，直到粉体堆积层斜边的物料沿圆盘边缘自动流出时，停止注入，测定安息角θ:

$$\tan\theta = \frac{h}{r} \tag{5-21}$$

试验表明，对同一粉体，粉体的堆积角、容器与水平面的倾角、转筒内粉体与水平面的夹角相等。对于球形颗粒，粉体的安息角较小，一般在 23°～28°之间，粉体的流动性好。规则颗粒的安息角约为 30°，不规则颗粒的安息角约为 35°，极不规则颗粒的安息角大于 40°，此时粉体具有较差的流动性。

对细颗粒，粉体具有较强的可压缩性和团聚性，安息角与过程有关，即与粉体从容器流出的速度、容器的提升速度、转筒的旋转速度有关。所以安息角不是细颗粒的基本物性。

5.1.3 壁摩擦角及滑动摩擦角

壁摩擦角指粉体层与固体壁面之间的摩擦角，具有重要的实用特性。它的测量方法和剪切试验完全一样，测定装置如图 5-11 所示。剪切箱体的下箱用壁面材料代替，在它上面是装满了粉体的上箱，测量拉力即可求得。滑动摩擦角是让放有粉体的平板逐渐倾斜，当粉体开始滑动时平板与水平面的夹角。

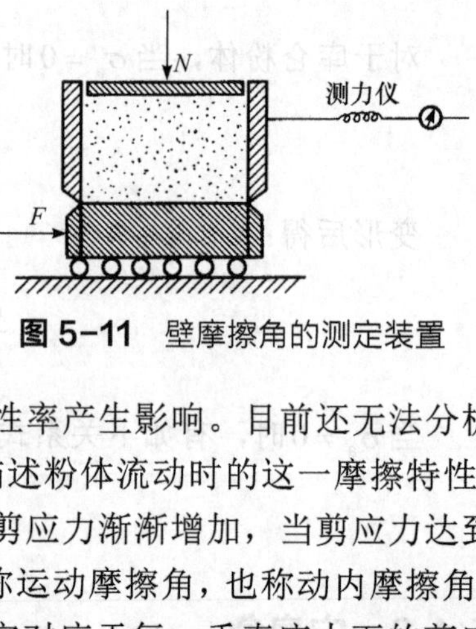

图 5-11 壁摩擦角的测定装置

5.1.4 运动摩擦角

粉体在流动时空隙率增大，这种空隙率在颗粒静止时可形成疏填充状态、颗粒间相斥等，并对粉体的弹性率产生影响。目前还无法分析这种状态下的摩擦机理，通常是通过测定运动摩擦角来描述粉体流动时的这一摩擦特性。

在测量摩擦角的直剪试验中，随着剪切盒的移动，剪应力渐渐增加，当剪应力达到不变时的状态即所谓动摩擦状态，这时所测得的摩擦角称运动摩擦角，也称动内摩擦角。

运动摩擦角测定装置如图 5-12 所示，由压力计测定对应于每一垂直应力下的剪应力，由千分表测定颗粒移动时由空隙率变化而导致的高度变化，还测量其体积的增减。

由上述剪切试验记录的系列数据，可做出如图 5-13 所示的剪切轨迹曲线。该轨迹曲

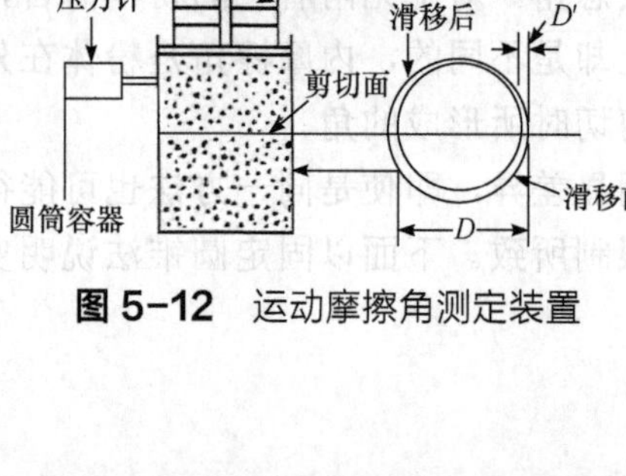

图 5-12 运动摩擦角测定装置

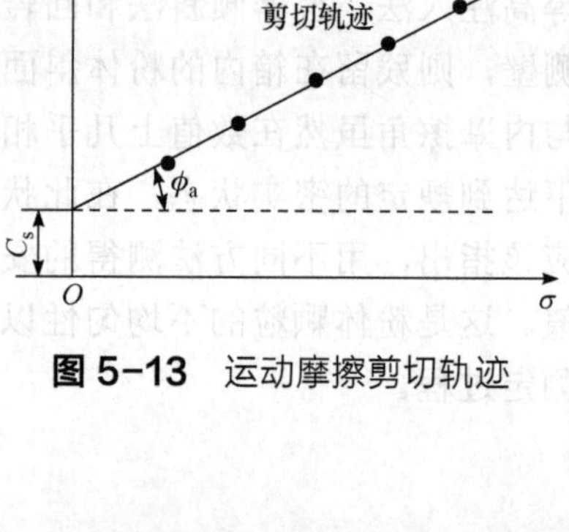

图 5-13 运动摩擦剪切轨迹

线与 σ 轴的夹角为运动摩擦角 ϕ_a，在 τ 轴上的截距 C_s 也反映了内聚力的大小。实际轨迹存在非线性状态。

5.2 粉体压力计算

5.2.1 詹森（Janssen）公式

液体容器中，压力与液体的深度成正比，同一水平面上的压力相等，而且帕斯卡定律和连通器原理成立。但是对于粉体容器却完全不同。为此 Janssen 作如下假设：①容器内粉体层处于极限应力状态；②同一水平面内的铅垂压力相等；③粉体的物性和填充状态均一。因此，内摩擦系数为常数。

对于图 5-14 所示的圆筒形容器里的粉体，取很薄的一层 ABCD 来进行研究。

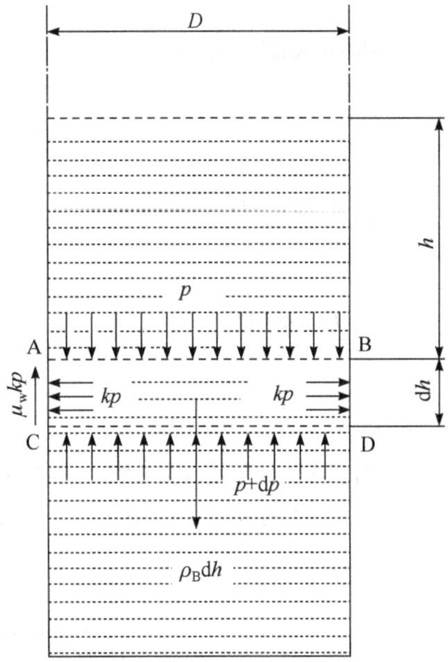

图 5-14 筒仓粉体压力

取柱坐标 r-z，柱体上表面中心点为坐标原点，z 轴沿柱体中轴线垂直向下。建立铅垂方向的力平衡方程：

$$\frac{\pi}{4}D^2 p+\frac{\pi}{4}D^2\rho_B g\mathrm{d}h=\frac{\pi}{4}D^2(p+\mathrm{d}p)+\pi D\mu_w kp\mathrm{d}h \tag{5-22}$$

式中 D——圆筒形容器的直径；

μ_w——粉体和圆筒内壁的摩擦系数；

ρ_B——粉体的填充密度；

k——粉体测压常数，即把垂直应力 σ_v 变换为水平应力 σ_h 的重要常数；

p——所取薄层粉体上表面的压强。

利用莫尔圆的包络线为直线时两应力垂直的性质，可以求出作为内摩擦角为 Φ_i 的两应力的关系式。这个关系式为：

$$k=\frac{\sigma_h}{\sigma_v}=\frac{1-\sin\phi_i}{1+\sin\phi_i} \tag{5-23}$$

将式（5-22）整理后得：

$$(D\rho_B g-4\mu_w kp)\mathrm{d}h=D\mathrm{d}p \tag{5-24}$$

对式（5-24）进行积分：

$$\int_0^h \mathrm{d}h=\int_0^p\frac{\mathrm{d}p}{\rho_B g-\dfrac{4\mu_w k}{D}p}$$

得：

$$h=-\frac{D}{4\mu_{\mathrm{w}}k}\ln\left(\rho_{\mathrm{B}}g-\frac{4\mu_{\mathrm{w}}k}{D}p\right)+C \tag{5-25}$$

由于 $h=0$ 时，$p=0$，代入得积分常数：

$$C=\frac{D}{4\mu_{\mathrm{w}}k}\ln(\rho_{\mathrm{B}}g) \tag{5-26}$$

因此得在深度为 h 时，粉体的铅垂压力 p 与 h 的关系式为

$$h=\frac{D}{4\mu_{\mathrm{w}}k}\ln\left(\frac{\rho_{\mathrm{B}}g}{\rho_{\mathrm{B}}-\dfrac{4\mu_{\mathrm{w}}k}{D}p}\right) \tag{5-27}$$

进而得到铅垂压力：

$$p=\frac{\rho_{\mathrm{B}}gD}{4\mu_{\mathrm{w}}k}\left[1-\exp\left(-\frac{4\mu_{\mathrm{w}}k}{D}h\right)\right] \tag{5-28}$$

水平压力为：

$$p_{\mathrm{h}}=kp$$

当 $h\to\infty$ 时：

$$p\to p_{\infty}=\frac{\rho_{\mathrm{B}}gD}{4\mu_{\mathrm{w}}k} \tag{5-29}$$

粉体的压力饱和现象：粉体中的压力与深度呈指数关系，当深度达一定值时，粉体的压力趋于饱和。当 $4\mu_{\mathrm{w}}k=0.5$、$h=6D$ 时，$p/p_{\infty}=1-\mathrm{e}^{-3}=0.9502$，粉体层压力达到最大压力的 95%。

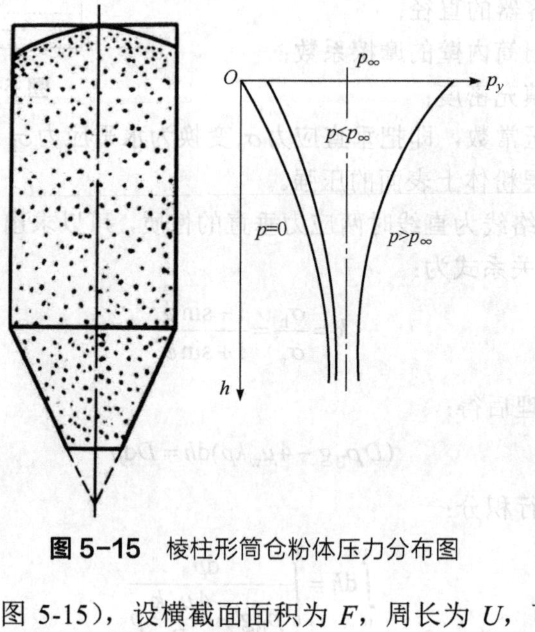

图 5-15 棱柱形筒仓粉体压力分布图

对于棱柱形容器（图 5-15），设横截面面积为 F，周长为 U，可用 F/U 置换圆筒形公式中的 $D/4$。

这里讨论的是静压，卸载时会产生动态超压现象，最大压力可达静压的 3～4 倍，发生在筒仓下部 1/3 处。这一动态超压现象将使大型筒仓产生变形或破坏，设计时必须加以考虑。

如粉体层的上表面作用有外载荷 p_0，即当 h=0 时，p=p_0，此时有：

$$p = p_\infty + (p_0 - p_\infty)\exp\left(-\frac{4\mu_w k}{D}h\right) \tag{5-30}$$

5.2.2 料斗的压力分布（锥体）

倒锥形料斗的粉体压力可参考詹森法进行推导。如图 5-16（a）所示，以圆锥顶点为起点，取单元体部分粉体沿铅垂方向的力平衡。图 5-16（b）为水平压力 kp 和铅垂压力 p 沿圆锥壁垂直方向的分解图。

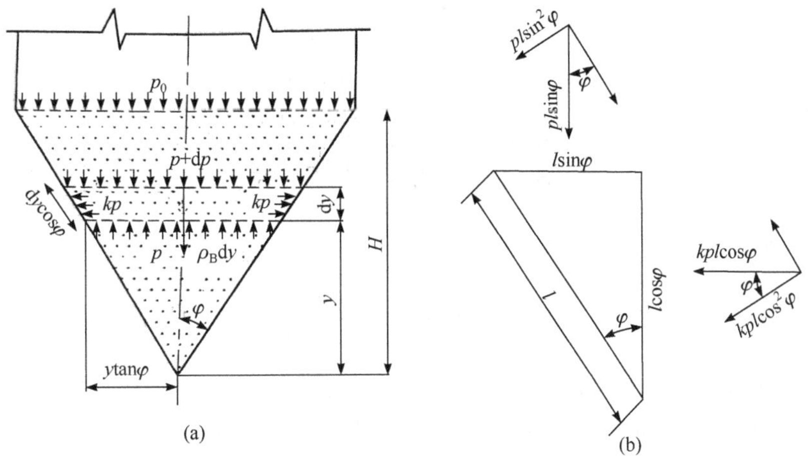

图 5-16　漏斗内粉体压力分析

与壁面垂直方向单位面积上的压力为：

$$kp\cos^2\varphi + p\sin^2\varphi = p\left(k\cos^2\varphi + \sin^2\varphi\right)$$

沿壁面单位长度上的摩擦力为：

$$p\left(k\cos^2\varphi + \sin^2\varphi\right)\mu_w(\mathrm{d}y/\cos\varphi)$$

采用 Janssen 假设，对微元体剖面线部分沿铅垂方向作力平衡得：

$$\pi(y\tan\varphi)^2[(p+\mathrm{d}p)+\rho_B g\mathrm{d}y] = \pi(y\tan\varphi)^2 p + 2\pi y\tan\varphi\left(\frac{\mathrm{d}y}{\cos\varphi}\right)\mu_w\left(k\cos^2\varphi+\sin^2\varphi\right)p\cos\varphi \tag{5-31}$$

变形后得：

$$\begin{aligned} & y\tan\varphi\mathrm{d}p + y\tan\varphi\times\rho_B g\mathrm{d}y \\ & = 2\mu_w\left(k\cos^2\varphi+\sin^2\varphi\right)\mathrm{d}y\times p \end{aligned} \tag{5-32}$$

两边同除以 $y\tan\varphi\mathrm{d}y$ 得：

$$\frac{\mathrm{d}p}{\mathrm{d}y}+\rho_{\mathrm{B}}g=\frac{p}{y}\times\frac{2\mu_{\mathrm{w}}}{\tan\varphi}\left(k\cos^2\varphi+\sin^2\varphi\right) \tag{5-33}$$

令 $\alpha=\frac{2\mu_{\mathrm{w}}}{\tan\varphi}(k\cos^2\varphi+\sin^2\varphi)$，则有：

$$\frac{\mathrm{d}p}{\mathrm{d}y}=-\rho_{\mathrm{B}}g+\alpha\frac{p}{y} \tag{5-34}$$

当 $y=H$ 时，$p=0$，解微分方程得：

$$p=\frac{\rho_{\mathrm{B}}gy}{\alpha-1}\left[1-\left(\frac{y}{H}\right)^{\alpha-1}\right] \tag{5-35}$$

若 $\alpha=1$，则：

$$p=\rho_{\mathrm{B}}gy\ln\left(\frac{H}{y}\right) \tag{5-36}$$

当 $y=H$、$p=p_0$（上方有料层时，按 Janssen 公式求得）、$\alpha\neq1$ 时，则：

$$p=\frac{\rho_{\mathrm{B}}gy}{\alpha-1}\left[1-\left(\frac{y}{H}\right)^{\alpha-1}\right]+p_0\left(\frac{y}{H}\right)^{\alpha-1} \tag{5-37}$$

若 $\alpha=1$，则：

$$p=\rho_{\mathrm{B}}gy\ln\left(\frac{H}{y}\right)+p_0\frac{y}{H} \tag{5-38}$$

图 5-17 为 $H=1$、$\alpha=0$、$\alpha=0.5$、$\alpha=1$、$\alpha=2$、$\alpha=5$ 时按式（5-35）计算所得到的料斗铅垂方向的粉体压力分布图。由图可知，图中曲线都汇合于原点。出口有一定大小，因此，出口处压力不可能为零。在确定出口流量时，出口压力是个重要的因素。

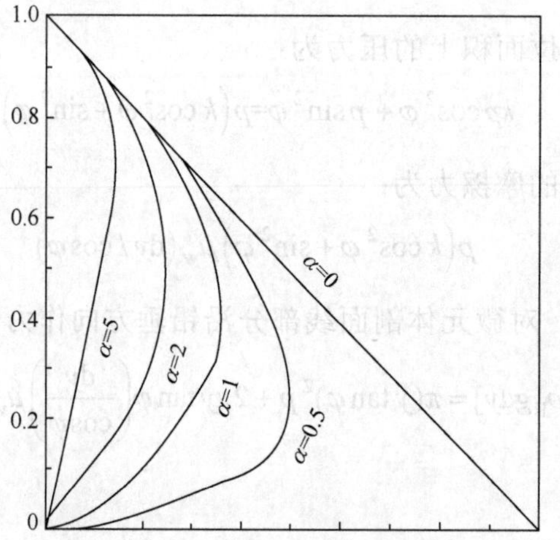

图 5-17 料斗铅垂方向的粉体压力分布

第 6 章　超微粉体特性

人类对世界的认识是从宏观、微观两个层次上展开的。长期以来，人们已对宏观物体的晶体对称性、空间点群、位错、晶界等微观结构与物理性质的关系进行了系统和深入的研究。宏观物体通常不需要考虑表面效应、量子尺寸效应等，其特性主要为体效应。但当采用物理、化学及生物等方法将大块固体细化为微粉时，超微粉体材料具有传统材料所不具备的奇异或反常的物理、化学特性，如原本导电的铜尺寸到某一纳米级界限就不导电，原来绝缘的二氧化硅、晶体等，在某一纳米级界限时开始导电。这是由于超微粉体材料具有颗粒尺寸小、比表面积大、表面能高、表面原子所占比例大等特点，以及其特有的三大效应：表面效应、小尺寸效应、量子效应。

6.1　表面效应

在人类长期的科技活动中，人们已经意识到，随着颗粒尺寸的减小，比表面积迅速增大（如图 6-1 所示单位颗粒表面积的变化规律）。此时粒子的表面原子数与总原子数之比随着粒子尺寸的减小而大幅度增加，粒子的表面能及表面张力也随之增加，从而引起纳米粒子物理、化学性质的变化。

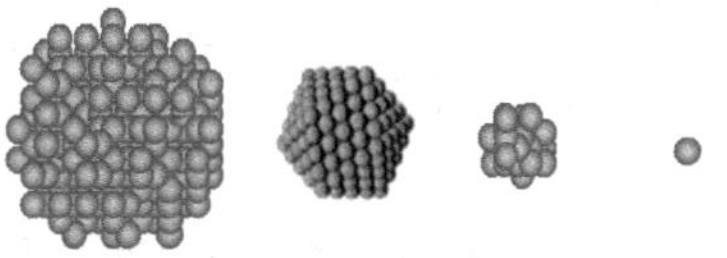

图 6-1　颗粒尺寸与表面的变化

纳米粒子的表面原子所处的晶体场环境及结合能与内部原子有所不同，存在许多悬空键，具有不饱和性质，因而极易与其他原子相结合而趋于稳定，具有很高的化学活性。

① 比表面积的增加。比表面积常用总表面积与质量或总体积的比值表示。质量比表面积 S_G、体积比表面积 S_V 的公式为：

$$S_G = S / G$$

$$S_V = S / V$$

式中，S 为总表面积；G 为质量；V 为颗粒总体积。当颗粒细化，粒子逐渐减小时，总表面积也急剧增大，比表面积也相应急剧增大。如把边长为 1cm 的立方体逐渐分割成小的立方体，总表面积的变化如表 6-1 所示。

表 6-1　表面积随颗粒粒径降低的变化情况

边长/cm	立方体数	每面面积/cm^2	总表面积/cm^2
1	1	1	6
10^{-5}	10^{15}	10^{-8}	6×10^5
10^{-6}	10^{18}	10^{-12}	6×10^6
10^{-7}	10^{21}	10^{-14}	6×10^7

② 表面原子数的增加。由于粒子尺寸减小时，表面积增大，处于表面的原子数也急剧增加，如图 6-2 和表 6-2 所示。

表 6-2　纳米微粒尺寸与表面原子数的关系

纳米微粒尺寸 D/nm	包含总原子数	表面原子所占比例/ %
10	3×10^4	20
4	4×10^3	40
2	2.5×10^2	80
1	30	99

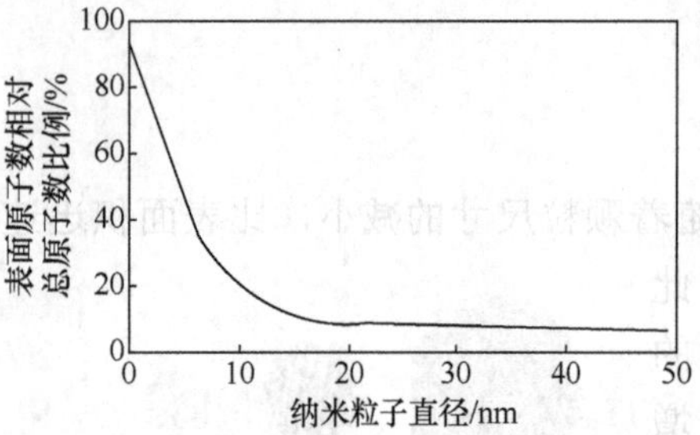

图 6-2　表面原子数占全部原子数的比例和粒径之间的关系

③ 表面能增大。由于表层原子的状态与本体中不同，表面原子配位不足，因而具有较高的表面能。如果把一个原子或分子从内部移到界面，或者说增大表面积，就必须克服体系内部分子之间的吸引力而对体系做功，所做的功部分转化为表面能储存在体系中。因此，颗粒细化时，体系的表面能便增加了。

超微颗粒的表面与大块物体的表面是十分不同的，若用高倍率电子显微镜对金超微颗粒（直径为 $2\times10^{-3}\mu m$）进行电视摄像，实时观察发现这些颗粒没有固定的形态，随着时间的变化会自动形成各种形状（如立方八面体、十面体等），它既不同于一般固体，又不同于液体，是一种准固体。在电子显微镜的电子束照射下，表面原子仿佛进入了“沸腾”状态，尺寸大于 10nm 后才看不到这种颗粒结构的不稳定性，这时微颗粒具有稳定的结构状态。

由于表面原子数增多、原子配位不足及高的表面能，这些表面原子具有高的活性，极不稳定，很容易与其他原子结合（表面吸附，为了降低表面能）。例如金属的纳米颗粒在空气中会迅速氧化燃烧，甚至爆炸。无机的纳米粒子暴露在空气中会吸附气体，并与气体进行反应。

表面效应主要影响颗粒的表面化学反应活性（可参与反应）、催化活性、纳米材料的（不）稳定性、铁磁质的居里温度降低、熔点降低、烧结温度降低、晶化温度降低、纳米材料的超塑性和超延展性、介电材料的高介电常数（界面极化）、吸收光谱的红移现象。

6.2 小尺寸效应

小尺寸效应是随着颗粒尺寸的量变最终引起颗粒性质发生质变而产生众多“异常”现象的统称。

当颗粒的尺寸迅速变小，小到大致等同于光波波长、磁交换长度、磁畴壁宽度、传导电子德布罗意波长、超导态相干长度等物理特征长度甚至更小时，原有晶体周期性边界条件被破坏，众多的物理性能也就极有可能产生质的变化，表现出新奇的效应，如从磁有序变为磁无序、磁矫顽力变化、金属等材料的熔点下降、陶瓷材料脆性消失等。

小尺寸效应可给纳米材料带来如下一系列新奇的性质。

（1）特殊的光学性质

小尺寸效应可使一些纳米材料光学性质产生特殊变化。当颗粒的尺寸向亚微米和纳米级转化时，各种金属颗粒颜色几乎都可发生变化，其极限颜色呈黑色，系纳米或超细金属颗粒对可见光的全吸收所导致。这就是说超微材料具有强吸收率、低反射率。如金属银在常态下是银色的，但超细时是黑色的，黑白照片和医用 X 光片上的影像都是由超细银颗粒构成的。黄金在常态下是黄色的，当黄金被细分到小于光波波长的尺寸时，即失去了原有的富贵光泽而呈黑色。事实上，所有的金属在超微颗粒状态都呈现为黑色。尺寸越小，颜色越黑。

由此可见，金属超微颗粒对光的反射率很低，通常可低于 1%，大约几微米的厚度就能完全消光。金属超微颗粒的色彩往往不同于大块材料，当金属超微颗粒的尺寸小于一定值时，其对太阳光谱似乎具有全吸收性质，因此通常又称为“太阳黑体”。

在日常生活中，太阳光中的紫外线是导致灼伤、间接色素沉积和皮肤癌的主要根源，灼伤主要表现为皮肤出现红斑，严重者还可能伴有水肿、水疱、脱皮、发烧和恶心的症状。紫外线长期作用于皮肤可造成皮肤弹性降低、皮肤粗糙和皱纹增多等光老化现象。纳米氧化锌能够吸收紫外线，同时对可见光的吸收较少，近年来在防晒化妆品中得到广泛应用。此外，将纳米 ZrC 粉末加入纤维中，可制成保温纤维，它能吸收阳光转变为热，可使温度提高 5～10℃，此外又有可能应用于红外敏感元件、红外隐身技术等。

（2）特殊的热学性质

颗粒尺寸的变化导致比表面积的改变，因而改变颗粒的化学势，进而使热力学性质发生变化，例如化学反应中物理、化学平衡条件的变化，熔点随颗粒尺寸的减小而降低，当颗粒小于 10nm 量级时尤为显著。也有学者认为，如图 6-3 所示的试验规律是纳米材料多重效应造成的（类似的还有纳米材料的磁学性能等）。

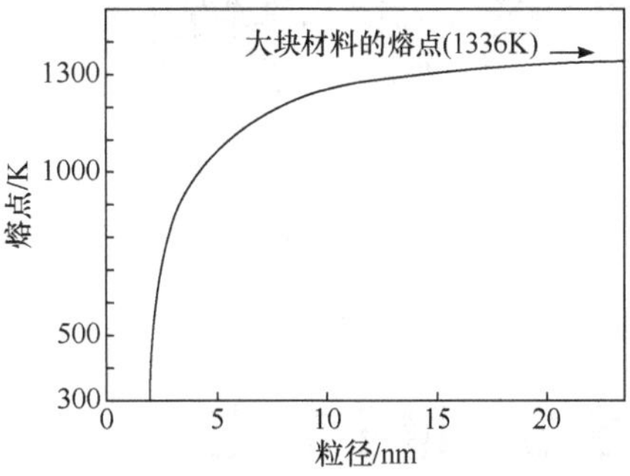

图 6-3 材料的熔点与材料自身颗粒大小的关系

颗粒尺寸对热力学性质影响很大。随着颗粒尺寸变小，表面能将显著增大，从而使得在低于块体材料熔点的温度下可使超微粉体熔化，或相互烧结。例如，金的常规熔点为1064℃，当颗粒尺寸减小到10nm时，其熔点降低27℃，2nm时的熔点仅为327℃左右；银的常规熔点为670℃，而超微银颗粒的熔点可低于100℃，因此，超微银粉制成的导电浆料可以进行低温烧结，此时元件的基片不必采用耐高温的陶瓷材料，甚至可用塑料。采用超微银粉浆料，可使膜厚均匀，覆盖面积大，既省料又具高质量。

超微颗粒熔点下降的性质对粉末冶金工业具有一定的吸引力。例如，在钨颗粒中附加0.1%～0.5%质量分数的超微镍颗粒后，可使烧结温度从3000℃降低到1200～1300℃，以至于可在较低的温度下烧制成大功率半导体管的基片。

（3）特殊的磁学性质

人们发现鸽子、海豚、蝴蝶、蜜蜂以及生活在水中的趋磁细菌等生物体中存在超微的磁性颗粒，使这类生物在地磁场导航下能辨别方向，具有回归的本领。磁性超微颗粒实质上是一个生物磁罗盘，生活在水中的细菌依靠它游向营养丰富的水底。通过电子显微镜的研究表明，在超磁细菌体内通常含有直径约为 $2\times10^{-2}\mu m$ 的磁性氧化物颗粒。其他磁学性质在6.4节进一步介绍。

（4）特殊的力学性质

纳米材料力学性质研究中，人们最感兴趣的是纳米陶瓷材料。通常陶瓷材料具有化学稳定性好、硬度高、耐高温等优点，但同时又存在脆性和无延展性以及无法机械加工等缺点。然而由纳米超微颗粒压制成的纳米陶瓷材料却具有良好的韧性。因为纳米材料具有大的界面，界面的原子排列是相当混乱的，原子在外力变形的条件下很容易迁移，因此表现出甚佳的韧性与一定的延展性，使纳米陶瓷材料具有与普通陶瓷材料不同的特殊的力学性质。

呈纳米晶粒的金属要比传统的粗晶粒金属硬3～5倍。至于金属-陶瓷等复合纳米材料则可在更大的范围内改变材料的力学性质，其应用前景十分宽广。

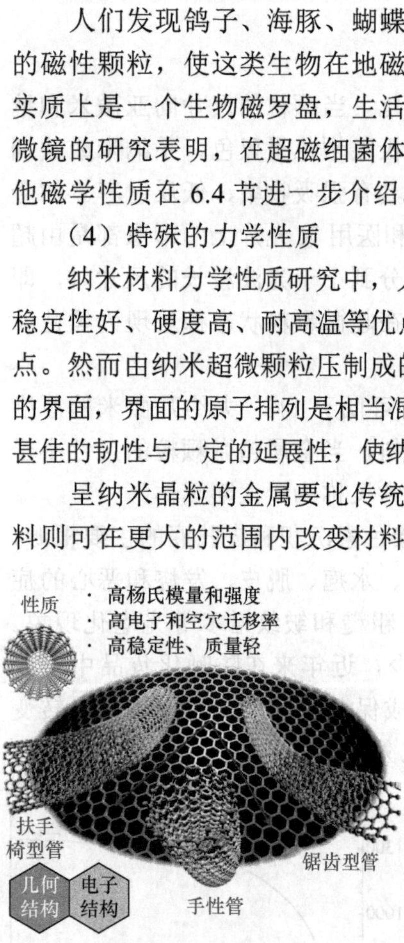

图6-4　碳纳米管

美国学者报道氟化钙纳米材料在室温下可以大幅度弯曲而不断裂。研究表明，人的牙齿之所以具有很高的强度，是因为它是由磷酸钙等纳米材料构成的。

1991年日本NEC公司饭岛等发现碳纳米管，立刻引起了许多科技领域的科学家们极大关注。碳纳米管（图6-4）的强度比钢高100多倍，这是目前可制备出的具有最高比强度的材料，而其密度却只有钢的1/6。同时碳纳米管还具有极高的韧性，十分柔软。它被认为是未来的“超级纤维”，是复合材料中极好的增强材料。

6.3　量子效应

在量子力学中，某一物理量的变化不是连续的，称为量子化。例如，各种元素的原子具有特定的光谱线，如钠原子具有黄色的光谱线。原子模型与量子力学已用能级的概念进行了合理的解释，由无数的原子构成固体时，单独原子的能级就合并成能带，由于电子数目很多，能带中能级的间距很小，因此可以看作是连续的。

与量子力学对应的是经典力学，它的特征是物理量的变化是连续的。图 6-5 较为形象地描绘和区分了这两种物理概念。

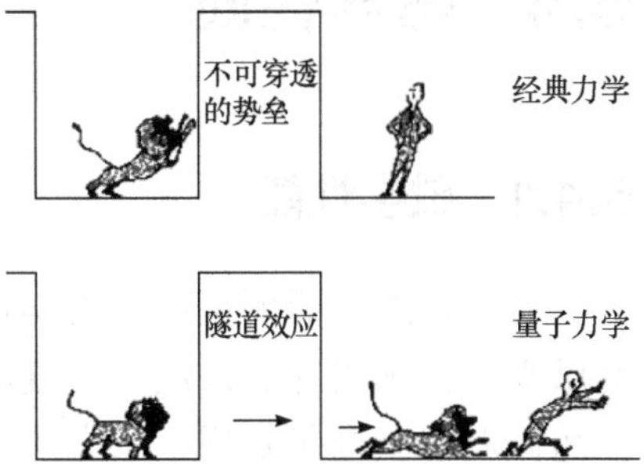

图 6-5　量子隧道效应示意图

量子力学从能带理论出发成功地解释了大块金属、半导体、绝缘体之间的联系与区别，对介于原子、分子与大块固体之间的超微颗粒而言，大块材料中连续的能带将分裂为分立的能级。

在费米能级附近，相邻能级差$\Delta\varepsilon$为：

$$\Delta\varepsilon=\frac{\pi^2 h^2}{2mL^2}$$

式中，h 为普朗克常数；m 为质量；L 为自由电子局域边长。

能级差随颗粒尺寸减小而增大，$\Delta\varepsilon$ 变大，准连续的能带将变成分立的能级。

当热能、电场能或者磁场能比平均的能级间距还小时，就会呈现一系列与宏观物体截然不同的反常特性，称为量子尺寸效应。

导电的金属在超微颗粒时可以变成绝缘体，磁矩的大小和颗粒中电子是奇数还是偶数有关，比热亦会反常变化，光谱线会产生向短波长方向的移动，这就是量子尺寸效应的宏观表现。因此，超微颗粒在低温条件下必须考虑量子效应，原有宏观规律已不再成立。

对于宏观物体，经典物理学认为，物体越过势垒有一阈值能量，粒子能量小于此能量则不能越过，大于此能量则可以越过。例如骑自行车过小坡，先用力骑，如果坡很低，不蹬自行车也能靠惯性过去；如果坡很高，不蹬自行车，车到一半就停住，然后退回去。而对于超微颗粒，量子力学则认为，即使粒子能量小于阈值能量，很多粒子冲向势垒，一部分粒子反弹，还会有一些粒子能过去，好像有一个隧道，故名量子隧道效应。

比如人们在研究镍超微粒子的超顺磁性时，按照奈耳的观点，热起伏可以导致磁化方向的反转，假如反转磁化所克服的势垒为 U，则磁化反转率 P 应正比于 U 的负指数项，即 $P \propto \exp[-U/(kT)]$。显然，随着温度降低，P 呈指数下降，在绝对零度时 P 趋于零。或者说，反磁化弛豫时间 $\tau=\tau_0\exp[U/(kT)]$ 应趋于无限大。这意味着，当温度接近绝对零度时，超顺磁性将转变为铁磁性。然而在试验中却发现，对于纳米镍微粒在 4.2K 附近仍然可处于超顺磁状态。可能的解释是在低温下存在某种量子隧道效应，从而导致反顺磁化弛豫时间为有限值。

量子尺寸效应、宏观量子隧道效应将会是未来微电子、光电子器件的基础，或者它们确立了现存微电子器件进一步微型化的极限，当微电子器件进一步微型化时，必须要考虑上述的量子效应。

在制造半导体集成电路时，当电路的尺寸接近电子波长时，电子就通过量子隧道效应而溢出器件，使器件无法正常工作，经典电路的极限尺寸大概在 0.25μm。目前研制的量子共振隧穿晶体管就是利用量子效应制成的新一代器件。

6.4 磁学性质

6.4.1 磁学性能

粉体超细化后所呈现的磁学性能，尤其是铁磁颗粒的磁性对颗粒尺寸的依赖性是长期以来人们感兴趣的课题，它既具有重要的基础研究意义，同时又具有实际的价值。磁性超微颗粒至今仍是磁记录介质的主角，微粉永磁体是利用超微颗粒高矫顽力的单畴特性，磁性液体是利用了超微颗粒矫顽力为零的超顺磁性，磁性超细微粉在微波、红外隐身材料，生物、医学及传感器材料等领域都有着广泛的应用。

早期人们对大块纯铁并不显示出宏观的磁性甚至迷惑不解，20 世纪 30 年代提出了磁畴的概念，合理地解释了一些宏观的铁磁性质，大块的铁磁材料处于磁中性状态时，通常将形成许多磁畴，在每一个磁畴中磁矩将沿其能量最低方向被自发磁化。磁畴与磁畴之间存在磁化方向连续变化的过渡层，称为畴壁。磁畴混乱取向的排列实际上是遵从整个铁磁体能量极小的原则，在磁中性状态时将导致宏观磁化强度为零。磁畴中的磁化矢量方向通常沿能量最低的磁化方向，相邻磁畴磁化矢量的取向通常取决于磁各向异性的类型。例如，单轴晶体易磁化方向沿着某一晶轴方向，通常相邻磁畴自发磁化矢量之间夹角为 180°，所构成的畴壁称为 180°畴壁。对于各向异性能甚低的材料，为了降低退磁性，磁化矢量甚至可以形成圆形或圆柱状封闭形式。形成多畴结构，可以降低铁磁体的退磁性，但却增加了畴壁能。在畴壁中，自旋之间有一定夹角，并偏离于易磁化方向。

Fe、Co、Ni 以及它们的合金的强磁体在块体状态时形成多磁畴结构，这种磁畴与磁畴之间由磁壁隔开，属于块体以强磁性的自旋磁矩在磁畴中慢慢地改变方向。磁畴的反转正是由这种磁壁的移动引起的。另外，这种磁壁的厚度通常为 0.1μm 左右。然而，对于超微粉体，当粒径比这一磁壁的厚度更小时，颗粒就成为单磁畴结构，即磁矩的反转就由磁壁的移动变成自旋的全部旋转，所以其抗磁力和磁化率与颗粒的粒径有关。

磁性纳米材料的特性不同于常规的磁性材料，其原因是关联与磁相关的特征物理长度恰好处于纳米量级，例如，如果磁性材料是一单畴颗粒的集合体，对于每一个颗粒而言，由于磁性原子或离子之间的交换作用很强，磁矩之间将平行取向，而且磁矩取向在由磁晶各向异性所决定的易磁化方向上，但是颗粒之间由于易磁化方向不同，磁矩的取向也就不同。现今，如果进一步减小颗粒的尺寸即体积，因为总的磁晶各向异性能正比于 K_1V，热扰动能正比于 kT（K_1 是磁晶各向异性常数，V 是颗粒体积，k 是玻尔兹曼常数，T 是样品的绝对温度），颗粒体积减小到某一数值时，热扰动能将与总的磁晶各向异性能相当，这样，颗粒内的磁矩方向就可能随着时间的推移，整体保持平行地在一个易磁化方向和另一个易磁化方向之间反复变化。从单畴颗粒集合体看，不同颗粒的磁矩取向每时每刻都在变换方向，这种磁性的特点和正常顺磁性的情况很相似，但是也不尽相同。因为在正常顺磁体中，每个原子或离子的磁矩只有几个玻尔磁子，但是对于直径 5nm 的特定球形颗粒集合体而言，每个颗粒可能包含了 5000 个以上的原子，颗粒的总磁矩有可能大于 10000 个玻尔磁子。所以把单畴颗粒集合体的这种磁性称为超顺磁性。

超顺磁体的磁化曲线与铁磁体不同，没有磁滞现象。当去掉外磁场后，剩磁很快消失。如以 H/T（H 是磁场强度，T 是绝对温度）为横坐标轴，不同温度的磁化曲线合而为一，可用顺磁体的磁化公式（朗之万函数或布里渊函数）表示。外加磁场时，在普通顺磁体中，单个原子或分子的磁矩独立地沿磁场取向，而超顺磁体以包含大于 10^5 个原子的均匀磁化的单畴作为整体协同取向，所以磁化率较一般顺磁体大很多。

利用超顺磁性，人们已将磁性超微颗粒制成用途广泛的磁性液体（图 6-6），它是一种新型的功能材料，它既具有液体的流动性，又具有固体磁性材料的磁性，是由直径为纳米量级（10nm 以下）的磁性固体颗粒、基载液（也叫媒体）以及界面活性剂三者混合而成的一种稳定的胶状液体。该流体在静态时无磁性吸引力，当外加磁场作用时才表现出磁性，正因如此，它才在实际中有着广泛的应用，在理论上具有很高的学术价值。用纳米金属及合金粉末生产的磁流体性能优异，可广泛应用于各种苛刻条件件的磁性流体密封、减震、医疗器械、声音调节、光显示、磁流体选矿等领域。

图 6-6　磁性液体

利用磁性超微颗粒具有高矫顽力的特性，已做成高贮存密度的磁记录磁粉，大量应用于磁带、磁盘、磁卡以及磁性钥匙等。

6.4.2　磁电阻性能

本节重点介绍磁性超细颗粒镶嵌于非磁薄膜中所生成的颗粒膜的特性，着重磁电阻效应。

颗粒膜（Granular Films）是将微颗粒镶嵌在互不相溶的薄膜中所形成的复合薄膜，原则上，任意两组元或多组元如在平衡条件下互不固溶，均可采用共溅射或共蒸发等工艺制备成颗粒膜。颗粒膜不同于合金、化合物，而属于非均匀相组成的材料。颗粒膜有金属-绝缘体型，如 Fe-SiO_2，当铁的体积分数低时，铁以颗粒的形式镶嵌在非晶态的 SiO_2 薄膜中；也有金属-金属型，如 Co-Ag、Co-Cu 等。半导体、绝缘体、超导体之间相互组合，每一种组合又可衍生出众多类型的颗粒膜。颗粒膜主要采用磁控溅射工艺制备而成。此外，亦可采用离子束、电子束溅射、共蒸发、溶胶-凝胶等工艺制备。磁控溅射的靶可采用相应组成的微粉混合均匀后压制成型，亦可采用相应组成的片以适当方式组合成镶嵌的复合靶。由于不同元素的溅射率不同，通常颗粒膜的组成偏离于原始靶。颗粒膜的实际组成配比可采用电子探针微区分析、X 射线荧光光谱等方法确定。为了有利于对比不同密度的材料所组成的物理特性，文献中常采用体积分数p而不采用原子比率作为物理特性与组成的依赖性。设A和B构成颗粒膜，当组成A的体积分数远小于B的体积分数时，A将以微颗粒形式镶嵌于B的形膜中，反之亦然。当A、B两者的组成体积分数相近时，$p=p_c\approx0.5\sim0.6$（p_c称为逾渗阈值），两者形成网络状，颗粒间相互耦合增强，从而呈现反常的电性、磁性以及光学性等性质。目前人们感兴趣的研究工作大多集中于纳米微粒逾渗阈值附近组成的物理性质。

早期，人们利用金属-绝缘体颗粒膜中特殊的电学性质，研制成高电阻率、低温度系数的薄膜电阻材料，称为金属陶瓷。现以Au-Al_2O_3颗粒膜为例，说明电阻率ρ随金含量（体积分数p）的变化。当金含量较低时，金以颗粒的形式镶嵌于Al_2O_3绝缘薄膜中，从而呈现为绝缘体性质，电阻率随温度升高而降低；当金的体积分数超过0.5时，颗粒逐渐形成薄膜，从而呈现为金属型的导电件，电阻温度系数为正值，在逾渗阈值附近产生金属型-绝缘体型的转变，电阻率产生剧烈变化，在合适组成时，电阻温度系数甚低。

对Ni-SiO_2颗粒膜磁性研究的结果表明，随着镍含量的变化，该颗粒膜可以呈现铁磁性、超顺磁性以及顺磁性三个区域。对Fe-SiO_2颗粒膜磁性的研究发现，在逾渗阈值附近，低温矫顽力可高达199kA/m（2500Oe），相应的有效磁各向异性常数为1×10^6J/m^3，比块体样品高两个数量级。这种高矫顽力的特性有可能在磁记录中得到应用。在颗粒膜中，铁磁颗粒可以固定在膜中，当体积分数较小时，铁磁颗粒可以孤立地在膜内均匀分布，从而对超微颗粒的磁、光、电等特性的研究是十分有利的。SiO_2是光吸收极小的材料，Fe-SiO_2颗粒膜中SiO_2呈非结晶状态，铁镶嵌在非晶SiO_2基质中，与纯铁膜相比较可以增进光的透射率，增强法拉第效应，由于超微磁性颗粒的散射作用，在一定组成条件下又将增进克尔效应。

1990年美国IBM公司将感应式的写入薄膜磁头与坡莫合金所制成的磁电阻式读出磁头组合成双元件一体化磁头，在CoPrCr合金薄膜磁记录介质盘上实现了面密度为1Gb/in^2（1in^2=645.16mm^2）的高密度记录方式。1991年日本公司报了在3.5in（1in=25.4mm）硬盘上利用双元件磁头实现了2Gb/in^{2}的高密度记录方式。当时所采用的是坡莫合金（$Ni_{81}Fe_{19}$）薄膜的各向异性磁电阻效应，室温下最大各向异性磁电阻比为2%～3%。1988年首先在Fe/Cr多层膜中发现比坡莫合金大一个数量级的磁电阻效应，称为巨磁电阻（GMR）。1994年IBM公司宣布利用GMR效应研制成硬盘读出磁头的原型，可将磁盘记录密度提高17倍，成为计算机工业的重大突破，有利于保持磁盘在计算机中的主流地位。此外，GMR效应又可广泛地应用于测速、测位移等量的磁电阻式传感器，在汽车、机床、自动控制各行业中均有广阔的应用前景。

所谓磁电阻效应，就是磁场导致电阻率的变化。理论上对电阻率的计算实质上是从散射机制出发求散射概率。显然，电子与缺陷的散射作用只能解释与磁化状态的电阻现象，对磁电阻效应的解释还必须考虑电子输送过程中与自旋相关的散射，必然存在一种自旋取向的传导电子比相反方向的电子散射要更强。当电子自旋与局域化磁化矢量平行时，散射小，自由路径长，相应电阻率低；反之，则电阻率高。

不论颗粒膜还是多层膜，要获得大的磁电阻效应，必须保证颗粒的尺寸，或磁性、非磁性层的厚度小于电子平均自由路径，这样除了与自旋相关的散射外，电子在输送过程中较少受到其他散射，自旋的取向可保持不变。因电子平均自由程通常为几纳米到

100nm，所以巨磁电阻效应只可能在纳米尺度的系统中才呈现。至于钙钛石 GMR 效应，产生的机制与颗粒膜、多层膜有所不同。

6.5 电学性质

金属材料具有导电性，然而纳米金属微粒导电性能却显著下降，当电场能低于分裂能级的间距时，金属导电性能都会转变为电绝缘性。例如对铟的试验结果（图 6-7）表明，其颗粒粒径小于 10 μm 时的电导率相比块体材料急剧下降。电子在晶体中遇到缺陷、杂质等散射中心以及非周期性的晶格振动将产生散射，从而导致电阻。

纳米颗粒具有巨大的比表面积，电子的输运将受到微米表面的散射，由纳米颗粒所构成致密体（纳米固体）的电阻、介电性质与颗粒尺寸密切相关，颗粒之间的界面将形成电子散射的高势垒，导致直流电阻率增大，界面电荷的积累产生界面极化，形成电偶极矩，使介电常数增加。

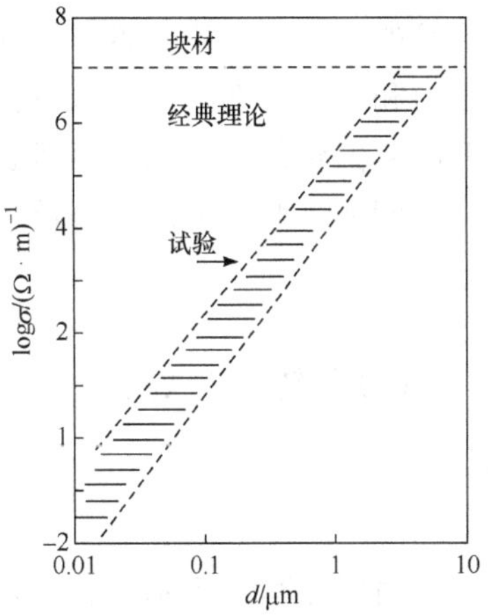

图 6-7　铟微颗粒的直流电导率对颗粒直径的依赖关系

6.6 催化性质

6.6.1 催化剂的定义

催化剂最早由瑞典化学家贝采里乌斯发现并于 1836 年在《物理学与化学年鉴》杂志上发表论文，首次提出化学反应中使用的“催化”与“催化剂”概念。

根据国际纯粹与应用化学联合会（IUPAC）1981 年的定义，催化剂是一种改变反应速率但不改变反应总标准吉布斯自由能的物质。这种作用称为催化作用，涉及催化剂的反应称为催化反应。

6.6.2 催化反应基本特征

① 催化剂只能加速热力学上可以进行的反应。要求开发新的化学反应催化剂时，首先要对反应进行热力学分析，看它是否是热力学上可行的反应。

② 催化剂只能加速反应趋于平衡，不能改变反应的平衡位置（平衡常数）。

③ 催化剂对反应具有选择性，当反应可能有一个以上不同方向时，催化剂仅加速其中一种，促进反应速率和选择性是统一的。

④ 催化剂的寿命。催化剂能改变化学反应速率，其自身并不进入反应，在理想情况下催化剂不为反应所改变。但在实际反应过程中，催化剂长期受热和受化学作用，也会发生一些不可逆的物理化学变化。

根据催化剂的定义和特征分析，有三种重要的催化剂指标：活性、选择性、稳定性。

（1）活性

催化剂活性是表示该催化剂催化功能大小的重要指标。催化剂活性越高，促进原料转化的能力越大，在相同的反应时间内会获得更多的产品。所以，催化剂的活性往往是用目的产物的产率高低来衡量。为方便起见，常用在一定反应条件下，即在一定温度、压力和空速（即单位时间通过单位体积催化剂的换算成标准状态下的原料气体数，h^{-1}）下原料的转化率来表示活性。

例如，对于 CO 变换反应：

$$CO + H_2O \longrightarrow CO_2 + H_2 \tag{6-1}$$

CO 的转化率 X_{CO} 应为：

$$X_{CO} = \frac{\text{反应掉的CO物质的量}}{\text{原料气中CO总物质的量}} \times 100\% \tag{6-2}$$

用转化率来表示催化剂活性并不确切，因为反应的转化率并不和反应速率成正比。但这种方法比较直观，为工业生产所常用。

（2）选择性

催化剂的作用不仅在于能加速热力学上可能但速率较慢的反应，更在于它使反应定向进行，得到目标产物，即它的选择性。当某反应物在一定条件下可以按照热力学上几个可能的方向进行反应时，使用一定催化剂就可以使其中某一个方向发生强烈的加速作用，这种专门对某一个化学反应起加速作用的性能称为催化剂的选择性。

有一个容易混淆的问题，即当反应物在热力学上可以向几个方向进行时，自由能降低最大的反应是否最先进行？答案为否。例如，乙烯氧化可能生成三种产物，如图 6-8 所示。从平衡常数 K_p 来看，反应式（c）进行的可能性最大。但若用银催化剂，则反应式（a）的反应速率大为提高，而其他反应的速率仍然很小，只要控制好反应的时间，则主要得到环氧乙烷。而若用氯化钯-氯化铜催化剂，则主要按反应式（b）的方向进行，得到的产物是乙醛。因此，用不同的催化剂从同一反应物可以得到不同的产物，另一个比较典型的例子是乙醇的转化，见表 6-3。从表中可还可以看到，使用同一催化剂但操作条件不同，则得到的产物也不同。这样，选择适当催化剂和反应条件就可以使反应按照人们所期望的方向进行。

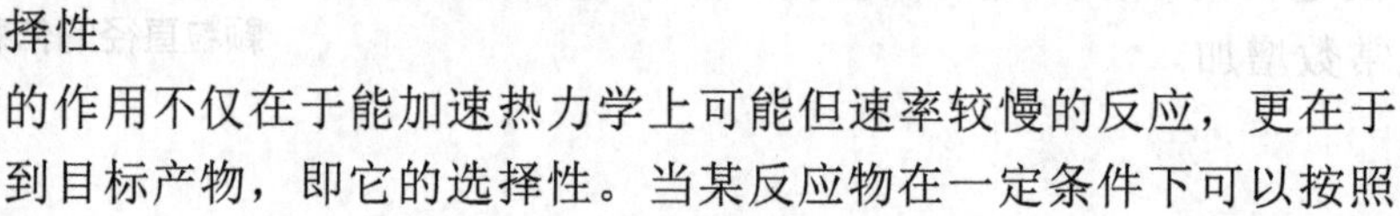

图 6-8 乙烯氧化的反应式

表 6-3 使用不同催化剂的乙醇的转化

催化剂	温度/℃	反应方程式
Cu	200～500	$C_2H_5OH \longrightarrow CH_3CHO+H_2\uparrow$
Al_2O_3	280～350	$C_2H_5OH \longrightarrow C_2H_4\uparrow+H_2O$
Al_2O_3	250	$2C_2H_5OH \longrightarrow (C_2H_5)_2O+H_2\uparrow$
MgO-SiO_2	360～370	$2C_2H_5OH \longrightarrow CH_2{=\!=}CH{-}CH_2{=\!=}CH+2H_2O+H_2\uparrow$

（3）稳定性

催化剂的稳定性包括热稳定性、对反应气氛中毒物质等的抗毒稳定性及化学稳定性。

大多数工业用催化剂都有极限使用温度，超过一定的范围，活性就会降低甚至完全丧失。热稳定性好的催化剂应能在高温苛刻的反应条件下长期具有一定水平的活性，催化剂耐热的温度越高，时间越长，则表示该催化剂的热稳定性越好。催化剂的热稳定性与选择的助催化剂、载体等有关。助催化剂和载体不但对活性相的晶体起着隔热和散热作用，而且可使催化剂比表面积及孔体积增大，孔径分布合理，还可避免在高温下因热烧结而引起的微晶长大使活性很快失去。

催化剂对有害杂质毒化的抵制能力称为催化剂的抗毒稳定性。各种催化剂对不同的杂质具有不同的抗毒稳定性。即使是同一种催化剂对同一种杂质在不同的反应条件下其抗毒能力也有差异。然而工业催化剂的抗毒稳定性是相对的，抗毒稳定性再好的催化剂也无法抵抗高浓度、多种毒物的长期毒害，催化剂可逆性中毒的长期积累可能变成永久性中毒。对可逆性的中毒来说，催化剂活性降低到一定容许水平时，用此时反应气体中毒物浓度的数值来表示催化剂抗毒稳定性。此时毒物浓度越高，则催化剂的抗毒稳定性越好。对不可逆中毒来说，当催化剂活性降到一定容许水平时，用此时催化剂吸收的毒物量来表示抗毒稳定性。吸收的毒物的数量越多，催化剂的抗毒稳定性越好。在工业条件下，催化剂的抗毒稳定性不仅与催化剂的本征性能有关，还与反应器结构有关，只有在相同反应器结构条件下比较不同催化剂的抗毒稳定性，才会有实际意义。

化学稳定性即指催化剂能保持稳定的化学组成和化合状态的性能。通常催化剂的使用寿命可以表示其稳定的程度。工业催化剂的使用寿命是指在给定的设计操作条件下，催化剂能满足工艺设计指标的活性持续时间（单程寿命），或每次活性下降后经再生而又恢复到许可活性水平的累计时间（总寿命）。

6.6.3 催化剂组成

绝大多数催化剂有三类可以区分的组分：活性组分、载体、助催化剂。

活性组分是催化剂的主要成分，有时由一种物质组成，有时由多种物质组成。

载体是催化活性组分的分散剂、黏合剂或支撑体，是负载活性组分的骨架。将活性组分、助催化剂组分负载于载体上所制得的催化剂称为负载型催化剂。常用载体的类型：低比表面积的有刚玉、碳化硅、浮石、硅藻土、石棉、耐火砖；高比表面积的有氧化铝、SiO_2-Al_2O_3、铁矾土、白土、氧化镁、硅胶、活性炭。

助催化剂是加入催化剂中的少量物质，是催化剂的辅助成分，其本身没有活性或者活性很小，但是它们加入到催化剂中后，可以改变催化剂的化学组成、化学结构、离子价态、酸碱性、晶格结构、表面结构、孔结构、分散状态、机械强度等，从而提高催化剂的活性、选择性、稳定性和寿命。

6.6.4 催化剂主要分类

催化剂种类繁多，按状态可分为液体催化剂和固体催化剂；按反应体系的相态分为均相催化剂和多相催化剂，均相催化剂有酸、碱、可溶性过渡金属化合物和过氧化物催化剂，多相催化剂有固体酸催化剂、有机碱催化剂、金属催化剂、金属氧化物催化剂、络合物催化剂、稀土催化剂、分子筛催化剂、生物催化剂、纳米催化剂等；按照反应类型又分为聚合、缩聚、酯化、缩醛化、加氢、脱氢、氧化、还原、烷基化、异构化等催化剂；按照作用大小还分为主催化剂和助催化剂。

均相催化是指催化剂和反应物同处于一相，没有相界存在而进行的反应。能起均相催化作用的催化剂为均相催化剂。均相催化剂包括液体酸碱催化剂、色可赛思固体酸和碱催化剂、可溶性过渡金属化合物（盐类和络合物）等。均相催化剂以分子或离子独立起作用，活性中心均一，具有高活性和高选择性。

多相催化剂又称非均相催化剂，用于不同相的反应中，即多相催化剂和它们催化的反应物处于不同的状态。例如，在生产人造黄油时，通过固态镍（催化剂）能够把不饱和的植物油和氢气转变成饱和的脂肪。固态镍是一种多相催化剂，被它催化的反应物则是液态（植物油）和气态（氢气）。一个简易的非均相催化反应包含的过程有：反应物吸附在催化剂的表面，反应物内的键因断裂而导致新键的产生，但又因产物与催化剂间的键并不牢固而使产物脱离反应位等。由于反应在催化剂表面进行，因此反应速率与催化剂的比表面积、电子结构、缺陷等有关。

还有一种催化为生物催化。酶是生物催化剂，是植物、动物和微生物产生的具有催化能力的有机物（绝大多数为蛋白质，但少量 RNA 也具有生物催化功能）。酶的催化作用同样具有选择性。例如，淀粉酶催化淀粉水解为糊精和麦芽糖，蛋白酶催化蛋白质水解成肽等。活的生物体利用它们来加速体内的化学反应。如果没有酶，生物体内的许多化学反应就会进行得很慢，难以维持生命。大约在 37℃的温度（人体的温度）中，酶的工作状态是最佳的。如果温度高于 50℃或 60℃，酶就会被破坏掉而不能再发生作用。因此，利用酶来分解衣物上污渍的生物洗涤剂在低温下使用最有效。酶在生理学、医学、农业、工业等方面都有重大意义。当前，酶制剂的应用日益广泛。

6.6.5 非均相催化的催化反应速率与颗粒尺寸的关系

对于非均相催化反应，为了提高催化效率，增加催化剂的比表面积（即减小颗粒尺寸）是必要的，但并不是唯一的。有的催化剂在合适的颗粒尺寸时往往会呈现催化效率的极大值，因而有必要研究催化剂颗粒尺寸、表面状态对催化活性的影响。

催化剂除改变化学反应速率外，另一个基本性质是应当具有高的选择性，对所需要的反应进行选择性的催化加速，而对不需要的反应则起着抑制作用。

催化剂的作用可以人们熟知的乙烯加氢变为乙烷的反应为例说明：

$$C_2H_4+H_2 \longrightarrow C_2H_6 \quad （600℃，30min） \tag{6-3}$$

$$C_2H_4+H_2 \xrightarrow{Pt} C_2H_6 \quad （20℃，30min） \tag{6-4}$$

当向反应中添加超细铂颗粒（铂黑）为催化剂时，反应温度从 600℃降低至室温（20℃），这对工业生产降低能耗是具有重大经济效益的，因此在大型化工、石油工业生产中，催化剂的应用是十分普遍的。

选择不同催化剂亦可以决定热力学所允许的不同的反应途径。例如：

$$C_2H_5OH \xrightarrow{Al_2O_3} C_2H_4+H_2O \tag{6-5}$$

$$C_2H_5OH \xrightarrow{Ag，Cu} CH_3CHO+H_2 \tag{6-6}$$

乙醇分解时，当采用活性 Al_2O_3 为催化剂，其生成物为乙烯；当采用金属银、铜为催化剂时，生成物为乙醛。

催化剂的作用是降低反应中的势垒高度，使反应过程可以分解为几个小势垒的反应过程来完成。Bond 将颗粒尺寸对催化剂作用的影响大致分为三大类。

① 氧化过程。通常催化反应速率随颗粒尺寸的减小而降低。

$$2C_3H_6+9O_2 \xrightarrow{Pt/\gamma\text{-}Al_2O_3} 2CO_2+2H_2O \tag{6-7}$$

当 Pt 颗粒尺寸由 1.44nm 减小至 1.1nm 时，催化剂反应速率降低 12/13。又如：

$$2CO+O_2 \xrightarrow{Pt/\alpha\text{-}Al_2O_3} 2CO_2 \tag{6-8}$$

当 Pt 颗粒尺小由 100nm 减小至 2.8nm 时，催化反应速率降低 9/10。

② 烷烃转换，如氢解、骨架异构化、差向异构化。通常催化反应速率随颗粒尺寸减小而增加。例如乙烷氢解，如用 Pt/Al_2O_3+Cr 作催化剂，当颗粒尺寸由 6.4nm 减小至 0.5nm 时，催化反应速率显著增加；如用 Ni/SiO_2 作催化剂，当颗粒尺寸由 22nm 减小至 2.5nm 时，催化反应速率增加 10 倍。但亦有例外，丙烷氢解以 Ni/SiO_2 作催化剂，当颗粒尺寸由 22nm 减小至 2.5nm 时，发现在 6nm 时催化反应速率呈现极大值。

③ 某些同位素交换以及氢解反应。通常催化反应速率随颗粒尺寸减小而降低。例如：

$$CO+H_2 \xrightarrow{Ni/SiO_2} CH_4+H_2O \tag{6-9}$$

当颗粒尺寸由 12nm 减小至 0.5nm 时，随颗粒尺寸变小催化反应速率降低。

由此可见，在非均相反应中，催化反应速率与催化剂颗粒尺寸大小缺乏简单的比例关系。因此，催化作用不仅与颗粒比表面积有关，还与其表面电子状态有关，甚至有人认为还与颗粒内含奇数或偶数电子有关。从理论和试验上深入地研究催化剂作用与催化剂颗粒尺寸、表面状态的关系无疑是必要的。

第 7 章　固相法制备粉体

固相法是通过从固相到固相的变化来制造粉体，其原料本身是固体，与液体和气体有很大的差异，其特征不像气相法和液相法伴随有气相→固相、液相→固相那样的状态（相）变化。对于气相或液相，分子（原子）具有大的易动度，所以集合状态是均匀的，对外界条件的反应很敏感。对于固相，分子（原子）的扩散很迟缓，集合状态是多样的。固相法所获得的固相粉体和最初固相原料可以是同一物质，也可以不是同一物质。

物质的微粉化机理大致可分为如下两类，一类是将大块物质极细地分割（尺寸降低过程）的方法，另一类是将最小单位（分子或原子）组合（构筑过程）的方法。尺寸降低过程中物质无变化，如机械粉碎（用球磨机、喷射磨等进行粉碎）、化学处理（溶出法）等。构筑过程中物质发生变化，如热分解法（大多是盐的分解）、固相反应法（大多数是化合物）、火花放电法（用金属铝生产氢氧化铝）等。

本章主要讲解机械粉碎法、热分解法和固相反应法。

7.1　机械粉碎法制备粉体原理及技术

机械粉碎的目的在于减小固体物料的尺寸，使之变为粉体。物料粉碎后有利于不同组分的分离、选矿及除去原料的杂质；粉碎能使固体物料颗粒化，使其具有某些流体性质，从而具有良好的流动性，有利于物料的输送及给料控制；物料粉碎后能够减小固体颗粒尺寸，提高分散度，因而使之容易和流体或气体作用，有利于均匀混合，促进制品的均质化；把固体物料加工成为多种粒级的颗粒料，采用多级颗粒级配，可以获得紧密堆积，因而有利于提高制品的密度，而且粉碎加工可破坏封闭气孔，也有利于提高制品的密度；颗粒尺寸越小，其比表面积也就越大，表面能也越大，因而可加快物理化学反应速率，如何促进陶瓷和耐火材料的烧结，提高水泥的活性，加速玻璃配合料的熔化速度。

7.1.1　粉碎的基本概念

7.1.1.1　粉碎

固体物料在外力作用下克服其内聚力使之破碎的过程称为粉碎。

因处理物料的尺寸大小不同，可大致上将粉碎分为破碎和粉磨两类处理过程。使大块物料碎裂成小块物料的加工过程称为破碎，使小块物料碎裂成细粉末状物料的加工过程称为粉磨。相应的机械设备分别称为破碎机械和粉磨机械。为了更明确起见，通常按图 7-1 所示方法进一步划分。

机械粉碎制备粉体方法的关键是粉碎设备，即破碎机械和粉磨机械，两者通常是按照排料粒度的大小进行大致区分的，排料中粒度大于 3mm 的含量占总排料量 50%以上者称为破碎机械，小于 3mm 的含量占总排料量 50%以上者则称为粉磨机械。有时也将粉磨机械称为粉碎机械，这是粉碎设备的狭义含义，即应用机械力对固体物料进行粉碎作业，使之变为小块、细粉或粉末的机械。

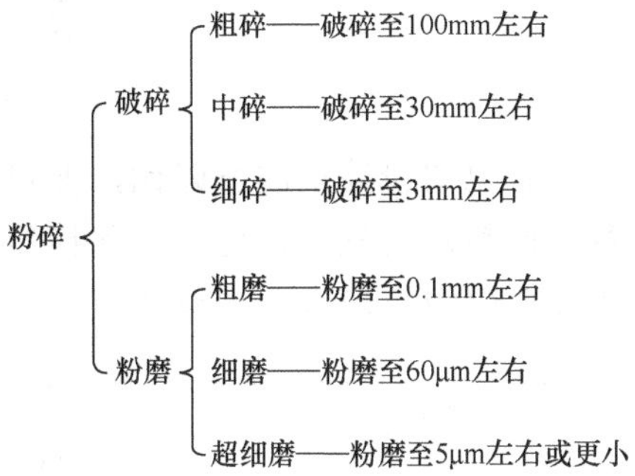

图 7-1　粉碎分类

物料经粉碎尤其是经粉磨后，其粒度显著减小，比表面积显著增大，因而有利于几种不同物料的均匀混合，便于输送和贮存，也有利于提高高温固相反应的程度和速度。

7.1.1.2　粉碎比

为了评价粉碎机械的粉碎效果，常用粉碎比的概念。

物料粉碎前的平均粒径 D 与粉碎后的平均粒径 d 之比称为平均粉碎比，用符号 i 表示。数学表达式为：

$$i=D/d \tag{7-1}$$

平均粉碎比是衡量物料粉碎前后粒度变化程度的一个指标，也是粉碎设备性能的评价指标之一。

对破碎机而言，为了简单地表示和比较它们的这一特性，可用其允许的最大进料口尺寸与最大出料口尺寸之比（称为公称粉碎比）作为粉碎比。因实际破碎时加入的物料尺寸总小于最大进口尺寸，故粉碎机的平均粉碎比一般都小于公称粉碎比，前者约为后者的 70%～90%。

粉碎比与比电耗（单位质量粉碎产品的能量消耗）是粉碎机械的重要技术经济指标，后者用以衡量粉碎作业动力消耗的经济性，前者用以说明粉碎过程的特征及粉碎质量。两台粉碎机粉碎同一物料且单位电耗相同时，粉碎比大者工作效果好。因此，评价粉碎机的性能要同时考虑其单位电耗和粉碎比的大小。

各种破碎机械的粉碎比大都有一定限度且大小各异。一般来说，破碎机械的粉碎比为 3～100，粉磨机械的粉碎比为 500～1000 或更大。

7.1.1.3　粉碎级数

由于粉碎机的粉碎比有限，生产上要求的物料粉碎比往往大于上述范围，因而有时需要两台或多台粉碎机串联起来进行粉碎。几台粉碎机串联起来的粉碎过程称为多级粉碎，串联的粉碎机台数称为粉碎级数。在此情形下，原料粒度与最终粉碎产品的粒度之比称为总粉碎比。若串联的各级粉碎机的粉碎比分别为 $i_1, i_2, \cdots, i_n$，总粉碎比为 I，则有：

$$I= i_1\, i_2 \cdots i_n$$

即多级粉碎的总粉碎比为各级粉碎机的粉碎比之积。

总粉碎比计算式的推导如下。

设入料粒度为 D，第一级粉碎后出料粒度为 d_1，第二级粉碎后出料粒度为 d_2，以此类推，第 n 级粉碎后出料粒度（最终粒度）为 d，则：

$$I=\frac{D}{d}=\frac{D}{d_1}\times\frac{d_1}{d_2}\times\frac{d_2}{d_3}\times\cdots\times\frac{d_{n-2}}{d_{n-1}}\times\frac{d_{n-1}}{d} \tag{7-2}$$
$$=i_1\times i_2\times\cdots\times i_{n-1}\times i_n$$

若已知粉碎机的粉碎比，即可根据总粉碎比要求确定合适的粉碎级数。粉碎级数增多会使粉碎流程复杂化，设备检修工作量增大，因而在能够满足生产要求的前提下理应选择粉碎级数较少的简单流程。

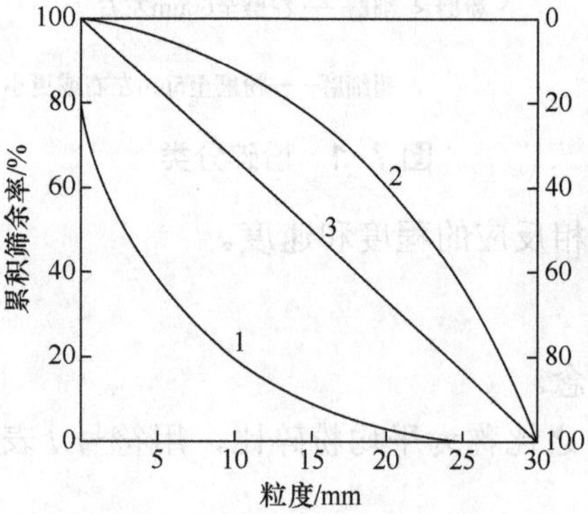

图 7-2 粒度组成特性曲线

1—细粒级物料较多；2—粗粒级物料较多；3—物料粒度均匀分布

7.1.1.4 粉碎产品的粒度特性

物料经粉碎或粉磨后成为多种粒度的集合体，为了考察其粒度分布情况，通常采用筛析法或其他方法将它们按一定的粒度范围分为若干粒级。

根据测得的粒度分布数据，分别以横坐标表示粒度，以纵坐标表示累积筛余率或累积筛下率，即可做出粒度组成特性曲线，如图 7-2 所示。凸形曲线说明产品中粗粒级物料较多，直线表明物料粒度均匀分布，曲线呈凹形表明粉碎产品中含有较多细粒级物料。

粒度组成特性曲线不仅可用于计算不同粒级物料的含量，还可将不同粉碎机械粉碎同一物料所得的曲线进行比较，以判断其工作情况。

7.1.1.5 粉碎流程

根据不同的生产情形，粉碎流程可有不同的方式，如图 7-3 所示。

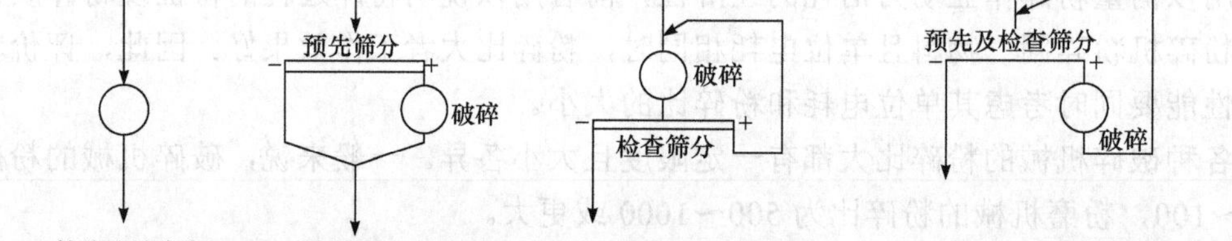

图 7-3 粉碎流程

图 7-3（a）所示流程简单，设备少，操作控制较方便，但因条件限制不能充分发挥粉碎机的生产能力，有时甚至难以满足生产要求。

图 7-3（b）和图 7-3（d）所示流程由于预先去除了物料中无需粉碎的细颗粒，故可提高粉碎流程的生产能力，减小动力消耗及工作部件磨损等。该流程适合于原料中细粒级物料较多的情形。

图 7-3（c）和图 7-3（d）所示流程有检查筛分环节，可获得粒度合乎要求的粉碎产品，为后续工序创造有利条件。但流程较复杂，设备多，建筑投资大，操作管理工作量也大。此流程一般用于最后一级粉碎作业。

凡从粉碎（磨）机中卸出的物料即为产品，不带检查筛分或选粉设备的粉碎（磨）流程称为开路（或开流）流程。开路流程的优点是比较简单，设备少，扬尘点少；缺点是当要求粉碎产品粒度较小时，粉碎（磨）效率较低，产品中存在部分粒度不合格的粗颗粒物料。

凡带检查筛分或选粉设备的粉碎（磨）流程称为闭路（或圈流）流程。该流程的特点是从粉碎机卸出的物料须经检查筛分或选粉设备，粒度合格的颗粒作为产品，不合格的粗颗粒物料重新回至粉碎（磨）机再行粉碎（磨）。粗颗粒回料质量 L 与该级粉碎（磨）产品质量 Q 之比称为循环负荷率（K），数学表达式为：

$$K=(L/Q)\times 100\% \tag{7-3}$$

设选粉机进料、粗粉回料、出选粉机成品物料的质量分别为 F、L、Q，选粉机进料、粗粉回料、出选粉机成品物料的某一粒径的累积筛余分别为 X_F、X_L、X_Q（物料循环过程中无损失），则有：

$$F=L+Q$$

$$F\cdot X_F=L\cdot X_L+Q\cdot X_Q$$

上两式联立并整理后可得循环负荷率的实用计算式：

$$K=\frac{L}{Q}\times 100\%=\frac{X_F-X_Q}{X_L-X_F}\times 100\% \tag{7-4}$$

检查筛分或选粉设备分选出的合格物料质量 m 与进该设备的合格物料总质量 M 之比称为选粉效率，用字母 E 表示：

$$E=(m/M)\times 100\% \tag{7-5}$$

设选粉机进料、粗粉回料、出选粉机成品物料的质量分别为 F、L、Q，选粉机进料、粗粉回料、出选粉机成品物料的某一粒径的累积筛余分别为 X_F、X_L、X_Q（物料循环过程中无损失），则有：

$$F=L+Q$$

$$F\cdot(100-X_F)=L\cdot(100-X_L)+Q\cdot(100-X_Q)$$

整理得：

$$E=\frac{m}{M}\times 100\%=\frac{Q(100-X_Q)}{F(100-X_L)}\times 100\%=\frac{(X_L-X_F)(100-X_Q)}{(X_L-X_Q)(100-X_L)}\times 100\% \tag{7-6}$$

7.1.2　被粉碎物料的基本物性

7.1.2.1　强度

材料的强度是指对外力的抵抗能力，常以材料破坏时单位面积上所受的力（N/m^2 或 Pa）表示。按受力破坏的方式不同，分为压缩强度、拉伸强度、扭曲强度、弯曲强度和剪切强度等；按材料内部均匀性和是否有缺陷分为理论强度和实际强度。

（1）理论强度

不含任何缺陷的完全均质材料的强度称为理论强度。它相当于原子、离子或分子间的结合力。由离子间库仑引力形成的离子键和由原子间相互作用力形成的共价键的结合力最大，为最强键，键强度一般为 1000～4000kJ/mol；金属键次之，约为 100～800kJ/mol；

氢键结合能约为 20～30kJ/mol；范德瓦耳斯键强度最低，其结合能仅为 0.4～4.2kJ/mol。一般来说，原子或分子间的作用力随其间距而变化，在一定距离处保持平衡，而理论强度即破坏这一平衡所需要的能量，可通过能量计算求得。理论强度 σ_{th} 的计算式如下：

$$\sigma_{th}=\sqrt{\frac{\gamma E}{a}} \tag{7-7}$$

式中 γ——表面能；

E——弹性模量；

a——晶格常数。

（2）实际强度

完全均质的材料所受应力达到其理论强度时，所有原子或分子间的结合键将同时发生破坏，整个材料将分裂为原子或分子单元。然而，实际上几乎所有材料破坏时都分裂成大小不一的块状，说明质点间结合的牢固程度不相同，即存在某些结合相对薄弱的局部，使之在受力尚未达到理论强度之前，这些薄弱部位已达到其极限强度，材料已发生破坏。因此，材料的实际强度（或实测强度）往往远低于其理论强度。一般实际强度约为理论强度的 1/100～1/1000。表 7-1 中的数据可以看出二者的差异。

表 7-1　材料的理论强度和实际强度

材料名称	理论强度/GPa	实际强度/MPa
金刚石	200	约 1800
石墨	1.4	约 15
钨	96	3000（拉伸的硬丝）
铁	40	2000（高张力用钢丝）
氧化镁	37	100
氧化钠	4.3	约 10
石英玻璃	16	50

当然，材料的实际强度大小与测试条件有关，如试样的尺寸、加载速度及测定时材料所处的介质环境等。同一材料，小尺寸的实际强度比大尺寸的大。加载速度大时测得的强度也较高。同一材料在空气中和在水中的测定强度也不相同，如硅石在水中的抗张强度比在空气中减小 12%，长石在相同的情形下减小 28%。

强度高低是材料内部价键结合能的体现，从某种意义上讲，粉碎过程即是通过外部作用力对物料施以能量，当该能量足以超过其结合能时，材料即发生变形破坏以致粉碎。

7.1.2.2　硬度

硬度表示材料抵抗其他物体刻划或压入其表面的能力，或在固体表面产生局部变形所需的能量。这一能量与材料内部化学键强度以及配位数等有关。

硬度的测定方法有刻划法、压入法、弹子回跳法及磨蚀法等。刻划法测量得到的是莫氏硬度，压入法测量得到的是布氏硬度、维氏硬度和史氏硬度，弹子回跳法测量得到的是肖氏硬度，磨蚀法是用磨蚀量表示硬度。无机非金属材料硬度常用莫氏硬度表示。材料的莫氏硬度分为 10 个级别，硬度值越大意味其硬度越高。表 7-2 列出了典型矿物的莫氏硬度值。

表 7-2 典型矿物的莫氏硬度值

矿物名称	莫氏硬度	晶格能/（kJ/mol）	表面能/（J/m^2）
滑石	1	—	—
石膏	2	2595	0.04
方解石	3	2713	0.08
萤石	4	2671	0.15
磷灰石	5	4396	0.19
长石	6	11304	0.36
石英	7	12519	0.78
黄晶	8	14377	1.08
刚玉	9	15659	1.55
金刚石	10	16747	—

硬度可作为材料耐磨性的间接评价指标，即硬度值越大者，通常其耐磨性能也越好。

硬度与晶体结构有关。离子或原子越小、离子电荷或电价越大、晶体的构造质点堆集密度越大，平均刻划硬度和研磨硬度越大（因为晶格能较大，刻入或磨蚀都较困难）。同一晶体的不同晶面甚至同一晶面的不同方向的硬度也有差异。金刚石之所以极硬，是由于其碳原子的价数高而体积小。因此，虽然它的构造质点在晶格内的堆积密度较小，但其硬度却异常大。

由上述可知，强度和硬度二者的意义虽然不同，但本质上却是一样的，皆与内部质点的键合情况有关。尽管尚未确定硬度与应力之间是否存在某种具体关系，但有人认为，材料抗研磨应力的阻力和拉力强度之间有一定的关系，主张用“研磨强度”代替磨蚀硬度。事实上，破碎越硬的物料也像破碎强度越大的物料一样，需要越多的能量。

7.1.2.3 易碎（磨）性

仅用强度和硬度还不足以全面精确地表示材料粉碎的难易程度，因为粉碎过程除取决于材料物性外，还受物料粒度、粉碎方式等诸多因素的影响，因此就引入了易碎（磨）性概念。所谓的易碎（磨）性是指在一定粉碎条件下，将物料从一定粒度粉碎至某一指定粒度所需要的比功耗（比功耗为单位质量物料从一定粒度粉碎至某一指定粒度所需的能量，或施加一定能量能使一定物料达到的粉碎细度）。

材料的易碎（磨）性的表示方法有相对易碎（磨）性、Hargerove 功指数、Bond 粉碎功指数等。

（1）相对易碎（磨）性

相对易碎（磨）性的测定方法：称取一定量的标准砂（5kg）置入 500mm×500mm 的试

验球磨机中粉磨至比表面积为（300±10）m^2/kg，测定其比表面积 S_0，记录粉磨时间 t；称取等量的待测物料粉磨同样的时间，测定其比表面积 S_1。则相对易碎（磨）性系数 k 为：

$$k=S_1/S_0$$

k 值越大，易碎（磨）性越好。

（2）Bond 粉碎功指数

Bond 粉碎功指数是物料破碎或粉磨过程的能量消耗指标，即将单位质量的物料从特定的颗粒粒度破碎或粉磨至某一细度所需要的能量。所用设备及具体试验方法如下：

① 试验磨机：ϕ305mm×305mm 球磨机，可控制转数。

② 研磨介质：采用相关标准规定的普通级滚珠轴承用钢珠。

③ 试验方法：

a. 将试验原料处理至全部通过 3360μm 方孔筛。

b. 向磨内装入上述方法制备的物料 700cm³，以 70r/min 转速粉碎一定时间后将粉碎产物按规定筛目 D_{p1}(μm)进行筛分，记录筛余量 m(g)和筛下量 m_p-m，求出磨机每转筛下量 G_{bp}(μm)。

c. 取与筛下量质量相等的新试料与筛余量 m 混合作为新物料入磨，磨机转数按保持循环负荷率 250%计算。反复该操作直至循环负荷率为 250%时达到稳定的 G_{bp} 值为止。

d. 求出最后三次 G_{bp}(μm)的平均值，并要求 G_{bp} 最大值与最小值的差小于平均值的 3%，该值即为易碎（磨）性值。

e. 以 D_{F80}(μm)表示试料 80%通过量的筛孔孔径，D_{p80}(μm)表示产品通过量为 80%的筛孔孔径，按下式计算 Bond 粉碎功指数 W_i：

$$W_i=\frac{44.5}{D_{p1}^{\ 0.23}\times\overline{G_{bp}}^{\,0.82}\left(\dfrac{10}{\sqrt{D_{p80}}}-\dfrac{10}{\sqrt{D_{F80}}}\right)}\times 1.10 \tag{7-8}$$

式中　W_i——Bond 粉碎功指数，kW · h/t；

$\overline{G_{bp}}$——粉磨达到稳定状态时连续三次 G_{bp} 的平均值，g/r。

显然，W_i 值越小，则物料的易碎（磨）性越好；反之亦然。

需要注意的是，Bond 粉碎功指数的计算是以某一特定孔径的筛子筛分的，所以表示物料的粉碎功指数时，必须注明 D_{p1} 的大小。如 W_i = 60kW · h/t (D_{p1} = 80μm)。

7.1.2.4　脆性与韧性

脆性材料受力破坏时直到断裂前弹性变形极小，无塑性变形，故其极限强度一般不超过弹性极限。脆性材料（如水泥混凝土、玻璃、陶瓷、铸石）抵抗动载荷或冲击的能力较差，抗拉能力远低于抗压能力。用冲击粉碎方法可使之产生有效粉碎。

材料的韧性即在外力作用下，塑性变形过程中吸收能量的能力。吸收能量越大，韧性越好，反之亦然。韧性介于柔性和脆性之间。韧性材料的抗拉和抗冲击性能较好，但抗压性能较差。韧性材料与脆性材料的有机复合，可使二者互相弥补，从而得到其中任何一种材料单独存在时所不具有的良好的综合力学性能。如在橡胶和塑料中填充无机矿物质粉体可明显改善其力学性能。钢筋混凝土的抗拉强度远高于纯混凝土的抗拉强度。

7.1.3 材料的粉碎机理

7.1.3.1 格里菲斯（Griffith）强度理论

前面提到，材料的实际强度比理论强度小得多，那么出现这种现象的原因是什么呢？格里菲斯强度理论可以使之得到很好的解释。

格里菲斯指出，固体材料内部的质点并非严格地规则排布，存在许多微裂纹，当材料受拉时，微裂纹逐渐扩展，于其尖端附近产生高度应力集中，致使裂纹进一步扩展，直至材料破坏。设裂纹扩展时，其表面积增加ΔS，令比表面能为γ，则表面能增加$\gamma\Delta S$，此时其附近约一个原子距离 a 之内的形变能为$(\sigma^2/2E)a\Delta S$，裂纹扩展所需的能量即由此储存的变形能所提供。根据热力学第二定律，裂纹扩展条件为：

$$(\sigma^2/2E)a\Delta S \geqslant \gamma\Delta S \tag{7-9}$$

其临界条件是：

$$\sigma=\sqrt{\frac{2E\gamma}{a}} \tag{7-10}$$

式中，E 为弹性模量；σ为外加应力；a 为裂纹长度。对于玻璃、大理石和石英等典型材料，E 为 10^{10}～10^{11}Pa，γ 约为 10J/m^2，a 约为 3×10^{-6}m，于是σ约为 10^{10}Pa，但实际强度仅为 10^7～10^8Pa，即实际强度为理论强度的 1/100～1/1000。

用平板玻璃进行拉伸试验发现，试体表面有一极窄的长轴长度为 2cm 的椭圆形微裂纹，按垂直于平板中椭圆孔长轴进行纯拉伸推算，在裂纹被拉开的瞬间，试件单位厚度所存储的弹性变形能为$\pi c^2\sigma^2/E$。根据裂纹扩展的临界条件，实际断裂强度为：

$$R=\sqrt{\frac{2\gamma E}{\pi c}} \tag{7-11}$$

式中，c 为裂纹长度。由此可知，若裂纹长度为 1μm，则强度降低至理论强度的 1/100。

根据格里菲斯强度理论，还可以进一步认为，在材料粉碎过程中即使未发生宏观破坏，但实际上内部已存在的微裂纹会不断“长大”，同时还会生成许多新的微裂纹，这些裂纹的不断生成和长大，直至断裂，使得材料的粉碎在一定范围内不断进行。

应该指出， Griffith 强度理论的基础是无限小变形的弹性理论，故它只适用于脆性材料，而不能用于变形大的弹性体（如橡胶等）。

7.1.3.2 断裂

材料的断裂和破坏实质上是在应力作用下达到其极限应变的结果。脆性材料与韧性材料的应力-应变曲线具有明显的差异。

图 7-4（a）表明，在应力达到弹性极限时，材料即发生破坏，无塑性变形，这类材料称为脆性材料，其破坏所需要的功等于应力-应变曲线下所包围的面积或近似地等于弹性范围内的变形能。脆性材料的力学特征是弹性模量 E 为应力增量σ与应变增量ε的比值。在弹性范围内，弹性模量基本为常数：

$$E=\sigma/\varepsilon$$

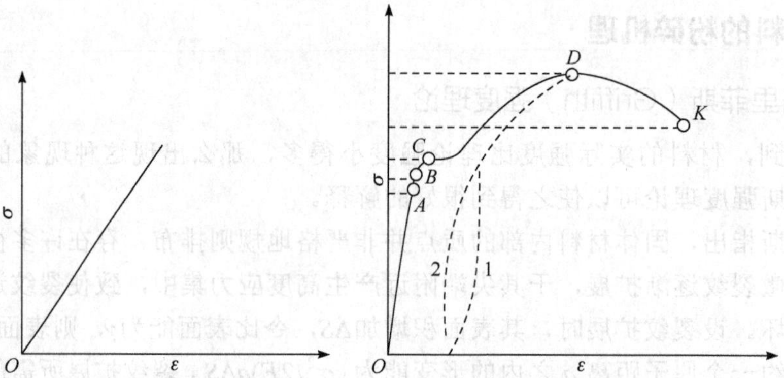

(a) 脆性材料　　(b) 韧性材料

图 7-4 应力-应变曲线

1—卸载曲线；2—重新加载曲线

实际上，矿物材料的应力-应变关系并不严格符合胡克定律，应力、应变和弹性模量之间的关系为：

$$E=\sigma^m/\varepsilon \tag{7-12}$$

式中，指数 m 值与材料有关，如花岗岩的 m 值为 1.13。此外，加载速度增大时，m 值趋于 1。一般矿物的弹性模量多为 10^{10}Pa 数量级。

对于韧性材料，如图 7-4（b）所示，当应力略高于弹性极限 A，并达到屈服极限 C 时，尽管应力不增大，应变依然增大，但此时材料并未破坏。自屈服点以后的变形是塑性变形（不可恢复变形）。当应力达到断裂强度 D 时，材料即破坏。

由上面的讨论可知，无论是脆性破坏还是塑性破坏，均为生成微裂纹和裂纹不断扩展的结果。但二者还是有区别的，从宏观上看，脆性和韧性的不同在于是否有塑性变形，而从微观上看，则区别在于是否存在晶格滑移。

7.1.3.3 粉碎过程热力学

（1）粉碎功耗原理

① 粉碎过程热力学基本概念

热力学是研究宏观体系的能量转换的科学，因此，研究粉碎过程的效率即有效能量转换的程度属热力学范畴，如粉碎功耗、吸附降低硬度及粉碎过程中的机械力化学作用等，皆可通过热力学原理解释。本节仅就粉碎功耗问题进行热力学探讨。

一种实际过程的热力学分析的目的在于从能量利用观点确定过程效率，并确定各种不可逆性对过程总效率的影响。

设有一稳定过程，根据热力学第一定律，其能量守恒关系为：

$$\Delta U=Q+W \tag{7-13}$$

式中 Q ——环境对系统输入的热能；

W ——环境对系统所做的功；

ΔU ——系统内能的增量。

实际过程绝大多数是不可逆的，热力学第二定律指出其系统的熵值会增大，即$\Delta S>0$，意味着在此过程中存在着无功能量 $E_{无}$。无功能量的增量$\Delta E_{无}$与熵的增量ΔS 有如下关系：

$$\Delta E_{无}=T\Delta S$$

根据热力学分析，过程中的无用功（即损失功）W_L 为：

$$W_L=T\Delta S=T(\Delta S_{物}+\Delta S_{环}) \tag{7-14}$$

式中，$\Delta S_{物}$和$\Delta S_{环}$分别为体系熵增量和环境熵增量。二者之和为过程总的熵增量。

由此可知，熵变为过程可逆与否的判据，若过程不可逆，则$\Delta S>0$，且无用功与其成正比。

对于热机设备，若从损失功角度讨论其效率，因：

$$W_T=W_E+W_L$$

式中　W_T——设备接受的总能量；

W_E——设备所做的有效功。

则其效率为：

$$\eta=W_E/W_T=1-W_L/W_T \tag{7-15}$$

显然，能量利用率降低的直接原因是无用功的增加。当然，导致无用功产生的因素很多，粉碎过程是诸多因素共同作用的复杂过程，这就需结合粉碎系统的具体工艺情况分析研究，努力寻求降低无用功的最佳参数。这是减小能量消耗、提高系统效率的有效途径，也是热力学分析的目的之一。

② 固体比表面能

固体比表面能是使固体材料表面增加单位面积所需要的能量，它是固体表面的重要性质之一。

外力作用于固体使之破碎产生新表面，此过程中，外力所做的功是克服材料的内聚力，并部分转化为新生表面的表面能。表面能实质上是表面上不饱和价键所致，不同物质的键合情形存在差异，因而形成稳定新表面所需能量也不同，即使同一各向异性材料，因其各表面上不饱和键的情形各异，表面能也不同，如 0K 下真空中 NaCl 的（100）面的表面能为 $1.89\times10^{-5}J/cm^2$，而（110）面的表面能为 $4.45\times10^{-5}J/cm^2$。

固体表面能较液体复杂得多，但除固体具有各向异性和形成新表面是由出现新表面和质点在表面上重新排布所组成（液体的这两个步骤几乎是同时完成的）外，其本质与液体的表面能相同。

设比表面能为γ，使表面积增加 dA 对体系所做的功，即增大的那部分表面积上的表面能为γdA，同时体系又因吸热而体积膨胀 dV，所做的功为$-PdV$，在此过程中，体系在恒温恒压时的自由焓变化 dG 为：

$$dG=\gamma dA \tag{7-16}$$

可见，表面积增加过程是自由焓的增大过程。根据自由焓与过程自发性的关系，显然该过程不会自发进行，需要外力对体系做功，此功的大小与表面能有直接关系。

③ 固体的比断裂表面能

断裂现象分为脆性断裂、韧性断裂、疲劳断裂、黏滞断裂、晶粒界面的脆性断裂和分子间滑动形成的断裂等。即使像玻璃这种典型的脆性材料，裂纹附近也存在不可恢复的塑性变形，这种塑性变形导致存在残余应力，使得卸载时仍可将玻璃破碎。既然存在塑性变形，那么必须有更多的能量方可使之产生断裂。裂纹扩展时存在如下的能量平衡：

输入：外力产生的弹性应力场 U_{el}

输出：产生新表面、裂纹附近的塑性变形及加速扩展的动能 e_v

将输出的前两项合并为一项，并定义为比断裂表面能 $\beta(T, V)$，则上述平衡可表示为：

$$\frac{\partial U_{el}}{\partial A} \geqslant \beta(T,V)+e_v \tag{7-17}$$

裂纹扩展所受阻力为新增表面的表面能与塑性变形能之和。欲使裂纹扩展，必须提供足够的能量来克服此阻力，设 G 为裂纹扩展单位面积所需的能量，ΔU 为由于裂纹扩展引起的系统位能的减小，新增表面积为 ΔA，则有：

$$G=-\frac{\partial U}{\partial A} \tag{7-18}$$

在裂纹扩展过程中，外力所做的功的增量为 dW，它一方面使受力体变形能增加 dE，另一方面用于使裂纹扩展，即：

$$dW=dE+GdA \text{ 或 } G=\frac{\partial(E-W)}{\partial A}=-\frac{\partial U}{\partial A} \tag{7-19}$$

设 G_c 为裂纹扩展临界状态时的能量释放率（即临界 G 值），则裂纹扩展的必要条件为：

$$\partial U \geqslant G_c\partial A \quad \text{或} -\partial(E-W)\geqslant G_c\partial A \tag{7-20}$$

若裂纹扩展速度很快，瞬间即通过试体，即可忽略 e_v，则式（7-17）化简为：

$$-\frac{\partial U_{el}}{\partial A} \geqslant \beta(T,V)=G_c/2 \tag{7-21}$$

玻璃、塑料和金属的 β 值分别为 $10^{-4}\sim10^{-3}J/cm^2$、$10^{-3}\sim10^{-1}J/cm^2$ 和 $10^{-1}J/cm^2$，较比表面能（$10^{-5}J/cm^2$）大得多。

比断裂表面能与裂纹扩展速度及能量释放率有关，高速扩展使得没有足够的时间发生塑性变形，于是 β 值低；反之亦然。从此意义上讲，脆性物料受到冲击粉碎时，由于裂纹扩展在极短时间内进行，因而比断裂表面能小，可以节省粉碎能量。

（2）粉碎功耗定律

① 经典理论

a. Lewis 公式。粒径减小所耗能量与粒径的 n 次方成反比，表达式为：

$$dE=-C_L\frac{dx}{x^n} \text{或} \frac{dE}{dx}=-C_L\frac{1}{x^n} \tag{7-22}$$

式中 E——粉碎功耗；

x——粒径；

C_L, n——常数。

实际上，随着粉碎过程不断进行，物料的粒度不断减小，其宏观缺陷也减小，强度增大，因而，减小同样粒度所耗费的能量也要增加。换言之，粗粉碎和细粉碎阶段的比功耗是不同的。显然，用 Lewis 公式来表示整个粉碎过程的功耗是不确切的。

b. Rittinger 定律（表面积学说）。粉碎所需功耗与材料新生表面积成正比，即：

$$E=C'_R\left(\frac{1}{x_2}-\frac{1}{x_1}\right)=C_R(S_2-S_1)=C_R\Delta S \tag{7-23}$$

此式为 Lewis 公式中常数 n=2 时的积分。式中，x_1、x_2 分别为粉碎前和粉碎后的粒径，可用平均粒径或特征粒径表示；S_1、S_2 分别为粉碎前和粉碎后的比表面积；C'_R 和 C_R 为常数。表面积学说只考虑了新生成表面的能量消耗，只能近似用于细磨作业粉碎功耗计算。

c. Kick 定律（体积学说）。粉碎所需功耗与颗粒的体积或质量成正比。

$$E = C'_K \lg\frac{x_1}{x_2} = C_K \lg\frac{S_2}{S_1} \tag{7-24}$$

式中，C'_K 和 C_K 为常数。此式可看成是 Lewis 公式中常数 n=1 时的积分。

d. Bond 定律（裂纹学说）。

1952 年，Bond 在分析“表面积假说”和“体积假说”适用范围的基础上，从试验出发提出了所谓的“裂纹扩展说”，提出粉碎物料所需要的有效功与生成碎粒的直径的平方根成反比，即：

$$E = C'_B\left(\frac{1}{\sqrt{x_2}} - \frac{1}{\sqrt{x_1}}\right) = C_B\left(\sqrt{S_2} - \sqrt{S_1}\right) \tag{7-25}$$

式中，C'_B 和 C_B 为常数。此式可看成是 Lewis 公式中 n=1.5 时的积分。

将上面几个学说综合起来看，粗粉碎时，Kick 定律较适宜；细粉碎（磨）时 Rittinger 定律较合适；Bond 定律则适合于介于二者之间的情形。它们互不矛盾，又互相补充。

第 7 章

② 粉碎功耗新观点

a. 田中达夫粉碎定律。比表面积增量对功耗增量的比与极限比表面积 S_∞和瞬时比表面积 S 的差成正比，即：

$$\frac{dS}{dE} = K(S_\infty - S) \tag{7-26}$$

式中　S_∞——极限比表面积，它与粉碎设备、工艺及被粉碎物料的性质有关；

S——瞬时比表面积；

K——常数，水泥熟料、玻璃、硅砂和硅灰的 K 值分别为 0.70、1.0、1.45、4.2。

此式意味着物料越细时，单位能量所能产生的新表面积越小，即越难粉碎。若 $S \ll S_\infty$，将式（7-26）积分有：

$$S = S_\infty(1 - e^{-KE}) \tag{7-27}$$

式（7-27）相当于式（7-22）中 n>2 的情形，适用于微细或超细粉碎。

b. Hiorns 公式。假定粉碎过程符合 Rittinger 定律及粉碎产品粒度符合 Rosin-Rammler 分布，设固体颗粒间的摩擦力为 k_r，功耗公式为：

$$E = \frac{C_R}{1-k_r}\left(\frac{1}{x_2} - \frac{1}{x_1}\right) \tag{7-28}$$

可见，k_r 值越大，粉碎功耗越大。

由于粉碎的结果是增加固体的表面积，则将固体比表面能σ与新生表面积相乘得粉碎功耗计算式：

$$E = \frac{\sigma}{1-k_r}(S_2 - S_1) \tag{7-29}$$

c. Rebinder 公式。在粉碎过程中，固体粒度变化的同时还伴随有其晶体结构及表面物理化学性质等变化。将 Kick 定律和田中达夫粉碎定律相结合，并考虑增加表面能σ、转化为热能的弹性能的储存及固体表面某些机械化学性质的变化，提出了如下功耗公式：

$$\eta_m E=\alpha\ln\frac{S}{S_0}+\left[\alpha+(\beta+\sigma)S_\infty\right]\ln\frac{S_\infty-S_0}{S_\infty-S} \qquad (7\text{-}30)$$

式中　η_m——粉碎机械效率；

α——与弹性有关的系数；

β——与固体表面物理化学性质有关的常数；

S_0——粉碎前的初始比表面积。

7.1.3.4　粉碎过程动力学

粉碎过程热力学仅反映了粉碎过程始态、终态的物料细度与粉碎功耗的关系。粉碎过程动力学的研究目的就在于了解过程进行的速度及与之有关的影响因素，从而实现对过程的有效控制，即寻求物料中不同粒度级别的质量随粉碎时间的变化规律。

设粗颗粒级别物料随粉碎时间的变化率为$-\mathrm{d}Q/\mathrm{d}t$，影响过程速度的因素及其影响程度分别为A、B、C…和α、β、γ…，则粉碎动力学方程为：

$$-\frac{\mathrm{d}Q}{\mathrm{d}t}=KA^\alpha B^\beta C^\gamma\cdots \qquad (7\text{-}31)$$

式中，K为比例系数。$\alpha+\beta+\gamma+\cdots$为动力学级数，若值为 0、1、2，则分别为零级、一级、二级粉碎动力学。其中应用最广泛的是一级粉碎动力学。

（1）零级粉碎动力学

设粉碎前粉碎设备内的物料无合格细颗粒，则粗颗粒浓度为 1，在粉碎条件不变时，待磨粗颗粒量的减少仅与时间成正比，即：

$$-\frac{\mathrm{d}Q}{\mathrm{d}t}=K_0 \qquad (7\text{-}32)$$

此即零级粉碎动力学基本式。式中，K_0为比例系数。

粉磨过程中细颗粒生成速率符合零级粉碎动力学，当磨机中存在粗颗粒时，这些粗颗粒优先被粉磨，因而对细颗粒有屏蔽作用。细颗粒产生速率为一常数，则有：

$$m_x=k_x t=k_0 t\left(\frac{x}{x_0}\right)^a \qquad (7\text{-}33)$$

式中，x_0为细颗粒临界粒径；x为粉碎物料的平均粒径；m_x为粒径大于平均粒径x的颗粒的质量分数；a为幂指数；k_x为与平均粒径有关的比例函数；k_0为细颗粒生成速率。由式（7-33）可得：

$$k_x=k_0\left(\frac{x}{x_0}\right)^a \qquad (7\text{-}34)$$

（2）一级粉碎动力学

一级粉碎动力学认为，粉磨速率与物料中不合格粗颗粒含量R成正比。E. W. Davis 提出的动力学方程为：

$$-\frac{\mathrm{d}Q}{\mathrm{d}t}=K_1R \tag{7-35}$$

将上式积分可得：

$$\ln R=-K_1t+C$$

若 t=0 时，$R=R_0$，则 $C=\ln R_0$，代入式（7-35）得：

$$\ln R=-K_1t+\ln R_0$$

$$\frac{R}{R_0}=\mathrm{e}^{-K_1t} \tag{7-36}$$

若以 t 和 $\ln(R/R_0)$ 为横、纵坐标，所得图线为一直线。

V. V. Aliavden 进一步提出了下式：

$$\frac{R}{R_0}=\mathrm{e}^{-K_1tm} \tag{7-37}$$

式中，参数 m 值随物料均匀性、强度及粉磨条件而变化。一方面，随粉磨时间延长，后段时间的物料平均粒度总比前段小，细粒产率应较高，相应地 m 值会增大；另一方面，一般固体具有若干薄弱局部，随粉磨过程的进行，物料总体不断变细，薄弱局部逐渐减少，物料趋于均匀而较难粉磨，致使粉磨速率降低。因此 m 值与物料的易磨性变化有关，可根据其值的变化程度来判断物料的均匀性。如均匀的石英和玻璃从 10～15mm 磨至 0.1mm 时，m 值为 1.4～1.6；从 52μm 磨至 26μm 时，m 值仅从 1.4 变至 1.3。但粉磨不均匀物料（如石灰石和软质煤）时，其后期的粉磨速率较初期明显降低，m 值可降至 0.5～0.6。一般，m 值多为 1 左右。

（3）二级粉磨动力学

F. W. Bowdish 提出，在粉磨过程中，应将研磨介质的尺寸分布特性作为粉磨速率的影响因素。在一级粉碎动力学基础上，加上研磨介质表面积 A 的影响，得到二级粉磨动力学基本公式：

$$-\frac{\mathrm{d}Q}{\mathrm{d}t}=K_2AR \tag{7-38}$$

介质表面积在一定时间内可认为是常数，将式（7-38）积分可得：

$$\ln\frac{R_1}{R_2}=K_2A(t_2-t_1) \tag{7-39}$$

式中，t_1、t_2 为研磨时间；R_1、R_2 分别对应研磨时间 t_1、t_2 时物料中不合格粗颗粒的含量。显然，研磨介质的表面积是不可忽视的因素，而表面积 A 又是不同尺寸介质级配的表现，因此，对于不同性质、不同大小的物料，研磨介质的级配选择应得到足够重视。

Bowdish 的推算结果：对于 28～35 目的物料，钢球直径应大于 2.54cm；对于 14～20 目的物料，应选用 5.08～6.35cm 的钢球。

（4）粉碎速度论简介

功耗-粒度函数不可能全面描述整个粉碎过程，单纯功耗理论不能代表全部粉碎理论。实际上，许多粉碎设备在粉磨过程中反复进行着单一的粉碎操作，所以可将粉碎过程看成是速度操作进行处理，于是提出了粉碎速度论的概念。所谓粉碎速度论，是将粉碎过程数学式化，用数学方法求解基本数学式并追踪其现象。

① 碎裂函数

将粉碎过程视为连续或间断发生的碎裂事件，每个碎裂事件的产品表达式称为碎裂函数。在一个可用概率函数和分布函数描述的重复粉碎过程中，某阶段粉碎后的物料粒度分布近似对数正态分布。由于碎裂事件既与材料性质有关，同时又受流程、设备等因素的影响，故用试验来确定这种函数是很困难的。但各种材料在一定粉碎条件下所得到的粉碎产品的粒度分布是基本确定的，这种粒度分布可用适当的数学式来表示。Broadbent 和 Callcott 于 1956 年提出用 Rosin-Rammler 分布函数的修正式来表示，有：

$$B(x,y)=\frac{1-\mathrm{e}^{-x/y}}{1-\mathrm{e}^{-1}} \tag{7-40}$$

式中，$B(x,y)$为原粒度为 y、经粉碎后粒度小于 x 的那部分颗粒的质量分数。

Broadbent 和 Callcott 又进一步定义一个系数 b_{ij} 以取代连续累积碎裂分布函数 $B(x,y)$，即 b_{ij} 表示第 j 粒级的物料粉碎后产生的进入第 i 粒级的质量分数。例如，由第 1 粒级粉碎后进入第 2 粒级者为 b_{21}，进入第 3 粒级者为 b_{31}，以此类推，进入第 n 粒级者为 b_{n1}，第 n 级为最小粒级，所有 b_{i1} 值之和为 1。同理，由第 2 粒级粉碎后的产品粒度分布为 b_{32}、b_{42} 等。因此，碎裂函数可用下面的矩阵表述：

$$\boldsymbol{B}=\begin{pmatrix} b_{11} & & & & \\ b_{21} & b_{22} & & & \\ \vdots & \vdots & & & \\ b_{i1} & b_{i2} & \cdots & b_{ii} & \\ \vdots & \vdots & & \vdots & \\ b_{n1} & b_{n2} & \cdots & b_{ni} & \cdots & b_{nn} \end{pmatrix}$$

如果把给料和产品的粒度分布写成 $n\times1$ 矩阵，则 $\boldsymbol{B}$ 实际上是 $n\times n$ 矩阵。于是，粉碎过程的矩阵式如下：

$$\begin{pmatrix} b_{11} & & & & \\ b_{21} & b_{22} & & & \\ \vdots & \vdots & & & \\ b_{i1} & b_{i2} & \cdots & b_{ii} & \\ \vdots & \vdots & & \vdots & \\ b_{n1} & b_{n2} & \cdots & b_{ni} & \cdots & b_{nn} \end{pmatrix}\cdot\begin{pmatrix} f_1 \\ f_2 \\ f_3 \\ f_4 \\ \vdots \\ f_n \end{pmatrix}=\begin{pmatrix} p_1 \\ p_2 \\ p_3 \\ p_4 \\ \vdots \\ p_n \end{pmatrix}$$

式中，p、f 分别表示产品和给料的粒级元素。上式可写成简单的矩阵方程式：

$$\boldsymbol{P}=\boldsymbol{B}\cdot\boldsymbol{F}$$

若相邻的粒度间隔之间存在相同的比值，则 $\boldsymbol{F}$ 和 $\boldsymbol{P}$ 中的对应元素属同一粒级，计算将十分方便。

② 选择函数

进入粉碎过程的各个粒级受到的粉碎具有随机性，也就是说，有的粒级被粉碎得多，有的则少，还有的可直接进入产品而不受粉碎。此即所谓的“选择性”或“概率性”。

设 s_i 为第 i 粒级中被选择粉碎的一部分，则选择函数 $\boldsymbol{S}$ 的对角矩阵为：

$$
\boldsymbol{S}=\begin{bmatrix} s_1 & 0 & 0 & \cdots & 0 \\ 0 & s_2 & 0 & \cdots & 0 \\ 0 & 0 & s_3 & \cdots & 0 \\ \vdots & \vdots & \vdots & & \vdots \\ 0 & 0 & 0 & \cdots & s_n \end{bmatrix}
$$

第 i 粒级中被粉碎颗粒的质量为 $s_i f_i$，同理，在第 n 粒级中被粉碎颗粒的质量为 $s_n f_n$，于是，粉碎过程的选择函数矩阵式为：

$$
\begin{pmatrix} f_1 \\ f_2 \\ f_3 \\ \vdots \\ f_n \end{pmatrix} \cdot \begin{pmatrix} s_1 & 0 & 0 & \cdots & 0 \\ 0 & s_2 & 0 & \cdots & 0 \\ 0 & 0 & s_3 & \cdots & 0 \\ \vdots & \vdots & \vdots & & \vdots \\ 0 & 0 & 0 & \cdots & s_n \end{pmatrix} = \begin{pmatrix} s_1 f_1 \\ s_2 f_2 \\ s_3 f_3 \\ \vdots \\ s_n f_n \end{pmatrix}
$$

若以 $\boldsymbol{S}\cdot\boldsymbol{F}$ 表示被粉碎的颗粒，则未被粉碎的颗粒质量可用 $(\boldsymbol{I}-\boldsymbol{S})\cdot\boldsymbol{F}$ 表示。其中 $\boldsymbol{I}$ 为单位矩阵，即：

$$
\boldsymbol{I}=\begin{pmatrix} 1 & 0 & \cdots & 0 \\ 0 & 1 & \cdots & 0 \\ \vdots & \vdots & & \vdots \\ 0 & 0 & \cdots & 1 \end{pmatrix}
$$

$\boldsymbol{B}$、$\boldsymbol{S}$ 值可由已知的入磨物料粒度分布和产品粒度分布反求而得。

③ 粉碎过程的矩阵表达式

由上述分析知，给料中有部分颗粒受到粉碎，另一部分未受到粉碎即直接进入产品，因此，一次粉碎作用后的产品质量可用下式表示：

$$
\boldsymbol{P}=\boldsymbol{B}\cdot\boldsymbol{S}\cdot\boldsymbol{F}+(\boldsymbol{I}-\boldsymbol{S})\cdot\boldsymbol{F} \text{ 或 } \boldsymbol{P}=(\boldsymbol{B}\cdot\boldsymbol{S}+\boldsymbol{I}-\boldsymbol{S})\cdot\boldsymbol{F} \tag{7-41}
$$

在大多数粉碎设备中发生反复的碎裂事件，假如有 n 次重复粉碎，则前一次的 $\boldsymbol{P}$ 即为后一次的 $\boldsymbol{F}$，因此，第 n 次粉碎后的产品粒度分布为：

$$
\boldsymbol{P}_n=(\boldsymbol{B}\cdot\boldsymbol{S}+\boldsymbol{I}-\boldsymbol{S})n\cdot\boldsymbol{F} \tag{7-42}
$$

在计算机中利用上式进行粉碎过程的模拟仿真计算，实现粉碎过程的控制。

（5）粉碎动力学在生产中的应用

① 工业磨机的技术评价

生产能力和能量消耗是工业磨机技术评价的主要技术指标。

理论推导的球磨机有用功率计算公式为：

$$
N = KD^{2.5}L \tag{7-43}
$$

式中，N 为有用功率，kW；D 为磨机有效直径，m；L 为磨机有效长度，m；K 为与磨机转速、研磨介质填充率、最内及最外球层球半径等有关的抛落式或泻落式工作有关的综合系数。

磨机生产率 Q 与有用功率 N 的关系为：

$$Q = \frac{k}{\gamma \Delta A} N = \frac{k}{\gamma \Delta A} D^{2.5} L \tag{7-44}$$

式中，k 为比例系数；γ 为物料的比表面能；ΔA 为物料粉磨后新生的表面积。式（7-43）和式（7-44）是评价磨机技术效果的理论基础。

胡基提出了“基准磨”的比较方法。所谓的基准磨是有效内径和有效长度分别为 1000mm 的圆筒型磨机，临界转速为 42.3r/min。若安装功率为 N_T，则求得基准磨的有用功率系数 N_t 为：

$$N_t = \frac{N_T}{D^{2.5} L} \tag{7-45}$$

统计表明，棒磨、球磨的 N_t 值最大为 12，砾磨为 4.2～5.0。如某台磨机的 N_t 值低于基准值，则有增大输入功率提高其处理能力的余地。

安德列耶夫提出了“条件生产率”评价方法，指出工业磨机的生产率为物料性质、给料条件、给料和产品细度及有用功率等的函数。由于生产能力与粉磨时间成正比，能量消耗与之成反比，故动力学公式可写成：

$$\frac{R_0}{R} = 10k' \left(\frac{N\eta}{Q} \right)^m \tag{7-46}$$

因而有：

$$Q \left(\lg \frac{R_0}{R} \right)^{\frac{1}{m}} = kN\eta = 常数 \tag{7-47}$$

式中，$k = k'^{1/m}$ 为综合系数；η 为有用功率的利用系数。

② 循环负荷率、分级效率与磨机生产能力的关系

在闭路粉磨系统中，循环负荷率、分级效率与磨机生产能力三者的协调至关重要。循环负荷率与分级效率、磨机生产能力的关系曲线如图 7-5 所示。若循环负荷率太小，则磨内已经达到要求细度的合格物料不能及时从磨内排出，会造成过粉磨现象，显然不利于提高生产能力和降低粉磨电耗；如果循环负荷率太大，虽可避免过粉磨现象，但磨内物料存量大，选粉设备负荷大，分级效率降低，使部分细颗粒随粗粉回料进入磨内进行“无功二次旅行”，以致难以达到理想的效果。几方面的合理匹配才是粉磨系统的最佳状态。

安德列耶夫根据粉磨动力学推导的循环负荷率 C、分级效率 E 和生产能力 Q 的关系如下：

$$\frac{Q_2}{Q_1} = \frac{(1+C_1)\left(\ln \dfrac{2 + C_1 - \dfrac{1}{E_1}}{1 + C_1 - \dfrac{1}{E_1}} \right)^{\frac{1}{m}}}{(1+C_2)\left(\ln \dfrac{2 + C_2 - \dfrac{1}{E_2}}{1 + C_2 - \dfrac{1}{E_2}} \right)^{\frac{1}{m}}} \tag{7-48}$$

或
$$Q(1+C)\left(\ln\frac{2+C-\frac{1}{E}}{1+C-\frac{1}{E}}\right)^{\frac{1}{m}}=\text{常数}$$

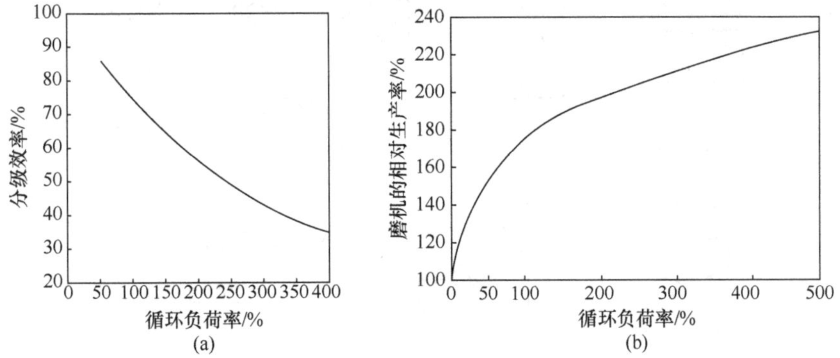

图 7-5　循环负荷率与分级效率、磨机生产能力的关系

$$\lg[Q(1+C)]+\frac{1}{m}\lg\left(\ln\frac{2+C-\frac{1}{E}}{1+C-\frac{1}{E}}\right)-\lg\text{ 常数}=0 \qquad (7\text{-}49)$$

可见，$\lg[Q(1+C)]$与$\lg\left(\ln\frac{2+C-\frac{1}{E}}{1+C-\frac{1}{E}}\right)$成线性关系，分别以它们为纵、横坐标作图，工作点应在直线附近分布。

③ 确定磨机的操作条件

磨机操作条件包括许多因素，是多元化的。从粉磨动力学入手，根据不同物料在不同细度时的粉磨速度和有关工作参数，再运用优化原理进行统计分析，可获得最佳操作参数。对于多仓磨机，有助于确定研磨体填充率、级配等。

7.1.4　粉碎工艺

由于物料性质及要求粉碎细度不同，粉碎方式不同。按外力作用方式不同，物料粉碎一般通过挤压、冲击、磨削和劈裂几种方式进行，各种粉碎设备的工作原理也多以这几种原理为主。按粉碎过程所处环境分为干式粉碎和湿式粉碎，按粉碎工艺可分为开路粉碎和闭路粉碎，按粉碎产品细度又可分为一般细度粉碎和超细粉碎。

7.1.4.1　粉碎方式

如图 7-6 所示，基本的粉碎方式有挤压粉碎、挤压-剪切粉碎、冲击粉碎及研磨和磨削粉碎等。

（1）挤压粉碎

挤压粉碎是通过粉碎设备工作部件的挤压作用，物料在压力作用下发生粉碎。挤压磨、颚式破碎机等均属于此类设备。

挤压粉碎时，物料在两个工作面之间受到相对缓慢的压力而被破碎。因为压力作用较缓慢和均匀，故物料粉碎过程较均匀。该方式多用于粗碎。

近年来发展的细颚式破碎机也可将物料破碎至几毫米以下。另外，挤压磨出磨物料有时会呈片状粉料，故细颚式破碎机常作为细粉磨前的预粉碎设备。

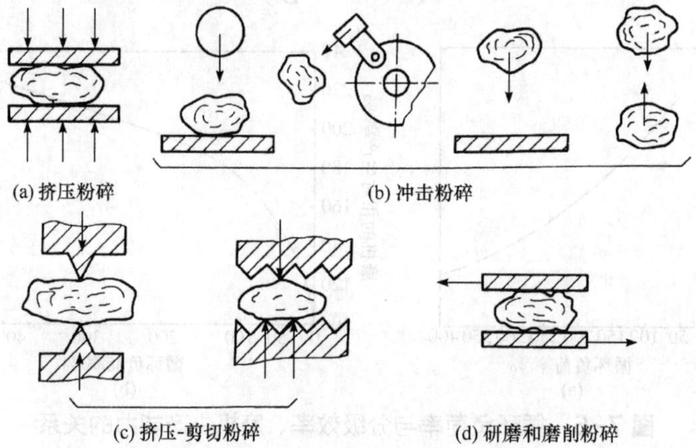

图 7-6　常用的基本粉碎方式

（2）挤压-剪切粉碎

这是挤压和剪切粉碎方法相结合的粉碎方式，雷蒙磨及各种立式磨通常采用挤压-剪切粉碎方式。

（3）冲击粉碎

冲击粉碎包括高速运动的粉碎体对被粉碎物料的冲击和高速运动的物料向固定壁或靶的冲击。冲击粉碎过程可在较短时间内发生多次冲击碰撞，每次冲击碰撞的粉碎是在瞬间完成的，所以粉碎体与被粉碎物料的动量交换非常迅速。

设两个质量分别为 m_1、m_2 的颗粒，碰撞前后的速度分别为 v_1、u_1 和 v_2、u_2，根据力学原理有：

$$m_1v_1 - m_1u_1 = \int_0^t p\mathrm{d}t \tag{7-50}$$

$$m_2v_2 - m_2u_2 = \int_0^t p\mathrm{d}t \tag{7-51}$$

式中，p 为冲击力。由上两式可得：

$$m_1(v_1 - u_1) = m_2(v_2 - u_2) \tag{7-52}$$

发生碰撞时，颗粒因受到压缩作用而变形，对于脆性材料，碰撞后的颗粒总能量减小，这部分减小的能量是克服了颗粒间的结合能，从而使之发生粉碎。从此意义上讲，碰撞冲击速度越快，时间越短，则单位时间内施加于颗粒的粉碎能量越大，越易于将颗粒粉碎。

冲击碰撞粉碎能的计算如下。若碰撞后两个颗粒具有相同的速度 u，则：

$$u = \frac{m_1v_1 + m_2v_1}{m_1 + m_2} \tag{7-53}$$

两颗粒的动能为：

$$E_u = \frac{1}{2}(m_1 + m_2)u^2 \tag{7-54}$$

而碰撞前的动能为：

$$E_0=\frac{1}{2}m_1v_1^{\ 2}+\frac{1}{2}m_2u_1^{\ 2} \tag{7-55}$$

碰撞前、后的动能差即粉碎能为：

$$E=E_0-E_u=\frac{1}{2}\left[m_1v_1^{\ 2}+m_2u_1^{\ 2}-(m_1+m_2)u^2\right]$$

将式（7-53）代入上式得：

$$E=\frac{1}{2}\times\frac{m_1m_2}{m_1+m_2}(v_1-u_1)^2 \tag{7-56}$$

对于靶式气流粉碎机，u_1=0，冲击动能为$\frac{1}{2}m_1v_1^{\ 2}$；类似的，对于高速转子冲击情形，物料颗粒冲击前的速度可设为 0，则冲击动能为$\frac{1}{2}m_2v_1^{\ 2}$。

可见，冲击能量须大于物料粉碎所需要的能量才可能使其粉碎，即：

$$\frac{1}{2}mv^2\geqslant\frac{m}{\rho_p}\times\frac{\sigma^2}{2E} \tag{7-57}$$

式中 σ——颗粒的破碎强度；

ρ_p——颗粒平均密度；

E——杨氏模量。

于是有：

$$v\geqslant\frac{\sigma}{\sqrt{\rho_p E}} \tag{7-58}$$

式中并未体现颗粒尺寸与冲击速度的关系。实际上，随着颗粒尺寸的减小，其内部缺陷减少，因而冲击粉碎速度应增大。但从能量利用角度讲，并非冲击速度越大越好。不同物料在不同粒度时均存在最佳冲击速度，即在此冲击速度下能量利用率最高。能耗、能量利用率与冲击速度的关系如图 7-7 和图 7-8 所示。

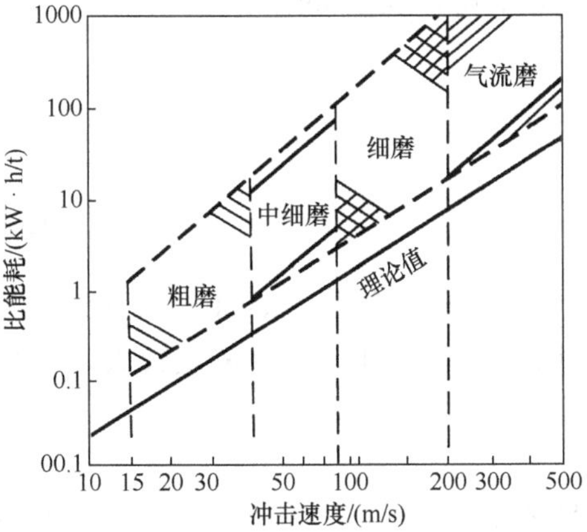

图 7-7 能耗与冲击速度的关系

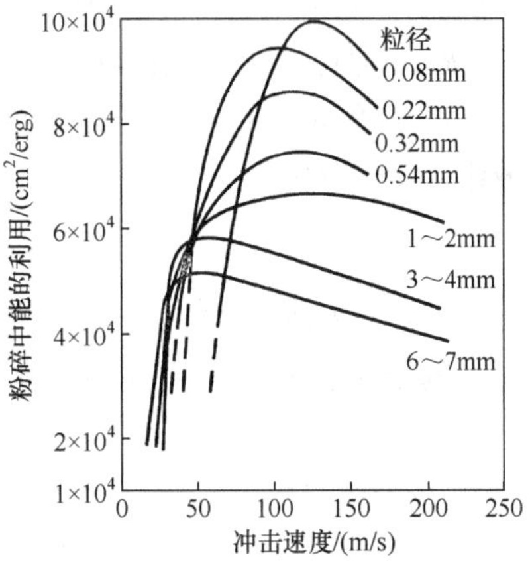

图 7-8 能量利用率与冲击速度的关系

1erg=10^{-7}J

（4）研磨和磨削粉碎

该方式本质上均属摩擦剪切粉碎，包括研磨介质对物料的粉碎和物料相互间的摩擦作用。振动磨、搅拌磨、球磨机的细磨仓等都是以此为主要原理的。

与实施强大粉碎力的挤压和冲击粉碎不同，研磨和磨削是靠研磨介质对物料颗粒表面的不断磨蚀而实现粉碎的。研磨和磨削粉碎的影响因素有以下几点。

① 研磨介质的物理性质

研磨介质应有较高的硬度和耐磨性。细粉碎和超细粉碎时，研磨介质密度的影响减弱，硬度的影响增大。用同为直径 5mm 的钢球和氧化铝球进行矿渣细粉磨试验，结果表明后者的粉磨效果优于前者。一般，介质的莫氏硬度最好比物料大 3 以上。常用的研磨介质有天然砂、玻璃珠、氧化铝球、氧化锆球和钢球等。

② 研磨介质的填充率、尺寸及形状

a. 研磨介质的填充率。研磨介质的填充率是指介质表观体积与磨机有效容积之比。理论上，介质的填充率应以其最大限度地与物料接触而又能避免自身的相互无功碰撞为佳，它与物料的粒度、密度和介质的运动特点有关，如振动磨中介质作同时具有水平振动和垂直振动的圆形振动，球磨机中的介质作泻落状态的往复运动；搅拌磨中介质在搅拌子的搅动下作不规则三维运动。振动磨中介质的填充率一般为 50%～70%，球磨机为 30%～40%，搅拌磨为 40%～60%。

b. 研磨介质的尺寸。介质尺寸的研究多是针对球磨机进行一般细度粉磨时的情形，通常认为介质的适宜尺寸 d 是给料粒度 D_p 的函数，即：

$$d = kD_p^n \tag{7-59}$$

式中，k 和 n 为常数，与球磨机给料粒度及粉磨条件有关。

实际公式有很多种，下面介绍几种经验公式。

拉祖莫夫平均球径公式为：

$$d_a = 28\sqrt[3]{D_{pa}}\frac{f}{\sqrt{R}} \tag{7-60}$$

式中 D_{pa}——入磨物料筛下为 80%的筛孔径表示的平均粒度，mm；

R——物料易磨性系数；

f——单位容积物料通过系数。

戴维斯公式为：

$$d = kD_p^{0.5} \tag{7-61}$$

式中，k 为物性常数。对于硬质物料，k=35；对于软质物料，k=30。式（7-61）针对一般粉磨情形，且未考虑粉磨产品的细度，所以，用于超细粉磨时偏差较大。邦德公式为：

$$d = \left(\frac{\rho_p W_i}{\varphi\sqrt{D}}\right)^{0.5} 2.88 D_{p80}^{\,1/3} \tag{7-62}$$

式中 ρ_p——物料密度；

W_i——Bond 粉碎功指数；

φ——磨机转速率（实际工作转速与临界转速之比）；

D——磨机有效内径；

D_{p80}——入磨物料筛下为 80%的筛孔径表示的粒度。

生产实践证明，进行超细粉磨的球磨机细磨仓的研磨介质尺寸一般<15mm，且应有 2～3 级的配合，振动磨的研磨介质尺寸为 10～15mm，搅拌磨用于超细粉碎时介质尺寸一般<1mm。

c. 研磨介质的形状。研磨介质多为球形，也有柱状、棒状及椭球状等。与同质量的球形介质相比，异形研磨介质的比表面积大，与物料形成线接触或面接触，故摩擦研磨效率高，在振动磨机和以介质泻落状态运动的球磨机细磨仓中应用较广泛。但在搅拌磨中，介质是靠搅拌子的搅动产生运动的，异形介质易发生紊乱，且与搅拌件的摩擦增大，不利于减小粉碎电耗。所以，搅拌磨中一般使用球形研磨介质。

③ 研磨介质的黏糊

干法粉磨时，超细粉体极易黏糊于研磨介质表面，俗称“黏球”或“糊球”现象，使之失去应有的研磨作用。为了避免此现象的发生，采取减小物料水分、加强磨内通风及加入助磨剂等措施。

7.1.4.2　粉碎模型

粉碎产物的粒度分布具有双成分性（严格地讲是多成分性），即合格的细粉和不合格的粗粉。根据这种双成分性，可以推论颗粒的破坏与粉碎并非由一种破坏形式所致，而是由两种或两种以上破坏作用所共同构成。常见粉碎模型如图 7-9 所示。

① 体积粉碎模型。整个颗粒均受到破坏，粉碎后生成物多为粒度大的中间颗粒。随粉碎过程的进行，中间颗粒逐渐被粉碎成细粉成分（即稳定成分）。冲击粉碎和挤压粉碎与此模型较为接近。

② 表面粉碎模型。在粉碎的某一时刻，仅是颗粒的表面产生破坏，被磨削下微粉成分，这一破坏作用基本不涉及颗粒内部，是典型的研磨和磨削粉碎方式。

③ 均一粉碎模型。施加于颗粒的作用力使颗粒产生均匀的分散性破坏，直接粉碎成微粉成分。

实际粉碎过程往往是前两种粉碎模型的综合，前者构成过渡成分，后者形成稳定成分。

体积粉碎模型与表面粉碎模型粉碎产物粒度分布的区别为：体积粉碎粒度分布较集中，但细颗粒比例较小；表面粉碎细颗粒较多，但粒度分布范围较宽，即粗颗粒也较多（图 7-10）。

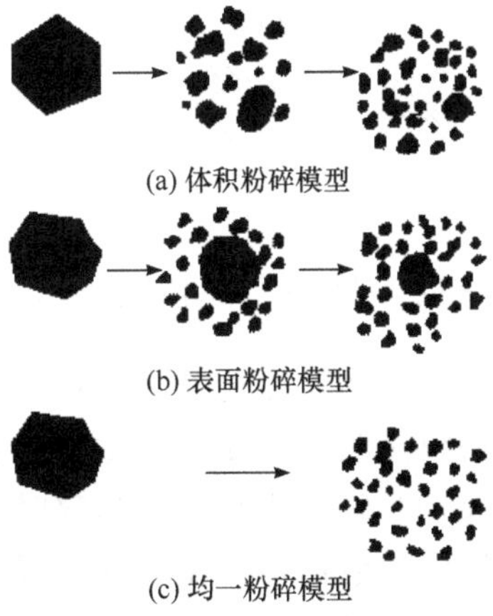

图 7-9　粉碎模型

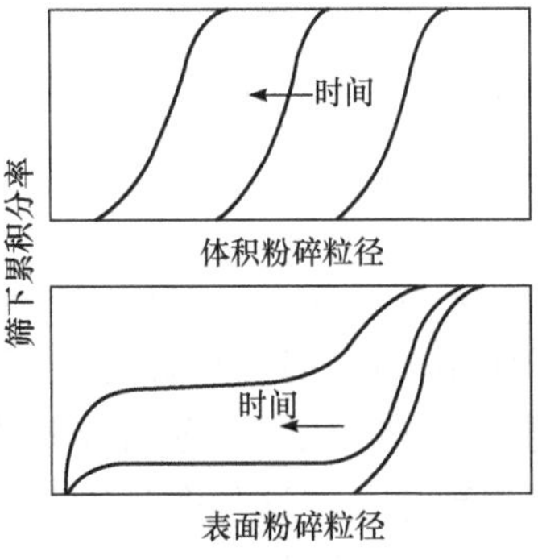

图 7-10　体积粉碎模型和表面粉碎模型的粒度分布

应该说明，冲击粉碎未必能造成体积粉碎，因为当冲击力较小时，仅能导致颗粒表面的局部粉碎；而表面粉碎伴随的压缩作用力如果足够大时也可产生体积粉碎，如辊压磨、雷蒙磨等。

7.1.4.3 混合粉碎和选择性粉碎

当几种不同的物料在同一粉碎设备中进行同一粉碎过程时，由于各种物料的相互影响，较单一物料的粉碎情形更复杂一些。目前，对多种物料混合粉碎过程中各种物料是否有影响以及如何影响的看法尚存在分歧。

一种看法是物料混合粉碎时无相互影响，认为无论单独粉碎还是混合粉碎，混合物料中每一组分的粒度分布本质上都遵循同样的舒曼粒度特性分布函数。

另一种看法是各种物料存在相互影响，但关于影响的结果却有以下两种截然不同的观点。

（1）硬质物料对软质物料具有“屏蔽”作用（图 7-11）

当两个钢球碰撞时可产生冲击力及磨削力，这些力使物料碎裂。当两个钢球接触时，从几何学上讲，两个钢球只能是点接触，如果软物料位于接触点处，因直接受到破碎力作用而被粉碎，但如果此时周围还存在硬质物料，虽然并不直接位于接触点上，然而只要软质物料粒度稍有减小，其周围的硬质物料就可阻碍钢球的进一步接触，也就阻碍了软物料的进一步粉碎。从这个意义上讲，硬质物料对软质物料的粉碎起到了“屏蔽”作用，其结果是软质物料的粉碎速度减缓，其粗粒级产率比单独粉碎时高，而细粒级产率则比单独粉碎时低。

（2）软质物料对硬质物料具有“催化”作用（图 7-12）

如果钢球接触点上存在的是硬质物料，周围是软质物料，且不在接触点上，当硬质物料受到粉碎作用粒度减小时，周围软质物料对钢球粉碎作用的阻碍仍小于硬质物料颗粒，因此接触点上硬质物料所受的粉碎作用将强于周围的软质物料，换言之，软质物料的混杂使硬质物料的粉碎速度加快，这种作用称为软质物料对硬质物料的“催化”作用，其结果是硬质物料粗粒级产率低于其单独粉碎情形，而细粒级产率高于其单独粉碎情形。

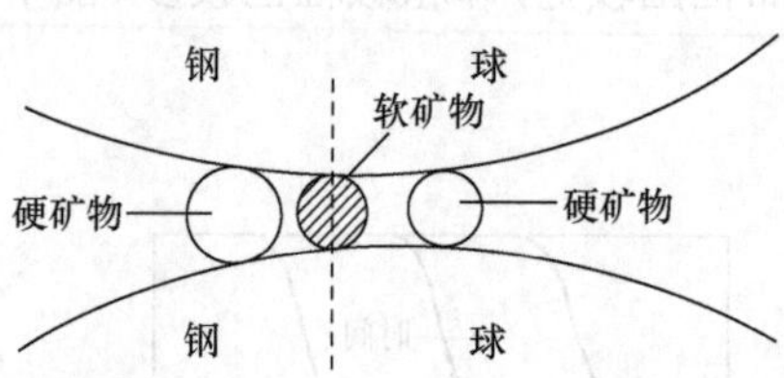

图 7-11 “屏蔽”作用示意图

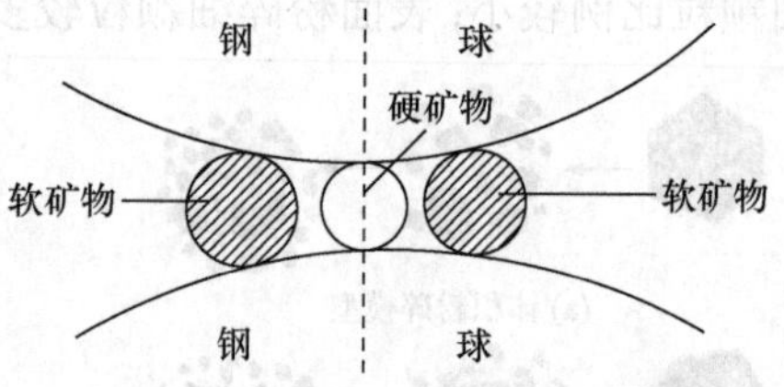

图 7-12 “催化”作用示意图

实际上，粉碎或粉磨过程中，粉碎介质或粉磨介质之间的物料往往是多颗粒层，介质对物料的作用力可通过颗粒之间的传递而未必直接与颗粒接触即可使之发生粉碎。易碎的物料混合粉碎时比其单独粉碎时来得细，难碎物料混合粉碎时比其单独粉碎时来得粗，这是普遍现象。将这种多种物料共同粉碎时某种物料比其他物料优先粉碎的现象称为选择性粉碎。在以挤压粉碎和磨削粉碎为主要原理的粉碎情形（如辊压磨、振动磨和球磨）时，这种现象更明显。

例如，将莫氏硬度分别为 7 和 2.5 的石英和石灰石在球磨机中共同粉碎一定时间后的细度与其各自单独粉碎时细度进行比较可证实上述结论。出现这种现象的原因有如下两点：

① 颗粒层受到粉碎介质的作用力即使尚不足以使强度高的物料颗粒碎裂，但其大部分（其中一部分作用能量消耗于直接受力颗粒的裂纹扩展）通过该颗粒传递至位于力作用方向上与之相邻的强度低的颗粒上，该作用足以使之发生粉碎作用，从这个意义上讲，硬质颗粒对软质颗粒起到了催化作用。

② 两种硬度不同的颗粒相互接触并作相对运动时，硬度大者对硬度小者产生表面剪切或磨削作用，软质颗粒在接触面上会被硬质颗粒磨削而形成若干细颗粒。此时，硬质颗粒对软质颗粒起研磨介质作用。上述两种作用的结果导致了软质物料在混合粉碎时的细颗粒产率比其单独粉碎时高，而硬质物料则相反。

7.1.5　粉碎机械力化学

在固体材料的粉碎过程中，粉碎设备施加于物料的机械力除了使物料发生粒度变小、比表面积增大等物理变化外，还会发生机械能与化学能的转换，致使材料发生结构变化、化学变化及物理化学变化。这种固体物质在各种形式的机械力作用下所诱发的化学变化和物理化学变化称为机械力化学效应，与热化学、电化学、光化学、磁化学等化学分支一样，研究粉碎过程中伴随的机械力化学效应的学科称为粉碎机械力化学，简称为机械力化学。

机械力化学效应的发现可追溯至 19 世纪 90 年代。1893 年，Lea 在研磨 $HgCl_2$ 时发现有少量 Cl_2 逸出，说明在研磨过程中部分 $HgCl_2$ 发生了分解。机械力化学概念的提出则是在 20 世纪 60 年代。Peter 将其定义为物质受机械力作用而发生化学变化或物理化学变化的现象，从能量转换的观点可理解为机械力的能量转化为化学能。自 20 世纪 80 年代开始，机械力化学作为一门新兴学科，在冶金、合金、化工等领域受到了广泛的重视。近十多年来，随着材料科学的发展和新材料研究开发的不断深入，机械力化学的研究十分活跃。日前，利用机械力化学作用制备纳米材料和复合材料、进行材料的改性等已经成为重要的材料加工方法和途径。本节将介绍粉碎机械力化学作用的机理及其在有关领域的应用。

7.1.5.1　粉碎机械力化学作用的机理

固体物质受到各种形式的机械力（如摩擦力、剪切力、冲击力等）作用时，会在不同程度上被“激活”。若体系仅发生物理性质变化而其组成和结构不变时，称为机械激活。若物质的结构或化学组成也同时发生了变化，则称为化学激活。

在机械粉碎过程中，被粉碎材料可能发生的变化可分为以下几类：

① 物理变化：颗粒和晶粒的微细化或超细化、材料内部微裂纹的产生和扩展、表观密度和真密度的变化以及比表面积的变化等。

② 结晶状态变化：产生晶格缺陷、发生晶格畸变、结晶程度降低甚至无定形化、晶型转变等。

③ 化学变化：含结晶水或羟基物质的脱水、形成合金或固溶体并通过固相反应生

成新相等。

显然，上述第①种变化属于机械激活，而后两种变化属化学激活。

（1）粉碎平衡

各种粉碎设备当其工作条件（如转速、振动频率、振幅、介质/物料比、粉碎介质级配、助磨剂等）一定时，粉碎过程中往往会发生这样的现象：在粉碎的最初阶段，物料的粒度迅速减小，相应地比表面积增大；粉碎至一定时间后，粒度和比表面积不再明显变化而稳定在某一数值附近（图 7-13）。实际上，这是物料颗粒在机械力作用下的粒度减小与已细化的微小颗粒在表面能、范德瓦耳斯力及静电力等的作用下相互团聚成二次颗粒（图 7-14）导致的粒度“增大”达到的某种平衡。这种粉碎过程中颗粒微细化过程与微细颗粒的团聚过程的平衡称为粉碎平衡。理想的粉碎平衡如图 7-15 所示，实际物料的粒度和比表面积随粉碎时间的变化多为图 7-13 所示的情形。

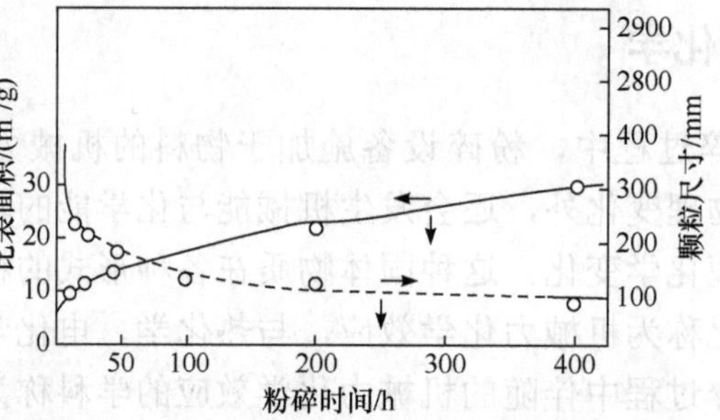

图 7-13 粒度、比表面积与粉碎时间的关系

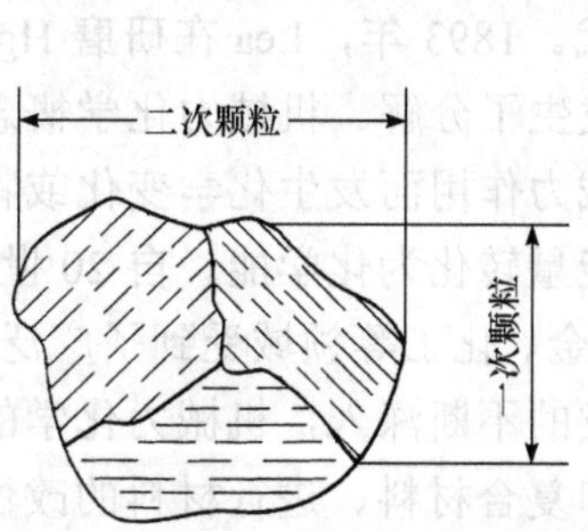

图 7-14 一次颗粒与二次颗粒的关系

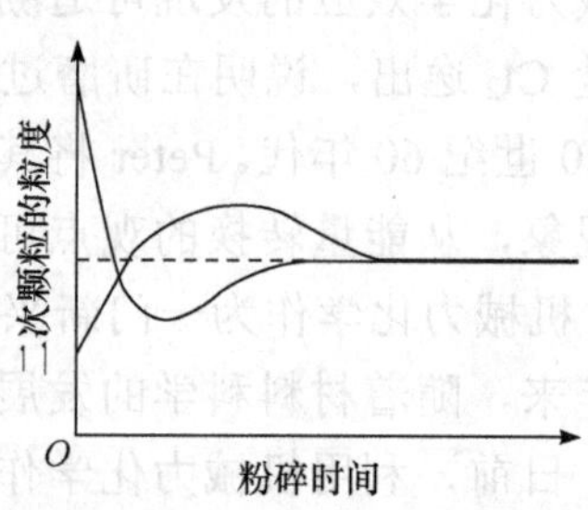

图 7-15 理想的粉碎平衡

粉碎平衡出现的原因如下。

① 颗粒团聚。一旦微细化粉体的表面相互间有引力（范德瓦耳斯力、静电力、磁力）、水膜凝聚力、机械压力、摩擦力等作用，便产生颗粒的团聚。微颗粒表面积越大，越易于团聚。此外，结晶化、活性化能量小的离子晶体也容易发生团聚。

② 粉体应力作用出现缓和状态。微颗粒团聚体中由于颗粒间的滑移，颗粒本身的弹性变形以及颗粒表面的晶格缺陷、晶界不规则结构所产生的粉体应力作用出现缓和，致使破裂作用减小。

粉碎平衡出现的位置或达到粉碎平衡所需的粉碎时间既与粉碎设备的工作条件有关，也视物料的物理化学性质而不同。一般来说，脆性物料的粉碎平衡出现在微细粒径区域，而塑性材料则出现在较大粒径区域。即使对于同一种物料，粉碎条件改变时，其出现粉碎平衡的时间也会发生变化。换言之，如同化学反应平衡一样，粉碎平衡也是相对的、有条件的。一旦条件发生改变，将在新的条件下建立新的平衡。另外，有些物料粉碎至一定时间后，比表面积会急剧减小，这是由于微颗粒间的团聚速度超过了细颗粒产生的速度。图 7-16 和图 7-17 分别表示 Al_2O_3 粉体的比表面积和平均粒径随粉磨时间的变化。

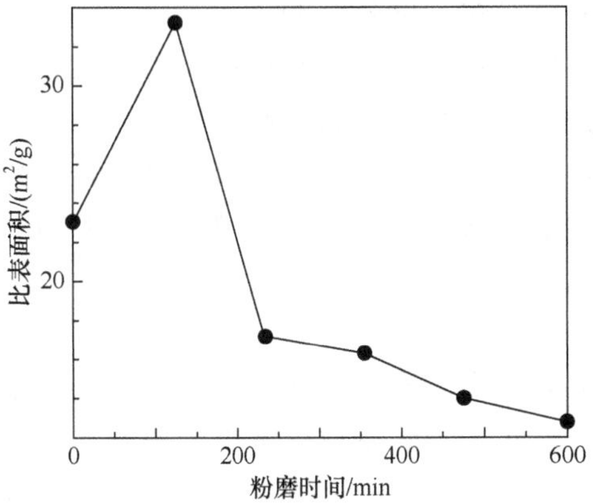

图 7-16　比表面积与粉磨时间的关系

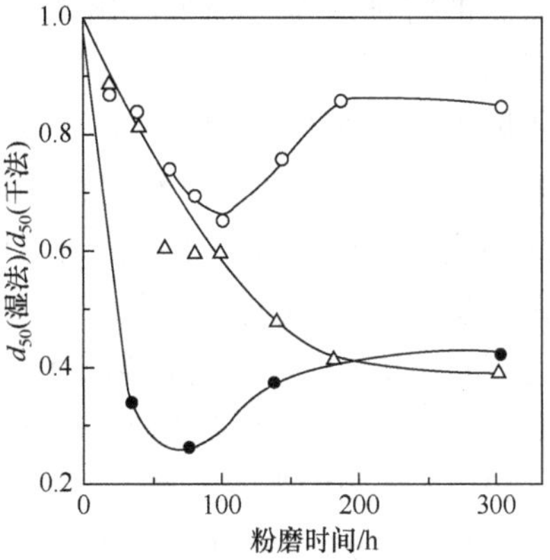

图 7-17　不同起始粒径的 Al_2O_3 粉体湿法、干法粉磨的平均粒径

值得注意的是，粉碎平衡又是动态的，即当粉碎达到平衡后，即使继续进行粉碎，颗粒的粒度大小也将不再变化，但作用于颗粒的机械能将使颗粒的结晶结构不断破坏，晶格应变和晶格扰乱增大。因此，达到粉碎平衡后，尽管粉体的宏观几何性质不变，但其物理化学性质的变化和内能的增大将使其同相反应活性及烧结性大大提高。

（2）晶体结构的变化

① 晶格畸变。粉碎过程中，在颗粒微细化的同时，还产生颗粒表面乃至内部晶格的畸变及结晶程度的衰弱。所谓晶格畸变是指晶格中质点的排列部分失去其点阵结构的周期性导致的晶面间距发生变化、产生晶格缺陷以及形成无定形结构等。

无定形的非晶层一般从优先接受能量的颗粒表面开始由表及里逐渐内延。如果颗粒的粒径为 d，非晶层的厚度为 δ，则非晶部分的体积分数 Y_{am} 用式（7-63）计算：

$$Y_{am}=1-\left(1-\frac{2\delta}{d}\right)^3 \tag{7-63}$$

晶格畸变的宏观物理性质反映的是物料密度的变化，一般来说表现为密度的减小，如石英转变为无定形 SiO_2 时，其密度从 2.60g/cm³ 降至 2.20g/cm³。

随着粉碎过程的继续进行，非晶层不断增厚，最后导致整个颗粒的无定形化。由于在此过程中，晶体颗粒内部贮存了大量的能量，使之处于热力学不稳定状态。内能增大的直接结果是颗粒被激活，即活性提高，体系的反应活化能降低。这是颗粒能够在后续的固相反应中显著提高反应速度和反应程度或降低高温反应温度的主要原因。

② 晶型转变。具有同质多晶型矿物材料在常温下由于机械力的作用常常会发生晶型转变，如三方晶系的方解石（相对密度为 2.7，莫氏硬度为 3）粉碎一定时间后可转变为组成相同但晶型为斜方晶系的文石（相对密度 2.94，莫氏硬度为 3.5～4），而文石的粉碎产物加热至 450℃时又可恢复为方解石结构。

锐钛矿型 TiO_2（四方晶系，晶体常呈双锥形，相对密度 3.9，莫氏硬度为 5.5～6.0）经粉碎后可转变为同质多相变体——金红石（四方晶系，晶体常呈柱状或针状，相对密度 4.2～4.3，莫氏硬度为 6）。

在 300℃下用球磨机粉碎 PbO，XRD 测定证明，粉碎至一定时间后，原黄色 PbO（斜方晶系）的特征峰全部消失，出现红色 PbO（立方晶系）的特征峰。

对粉碎过程中物质发生晶型转变的解释是：由于机械力的反复作用，晶格内积聚的能量不断增加，使结构中某些结合键发生断裂并重新排列形成新的结合键。

随着晶体结构的变化，物料的物理化学性质也将发生变化。主要表现为溶解度增大、溶解速率提高、密度减小（个别情形例外）、颗粒表面吸附能力和离子交换能力增强、表面自由能增大、产生电荷、生成游离基、外激电子发射等。

③ 机械力作用导致的化学变化。

a. 脱水效应。二水石膏在粉磨过程中，即使维持体系的温度低于 100℃，仍将部分脱去 $3/2H_2O$ 而变为半水石膏。XRD 结果表明，粉磨 15min 就已出现半水石膏。滑石加热时，分别在 495～605℃和 845～1058℃脱水。粉磨 5～60min 的 TG（热重法）、DTA（差热分析法）和 IR（红外光谱法）测定结果表明，随着粉磨时间的延长，不仅第一阶段脱水消失，脱水量逐渐减少，而且脱水温度也降低了。有些含 OH^-的化合物，如 $Ca(OH)_2$ 和 $Mg(OH)_2$，它们的 OH^-不大容易脱离，因此，将其单独进行机械粉磨时，变化很少。然而，加入一定量的 SiO_2 后，情况大不相同。如在 $Ca(OH)_2$ 中加入 SiO_2 粉磨 14h 后，OH^-的 XRD 衍射峰完全消失，代之以一个宽衍射峰；$Mg(OH)_2$-SiO_2 混合物在粉磨 60min 后，$Mg(OH)_2$ 的 XRD 特征峰和热分析吸热峰均已消失，说明其结晶水已全部脱去。

对于粉磨过程中出现的脱水现象存在不同的解释。一种解释认为，在被粉磨的颗粒表面附有一层水膜，使物质溶解于其中，从而加速了反应物之间的相互反应。但此观点并不能说明上述例子中所产生的现象，因为 $Mg(OH)_2$ 和 SiO_2 在水中的溶解度都非常低。所以，更合理的解释应该是 SiO_2 的存在加速了 $Mg(OH)_2$ 和 SiO_2 之间固相反应的进行。

b. 固相反应。在粉磨过程中，粉体颗粒承受较大应力或反复应力作用的局部区域可以产生分解反应、溶解反应、水合反应、合金化、固溶化、金属与有机化合物的聚合反应以及直接形成新相的固相反应等。机械力化学反应与一般的化学反应所不同的是，机械力化学反应与宏观温度无直接关系，它被认为主要是颗粒的活化点之间的相互作用导致的。这是机械力化学反应的特点之一。

（a）机械合金化。通过高能球磨过程中的机械合金化作用可以合成弥散强化合金、纳米晶合金及金属间化合物等。

Benjamin 首先使用机械合金化技术制备出氧化物弥散强化镍基高温合金。Jangg 等将 Al 和炭黑的粉末混合物高能球磨后，再在 550℃下挤压成型，获得了 Al/Al_4C_3 弥散强化材料。该复合材料具有极好的低密度、高强度、高硬度、高热阻、良好的变形性及抗过烧等性能。用机械合金化法可制备高熔点金属间化合物，如 Fe_2B、$TiSi_2$、TiB_2、WC、SiC 等。

在球磨过程中，大量的反复碰撞发生在球-粉末-球之间，被捕获的粉末在碰撞作用下发生严重的塑性变形，使粉末不断重复着冷焊、断裂、再焊合的过程，最终达到原子级混合，从而实现合金化。

关于高能球磨导致纳米晶结构的机制，有人认为，在高应变速率下，由位错的密集网络织成的切变带的形成是主要的形变机制。在球磨初期，平均原子水平的应变因位错密度的增加而增加。这些强应变区域在一位错密度下，晶体解体为亚晶粒，这种亚晶粒开始时被具有小于 20°偏倾角的低角晶界分隔开来，继续球磨导致原子水平应变的下降和亚晶粒的形成。进一步球磨时，在材料的末应变部分的切变带中发生形变，该带中已存在的亚晶粒粒度进一步减小至最终晶粒尺寸（约 5～15nm），且亚晶粒相互间的相对取向最终变成完全无规则。由于纳米晶粒本身是相对无位错的，当达到完全纳米晶结构时，位错运动所需要的极高应力阻止极小微晶体的塑性变形。因此，进一步的形变和储能只能通过晶界滑移来完成，这将导致亚晶粒的无规则运动。所以，球磨最终所获得的材料是由相互间无规则取向的纳米微晶粒组成。

当然，由于高能球磨过程中引入了大量的应变、缺陷以及纳米量级的微结构，合金化过程的热力学与动力学均不同于普通的固态反应过程。如利用机械合金化可实现混合焓为正值的多元体系的非晶化，可以制备常规方法难以合成或根本不可能合成的许多新型合金。这些现象用经典热力学和动力学理论目前尚不能得到完全合理的解释，所以，关于机械合金化的确切机理还有待于进一步研究。

（b）分解反应。$NaBrO_3$ 在加热条件下按下式发生分解反应：

$$NaBrO_3 \longrightarrow NaBr + \frac{3}{2}O_2 \tag{7-64}$$

而机械力化学分解则按下式进行：

$$2NaBrO_3 \longrightarrow Na_2O + \frac{5}{2}O_2 + Br_2 \tag{7-65}$$

有些分解反应如 $MeCO_3 \longrightarrow MeO+CO_2$（Me 为二价金属离子）可建立“机械力化学平衡”，该平衡取决于固相组成的物质的量之比，即氧化物与碳酸盐的物质的量之比。这是与热力学中的相律相抵触的，故它区别于“热化学平衡”。

（c）化合反应。机械力作用可使许多在常规室温条件下不能发生的反应成为可能。如：

$$CaO+SiO_2 \longrightarrow \beta-CaO\cdot SiO_2 \tag{7-66}$$

$$BaO+TiO_2 \longrightarrow BaTiO_3 \tag{7-67}$$

$$MgO+SiO_2 \longrightarrow MgSiO_3 \tag{7-68}$$

$$Au+\frac{3}{4}CO_2 \longrightarrow \frac{1}{2}Au_2O_3+\frac{3}{4}C \text{（固气反应）} \tag{7-69}$$

$$NiS+H_2O \longrightarrow NiO+H_2S \text{（固液反应）} \tag{7-70}$$

（d）置换反应。将金属 Mg 与 CuO 粉末混合物进行高能球磨，可发生如下置换反应：

$$Mg+CuO \longrightarrow MgO+Cu \tag{7-71}$$

（e）其他反应。如将 $CaCO_3$ 与 SiO_2 混合物进行高能球磨，可生成硅酸钙：

$$CaCO_3+SiO_2 \longrightarrow CaO\cdot SiO_2 + CO_2 \tag{7-72}$$

上述各类反应中，有的是热力学定律所不能解释的；有的对周围环境压力、温度的依赖性很小；有的则比热化学反应快几个数量级，如在25℃下，无机械力作用时，碳基镍的合成反应速率常数为$5\times10^{-7}mol\cdot h^{-1}$，而在机械力作用的情形下该值剧增为$5\times10^{5}mol\cdot h^{-1}$。

由于这些特点，机械力化学具有重要的理论意义和广泛的适用性。

7.1.5.2 粉碎机械力化学的应用

随着机械力化学理论研究的不断深入，该技术已广泛应用于各种新材料的制备。前面已经介绍了利用机械合金化技术制备各种金屑及合金材料。除此之外，在纳米陶瓷、功能材料、纳米复合材料和储氢材料的制备中，机械力化学法也显示了其广阔的应用前景。

（1）制备纳米陶瓷

Li铁氧体（$Li_{0.5}Fe_{0.25}O_4$）具有高居里温度、低磁致伸缩系数和较大的磁晶各向异性等特点，是微波器件中的重要原料。利用传统的烧结方法制备Li铁氧体时，1000℃以上的高温条件导致Li和O的挥发，从而严重影响Li铁氧体的磁性能等。以$LiCO_3$和α-Fe_2O_3为原料，高能球磨130h后，获得了粒径为30nm左右的$Li_{0.5}Fe_{0.25}O_4$前驱体，将该前驱体在600℃下进行热处理，即可全部反应生成$Li_{0.5}Fe_{0.25}O_4$。

$ZnFe_2O_4$为尖晶石型铁氧体，也是一种重要的磁性材料。传统的反应烧结法工艺复杂，且烧结温度高（1200℃左右）。以α-Fe_2O_3和ZnO粉末为原料，在高能球磨内粉磨70h后，二者反应生成了具有尖晶石结构的铁酸锌：

$$\alpha\text{-}Fe_2O_3 + ZnO \longrightarrow ZnFe_2O_4 \tag{7-73}$$

TEM测定表明，球磨后形成的$ZnFe_2O_4$晶粒近似为球形，晶粒尺寸大多为10nm左右，该纳米粉体在800℃下即可完成烧结。

$BaTiO_3$陶瓷具有高的介电常数、优良的铁电性能和高的正电阻温度系数，因而得到广泛的应用。通常的合成方法是将TiO_2和$BaCO_3$在高温下通过固相反应制备，但这种方法制备的粉体粒度大，成分不均匀。Abe和Suzuki将$Ba(OH)\cdot 8H_2O$和非晶质TiO_2按Ba/Ti=1混合，于行星磨内湿法粉磨3h合成了$BaTiO_3$前驱体。该前驱体经700℃保温3h烧结得到了超细$BaTiO_3$粉体。此粉体经1200℃保温1h得到烧结体的密度为理论密度的94%。Xue等将TiO_2和BaO按化学计量配比在特殊设计的振动磨内、氩气气氛下用机械力化学法成功合成了$BaTiO_3$纳米粉体。XRD图谱表明，粉磨5h开始生成$BaTiO_3$，15h反应完全。SEM和TEM图像分析表明，$BaTiO_3$的颗粒尺寸为20～30nm。

（2）制备功能材料

① 制备生物陶瓷。β-磷酸三钙陶瓷的生物降解性非常显著，生物相容性好，因而广泛应用于骨缺损的修复和作为骨置换材料。β-磷酸三钙粉末制备通常采用干法和湿法两种方法。干法合成是以焦磷酸钙和碳酸钙为原料，在高温下通过固相反应生成β-磷酸三钙，合成时间长（1000℃，24h），且平均粒度大。湿法合成系通过硝酸钙与磷酸氢钙反应而获得，该方法所得的β-磷酸三钙的化学组成均匀性较差。杨华明等用磷酸二氢钙和氢氧化钙为原料，通过搅拌磨机械力化学法合成了β-磷酸三钙。球磨1h后，经700℃下处理1h，可制得平均粒径为0.38μm、比表面积为$24.9m^2/g$的β-磷酸三钙粉末。

② 制备超导材料。利用机械合金化法，Cu、Ba、Y粉按一定比例混合球磨，再将所得粉末在氧化气氛下烧结，可制得高临界温度的钡氧铜超导材料。

③ 制备形状记忆合金。将 Ni 粉和 Ti 粉按 1∶1 的原子比进行机械合金化处理，粉末热压成型烧结，发现烧结体密实，晶粒呈等轴状，室温下压缩变形 5%后，在 373K 下加热产生的形状恢复力超过 300MPa，除去载荷后能完全恢复形状。

（3）制备纳米复合材料

陈春霞等以纯 Fe 粉（全部通过 200 目筛）和微米级聚四氟乙烯（PTFE）粉末为原料，二者按质量比为 10∶1 混合，在氩气气氛保护下用高能球磨法制备了铁/聚四氟乙烯纳米复合材料。HRTEM（高分辨率透射电子显微镜）照片显示，铁颗粒周围有非晶状边界存在，铁粒子的平均粒径为 8nm。

利用普通 Fe_3O_4 粉与微米级聚氯乙烯（PVC）在高能球磨中球磨，借助于机械力化学作用，能够形成α-Fe_3O_4 粒径为 10nm、具有超顺磁性的 Fe_3O_4/聚氯乙烯复合材料。

由于基体相的增强相的超细化，通过机械力化学作用制备的颗粒增强铝基原位复合材料系统的储能高，有利于降低其成型致密化温度，且在高温条件下，超细的增强相颗粒可有效地抑制基体相的再结晶与晶粒长大。

（4）制备储氢材料

Gao 等研究了球磨处理对单壁纳米碳管（SWNTs）结构和形态以及电化学夹杂的影响。纯 SWNTs 经冲击球磨处理后进行了电化学夹杂锂处理，球磨 10min 后 Li 成分的可逆饱和度由纯 SWNTs 的 $Li_{1.7}C_6$ 增大到 $Li_{2.7}C_6$，不可逆组成由 $Li_{3.2}C_6$ 减小至 $Li_{1.3}C_6$。电镜、拉曼和 XRD 测定表明，球磨引起了纳米管束的无序和纳米管的断裂。

Wang 等用高能球磨法制备了纳米晶金属间化合物 NiSi 合金粉末，该粉末材料作为电极时，其初始放电时的储氢能力达 1180mA · h/g。

Imamura 等将 Mg 和石墨碳与有机添加剂一起进行机械粉磨，获得了新型 Mg/C 纳米储氢复合材料。研究结果表明，在 0.067MPa 的 H_2 压力下，Mg 所吸收的氢全部与其反应形成了 MgH_2，经 453K 下处理 15h 后，Mg 的吸氢量按 H/Mg 计约为 1.5。

研究人员用高能球磨方法制备出 $CoFe_3Sb_{12}$ 合金粉末，研究了其电化学性能。结果表明，$CoFe_3Sb_{12}$ 中的活性元素 Sb 与锂离子发生可逆电化学反应，其嵌锂产物为 Li_3Sb。$CoFe_3Sb_{12}$ 电极在 20mA/g 电流密度下第一次可逆容量为 396mA · h/g。在材料中加入原子分数为 50%的石墨后，以 100mA/g 进行充放电时，第一次可逆容量为 380mA · h/g，电极的循环寿命性能优良。

7.2　热分解法

热分解反应不仅仅限于固相，气相和液相也可引起热分解反应。在此只介绍固相热分解生成新固相的系统。热分解通常表示如下（S 代表固相、G 代表气相）：

$$S_1 \longrightarrow S_2+G_1 \tag{7-74}$$

$$S_1 \longrightarrow S_2+G_1+G_2 \tag{7-75}$$

$$S_1 \longrightarrow S_2+S_3 \tag{7-76}$$

式（7-74）是最普通的，式（7-76）涉及到相分离，不能用于制备粉体，式（7-75）是式（7-74）的特殊情形，热分解反应往往生成两种固体，所以要考虑同时生成两种固体时导致反应不均匀的问题。热分解反应基本上是式（7-74）的形式。

微粉除了粉末的粒度和形态外，纯度和组成也是主要因素。从这点考虑，人们很早就注意到了有机酸盐，其原因是有机酸盐易于提纯，化合物的金属组成明确，盐的种类少，容易制成含两种以上金属的复合盐，分解温度比较低，产生的气体组成为C、H、O。但有机酸盐也有下列缺点：价格较高、碳容易进入分解的生成物中等。

下面就合成比较简单、利用率高的草酸盐进行详细介绍。

7.2.1 草酸盐的分类

表7-3是按部分元素周期表对草酸盐进行分类。几乎所有金属元素都有它的草酸盐，有单盐也有复盐。碱金属草酸盐（$M_2C_2O_4$）可溶于水，仅有Li盐和Na盐较难溶于水。对于碱土金属的草酸盐（MC_2O_4），除了 $BeC_2O_4\cdot3H_2O$（24.8g/100g 水）以外，其余都在水中不溶解。草酸盐的溶度积为 10^{-4}～10^{-30} 左右，二价金属盐的情况为 10^{-5}～10^{-25}，但是，这些金属盐大部分在酸中形成络合物而溶解。草酸盐的金属原子有一价（$K_2C_2O_4$）、二价（CaC_2O_4）、三价[$Sc_2(C_2O_4)_3$]和四价[$U(C_2O_4)_2$]，没有五价及以上的。也有取作像 $TiO(C_2O_4)\cdot2H_2O$ 那样的草酸盐。

表 7-3 金属草酸盐的分类

	ⅠA	ⅡA											ⅢA	ⅣA	ⅤA	ⅥA	ⅦA
2	Li ○	Be ⊙											B ●	C	N	O	F
3	Na ○	Mg ⊙	ⅢB	ⅣB	ⅤB	ⅥB	ⅦB	Ⅷ			ⅠB	ⅡB	Al ⊙	Si	P	S	Cl
4	K ○	Ca ⊙	Sc ⊙	Ti ⊙	V ●	Cr ⊙	Mn ⊙	Fe ⊙	Co ⊙	Ni ⊙	Cu ⊙	Zn ⊙	Ga ⊙	Ge ●	As ●	Se	Br
5	Rb ○	Sr ⊙	Y ⊙	Zr ⊙	Nb ●	Mo ○	Tc	Ru ●	Rh ●	Pd ●	Ag ⊙	Cd ⊙	In ⊙	Sn ⊙	Sb ●	Te ●	I
6	Cs ○	Ba ⊙	La ⊙	Hf ⊙	Ta ●	W ○	Re ⊙	Os ●	Ir ●	Pt ●	Au ●	Hg ⊙	Tl ⊙	Pb ⊙	Bi ⊙	Po ⊙	At

注：○为单盐，●为复盐，⊙为络合物（空栏为没有报告存在草酸盐）。

7.2.2 草酸盐的热分解

草酸盐的热分解基本上按下面的两种机理进行，究竟以哪一种进行，要根据草酸盐的金属元素在高温下是否存在稳定的碳酸盐而定。对于二价金属的情况如下：

机理1

$$MC_2O_4\cdot nH_2O\xrightarrow{-H_2O}MC_2O_4\xrightarrow{-CO_2,-CO}MO或M \tag{7-77}$$

机理2

$$MC_2O_4\cdot nH_2O\xrightarrow{-H_2O}MC_2O_4\xrightarrow{-CO}MCO_3\xrightarrow{-CO_2}MO \tag{7-78}$$

因ⅠA族、ⅡA族（除Be和Mg外）和ⅢA族中的元素存在稳定的碳酸盐，可以按机理2（ⅠA元素不能进行到MO，因未到MO时MCO_3就熔融了）进行，除此以外的金属草酸盐都以机理1进行。再者，从热力学上可以预期到，对于机理1的情况，或者生成金属，或者生成氧化物。机理1的反应为：

$$MC_2O_4 \longrightarrow MO + CO + CO_2 \qquad K_1$$

$$MC_2O_4 \longrightarrow M + 2CO_2 \qquad K_2$$

其中平衡常数K_1、K_2分别为：

$$K_1=[MO][CO][CO_2]/[MC_2O_4]，\quad K_2=[MO][CO_2]^2/[MC_2O_4]$$

另一方面，CO与CO_2之间、金属和氧化物之间有下列平衡关系式：

$$2CO+O_2 \longrightarrow 2CO_2 \qquad K_3$$

$$2M+O_2 \longrightarrow 2MO \qquad K_4$$

故其平衡常数为：

$$K_3=[CO_2]^2/([CO]^2[O_2]), \quad K_4=[MO]^2/([M]^2[O_2])$$

所以K_1、K_2、K_3和K_4之间有下列关系：

$$K_1/K_2=K_4K_3$$

生成反应的自由能变化为：

$$\Delta G=-RT\ln K$$

故若把对应于K_3和K_4反应式的自由能变化设为ΔG_3和ΔG_4，则$\Delta G_3>\Delta G_4$关系必然对应于$K_3<K_4$。并且根据$K_1>K_2$，则生成金属氧化物。作为结果，在式中可以比较ΔG_3和种种金属氧化物生成的自由能变化ΔG_4的大小关系。由此，Cu、Co、Pb和Ni的草酸盐热分解后生成金属，Zn、Cr、Mn、Al等的草酸盐热分解后生成金属氧化物。

已将草酸盐的热分解温度等归纳在表7-4中。再有，通过分解得到氧化物时，对于机理2的草酸盐生成碳酸盐后，碳酸盐的分解反应比草酸盐反应更难引起。热分析表明，机理2中从草酸盐生成碳酸盐后，此时的碳酸盐分解反应与以碳酸盐为试样所测的热分解数据往往有所不同，但这可以认为是出于设备和试样填充不同之故，而无本质上的差别。草酸盐的分解温度设定在生成氧化物的熔点的1/4～1/3范围为合适。

草酸盐热分解时粉料往往呈灰色：

$$2CO \longrightarrow C+CO_2 \qquad (7\text{-}79)$$

由于析出碳使粉料紧密充填，易于导致非氧化气氛，若烧结这类粉体，因碳燃烧易造成气孔和孔隙。

热分解草酸盐最有效的是利用由两种以上金属元素组成的复合草酸盐。陶瓷材料大多为复合氧化物的形态，合成时特别重要的是：①组成准确可靠；②在低温下就可出现反应。因此，热分解以前的原料要符合生成物所需组成并形成化合物，草酸盐比较容易制成符合上述要求的复合盐，所以复合草酸盐是一种很好的原料。

通常采用的化合物中，大多为ⅣA族的四价元素和ⅡA、ⅡB和ⅣB族的二价元素化

合物 $M^{II}M^{IV}O_3$。复合草酸盐的制法与单盐基本相同，其方法是使草酸水溶液在 M^{II}元素和 M^{IV}元素的氯化物水溶液中反应，在 30℃左右加热进行，反应速度不如离子反应那样快，生成物可用 $M^{II}M^{IV}O(C_2O_4)_2 \cdot nH_2O$ 通式表示。热分解机理目前尚无定论，例如对 $BaTiO_3$ 的热分解机理就有六种说法之多，在 500～700℃反应形成的最终生成物不仅限于 $BaTiO_3$。另外，也可生成像 $SrBaTiO_3$ 那样的三元系化合物。

表 7-4 草酸盐的热分解温度

化合物	脱水温度/℃	分解温度/℃
$BeC_2O_4 \cdot 3H_2O$	100～300	380～400
$MgC_2O_4 \cdot 2H_2O$	130～250	300～455
$CaC_2O_4 \cdot H_2O$	135～165	375～470
$SrC_2O_4 \cdot 2H_2O$	135～165	
$BaC_2O_4 \cdot H_2O$		370～535
$Sc(C_2O_4)_3 \cdot 5H_2O$	140	
$Y_2(C_2O_4)_3 \cdot 9H_2O$	363	427～601
$La_2(C_2O_4)_3 \cdot 10H_2O$	180	412～695
$TiO(C_2O_4) \cdot 9H_2O$	296	538
$Zr(C_2O_4)_2 \cdot 4H_2O$		
$Cr_2(C_2O_4)_3 \cdot 6H_2O$		160～360
$MnC_2O_4 \cdot 2H_2O$	150	275
$FeC_2O_4 \cdot 2H_2O$		235
$CoC_2O_4 \cdot 2H_2O$	240	306
$NiC_2O_4 \cdot 2H_2O$	260	352
$CuC_2O_4 \cdot 1/2H_2O$	200	310
$ZnC_2O_4 \cdot 2H_2O$	170	390
$CdC_2O_4 \cdot 2H_2O$	130	350

7.2.3 氧化锌超细粉体的制备

利用草酸盐热分解法制备 ZnO 粉体材料，首先将 $ZnSO_4 \cdot 7H_2O$ 溶于水配制成一定浓度的溶液，然后加入相同温度下的草酸溶液并迅速搅拌。冷却至室温后，静置陈化，将沉淀抽滤并充分洗涤，得到的产物干燥后即可得白色粉末样品。在一定温度下对样品进行热处理，得到相应的产物。在整个反应过程中溶液的浓度及温度、沉淀产物的热分解温度、沉淀产物的热分解时间对氧化锌粉体均有影响。

7.2.3.1 溶液的浓度及温度

溶液浓度和反应温度对生成沉淀的颗粒度有很大影响。根据槐氏经验公式，沉淀的分散度φ与溶液的相对饱和度 Q–S 存在如下关系：

$$\varphi = K(Q-S)/S \qquad (7\text{-}80)$$

其中，一定温度下的 K（与温度有关的比例常数）、S（溶解度）为定值，Q 为沉淀物质的瞬间浓度。溶液的相对饱和度（Q–S）越大，则分散度越大，形成的晶核数目越多，得到的沉淀越细，热分解得到的 ZnO 粉体的粒径也越小。为了得到细小颗粒的沉淀，通过对初始溶液加热，使之能分别溶解较多的 $ZnSO_4$ 和草酸，以便提高混合溶液的相对过饱和度。但温度提高的同时，也提高了离子的扩散速度，使生成的沉淀颗粒趋于长大。所以，溶液的温度不能太高。试验证明，溶液温度在 80℃左右时效果较好。沉淀时的快速搅拌也有利于减小粒径，并能减少沉淀团聚。

7.2.3.2　沉淀产物的热分解温度

将得到的白色粉末样品（$ZnC_2O_4 \cdot 2H_2O$）进行 TG-DTA 分析，结果如图 7-18 所示。

在 TG 曲线中可以看到，曲线有三个平台，$ZnC_2O_4 \cdot 2H_2O$ 在 147.3℃以前无失重，其热重曲线呈水平状；在 147.3～177℃之间试样失重并开始出现第二个平台，这一步的失重占试样总质量的 17.15%，相当于 1mol $ZnC_2O_4 \cdot 2H_2O$ 失去 2mol H_2O，说明样品转变为 ZnC_2O_4；随后试样在 400℃左右失重并出现第三个平台，其失重占试样总量的 36.98%，此时说明试样分解转变为 ZnO（理论值与试验值的差别可能是制备过程中少量 Zn^{2+} 的水解造成的）。DTA 曲线在 168.8℃和 413.2℃的两个吸热峰也证实了上面的两个反应。

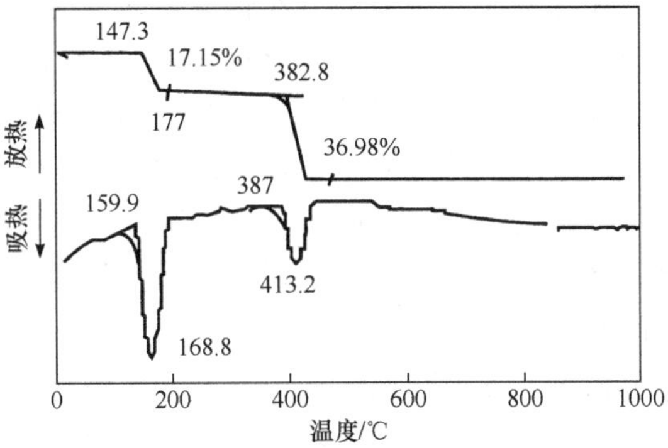

图 7-18　干燥样品 $ZnC_2O_4 \cdot 2H_2O$ 的 TG-DTA 曲线

分别选择 600℃、700℃、800℃、900℃对试样进行焙烧，测得其基本性质如表 7-5 所示。

表 7-5　不同温度热处理 2h 的 ZnO 基本性质

温度/℃	SEM 观察形貌	相对密度	外观颜色
600	颗粒细小，有多层次的团聚现象	5.42	白色
700	颗粒细小，团聚黑影减少	5.42	浅黄色
800	原生粒子明显，但发育不全	5.43	浅黄色
900	原生粒子发育完好，二次颗粒分布均匀	5.76	浅黄色

由表中数据可知，为了获得不同性能的产品，首先应选择不同的热处理温度，低温虽然易获得细粒度高活性的产物，但温度过低一方面大大延长了 ZnC_2O_4 的热分解时间，另一方面也使粒子发育不齐。因此，在某些情况下，这对获得良好性能的微粉反而不利。

7.3 固相反应法

由固相热分解可获得单一的金属氧化物，但氧化物以外的物质，如碳化物、硅化物、氮化物等以及含两种金属元素以上的氧化物制成的化合物，仅仅用热分解就很难制备，通常是将最终合成所需组成的原料混合，再用高温使其反应，其一般工序示于图 7-19。首先按规定的组成称量原料后混合，通常用水等作为分散剂，在玛瑙球的球磨机内混合，然后通过压滤机脱水后再用电炉焙烧，通常焙烧温度比烧成温度低。对于电子材料所用的原料，大部分在 1100℃左右焙烧，将焙烧后的原料粉碎到 1～2μm 左右。粉碎后的原料再次充分混合，制成烧结用粉体，当反应不完全时往往需再次煅烧。

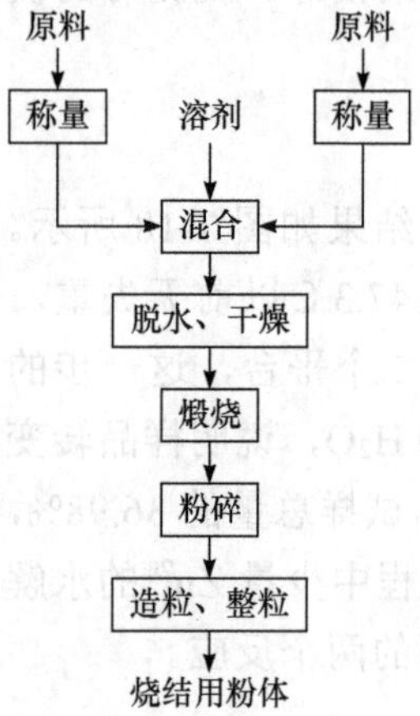

图 7-19　固相反应工艺流程

固相反应是陶瓷材料科学的基本手段，粉体间的反应相当复杂。反应虽从固体间的接触部分通过离子扩散来进行，但接触状态和各种原料颗粒的分布情况显著地受各颗粒的性质（粒径、颗粒形状和表面状态等）和粉体存在状态（团聚状态和填充状态等等）的影响。另外，当加热上述粉体时，固相反应以外的现象也同时进行，一个是烧结，另一个是颗粒生长，这两种现象均在同种原料间和反应生成物间出现。烧结和颗粒生长是完全不同于固相反应的现象。烧结是粉体在低于其熔点的温度下颗粒间产生结合，烧结成牢固结合体的现象，颗粒间是由粒界区分开来，没有各个被区分的颗粒的大小问题。

颗粒生长着眼于各个颗粒，各个颗粒通过粒界与其他颗粒结合，要单独存在也无问题，因为在这里仅仅考虑颗粒大小如何变化，而烧结是颗粒的接触，所以颗粒边缘的粒界当然就决定了颗粒的大小，粒界移动即为颗粒生长（颗粒数量减少）。通常烧结进行时，颗粒也同时生长，但是，颗粒生长除了与气相有关外，假设其是由于粒界移动而引起的，则烧结早在低温就进行了，而颗粒生长则在高温下才开始明显。实际上，烧结体的相对密度超过 90%以后，颗粒生长比烧结更显著。

对于由固相反应合成的化合物，原料的烧结和颗粒生长均使原料的反应性降低，并且导致扩散距离增加和接触点密度减少，所以应尽量抑制烧结和颗粒生长。使组分原料间紧密接触对进行反应有利，因此应降低原料粒径并充分混合。此时出现的问题是颗粒团聚，由于团聚，即使一次颗粒的粒径小也使颗粒变得不均匀。特别是颗粒小的情况下，由于表面状态往往粉碎后也难于分离，此时采用恰当的溶剂使之分散开来的方法是至关重要的。

第 8 章　气相合成超微粉体材料

超微粉体的气相合成形式上很像人的吸烟过程，烟丝经加热气化为烟雾，烟雾通过气流输送，其中的超微粉末或经冷凝后生成的超微颗粒就会沉积或“收集”在人体肺部。因此，气相合成法的原理就是把所欲制备成超微粉体的相关物料通过加热蒸发或气相化学反应后高度分散，然后再把冷却凝结成的超微颗粒收集成为超微粉体，整个过程的实质是一种典型的物理气相“输运”或化学气相“输运”反应，又或者是两者的结合。显然，采用具有不同蒸气压的出发原料和气相环境、不同的加热源乃至于不同的加热程序，特别是考虑到加热气化过程究竟是一种简单蒸发-冷凝过程，还是同时伴有不同物料之间或物料与环境气相之间的化学反应过程，气相合成法将成为变化繁多的一大类方法。气相合成法的特征是既可制备超微粒子或制备超微粒子膜，还可制备纳米粒子或纳米薄膜。它们的生成条件容易控制，即使气相过饱和度大，成核后分散度仍很高，因此具有凝聚小、粒径分布窄、平均粒径和颗粒形貌容易通过生成条件加以调节等特点。

有时适当改变气氛，还能对所得粒子进行表面改性。因此，气相合成原则上只要恰当地选择反应条件包括反应体系、反应器类型和反应动力学参数，即能合成任何单质或化合物的粒径可调的高纯度超细粉末，特别是由于其气氛控制方便，初始原料的制备简单，甚至对其纯度可以要求不高，挥发性原料的精制也比较容易，易获得高纯度产物，所以十分广泛地被用来制备金属、金属氧化物和其他如氮化物、碳化物、硼化物等一系列难以用其他方法合成的非氧化物超微粉末。除实验室条件研究以外，许多工艺已具有很好的工业应用价值，例如，TiO_2早期工业化的氯化法合成是历史上最典型而又最有成效的超微粉末化学气相合成反应之一，至今仍具有重要意义。虽然一般的真空蒸发-冷凝等因反应器类型、加热方式、产物收集等多种原因，合成量不大，仅适合实验室使用或小规模生产，但随着技术的进步，一些方法已经能够获得每小时千克级以上产率的纳米金属或化合物超微粉体。气相合成分为物理气相合成和化学气相合成。

8.1　气相合成原理

超微粉末气相合成时，不论采用物理气相合成还是化学气相合成，工艺流程都会涉及气相粒子的成核、晶核长大、凝聚等一系列粒子生长的基本过程，所生成粒子的形貌和粒径分布也令人十分关注。

8.1.1 气相合成超微粉体生成条件

纯粹物理气相合成与化学反应基本无关，只是简单的蒸发-冷凝过程，其反应总是符合热力学的。化学气相合成涉及形成超微粉化学反应自由能变化，图 8-1 所示为下述不同类型气相反应自由能随温度变化的趋势。

① $SiCl_4+O_2 \longrightarrow SiO_2+2Cl_2$

② $TiCl_4+O_2 \longrightarrow TiO_2+2Cl_2$

③ $TiCl_4+O_2 \longrightarrow TiO_2$(金红石)$+2Cl_2$

④ $TiCl_4+2H_2O \longrightarrow TiO_2$(锐钛矿)$+4HCl$

⑤ $AlBr_3+3/4O_2 \longrightarrow 1/2Al_2O_3+3/2Br_2$

⑥ $AlCl_3+3/4O_2 \longrightarrow 1/2Al_2O_3+3/2Cl_2$

⑦ $FeCl_3+3/4O_2 \longrightarrow 1/2Fe_2O_3+3/2Cl_2$

⑧ $ZnCl_4+O_2 \longrightarrow ZnO_2+2Cl_2$

⑨ $SiCl_4+2H_2+2/3N_2 \longrightarrow 1/3Si_3N_4+4HCl$

⑩ $SiCl_4+4/3NH_3 \longrightarrow 1/3Si_3N_4+4HCl$

⑪ $TiCl_4+1/2N_2+2H_2 \longrightarrow TiN+4HCl$

⑫ $TiCl_4+NH_3+1/2H_2 \longrightarrow TiN+4HCl$

⑬ $VCl_4+NH_3+1/2H_2 \longrightarrow VN+4HCl$

⑭ $TiCl_4+CH_4 \longrightarrow TiC+4HCl$

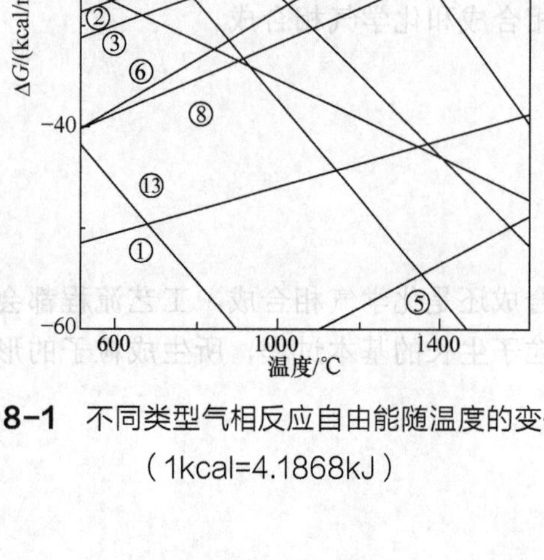

图 8-1　不同类型气相反应自由能随温度的变化（1kcal=4.1868kJ）

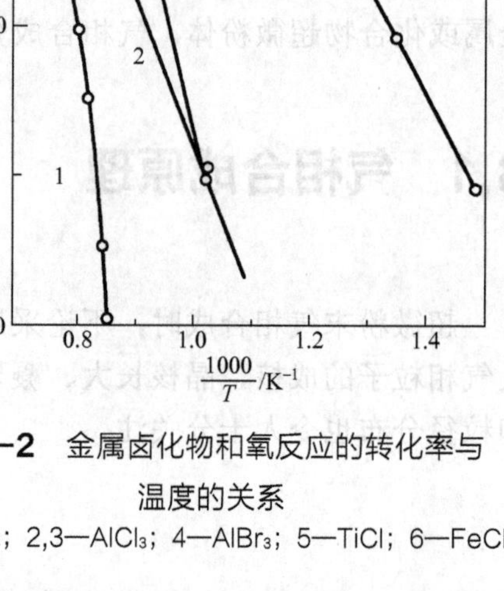

图 8-2　金属卤化物和氧反应的转化率与温度的关系

1—$SiCl_4$；2,3—$AlCl_3$；4—$AlBr_3$；5—TiCl；6—$FeCl_3$

上述反应归纳起来大体分成三类：自由能变化小的反应体系（如⑨、⑪等）、自由能变化大的体系（如①、⑤、⑥、⑩、⑫等）、以及自由能处于上面两种变化之间的体系（如②、③）。其中，第一类虽能获得在异质物种上生长的单晶，但很难得到它们的超微粉产物，而自由能变化大的体系却很容易获得各自相应的超微粉反应产物，中间类型体系是否能获得则取决于反应气体组成的影响，同种反应体系，如果反应条件不同，生成超微粉反应的情况也不同。对一个超微粉合成的具体反应 $a\mathrm{A(g)}+b\ \mathrm{B(g)} \longrightarrow c\mathrm{C(s)}+d\ \mathrm{D(g)}$而言，当用 p 表示蒸气压时，其过饱和比 R_S 为：

$$R_\mathrm{S}=\frac{\left(p_\mathrm{A}^a \times \dfrac{p_\mathrm{B}^b}{p_\mathrm{D}^d}\right)_{\text{反应时}}}{\left(p_\mathrm{A}^a \times \dfrac{p_\mathrm{B}^b}{p_\mathrm{D}^d}\right)_{\text{平衡时}}}=K\left(p_\mathrm{A}^a \times \frac{p_\mathrm{B}^b}{p_\mathrm{D}^d}\right)_{\text{反应时}} \tag{8-1}$$

显然，过饱和度或平衡常数 K 越大越有利于超微粉的合成。表 8-1 列出当原料源浓度为 1mol/L 时，某些反应体系平衡常数 K 对超微粉形成的影响。对于同种反应体系，只要改变反应条件以增加 K 值，就有利于超微粉反应的进行。顺便指出，有时原不能实现的反应，在改用等离子体加热后也能制备出超微粉，此时除涉及一般气相反应外，还与等离子体化学有关。此外，图 8-2 还显示出数种金属卤化物和氧反应的转化率与温度的关系。

8.1.2 气相合成中的粒子成核

气相反应超微粉生成的关键在于是否能在均匀气相中自发成核。如果不涉及反应器内壁对成核的影响，体系显然没有任何其他外来表面存在，那么从相变角度考虑，该过程有点像晶体生长时从熔体或液相中自发结晶成核。在气相情况下有两种不同的成核方式：第一种是直接从气相中生成固相核，或先从气相中生成液滴核后再从中结晶，例如金属镁粒子气相成核的透射电镜研究表明，固相核一开始就是六方片状或棒状；第二种成核方式起初为液滴球，结晶时出现平整晶面，再逐渐显示为立方形，其中间阶段和最终阶段处于一定的平衡，即 Wulff 平衡多面体状态。通过电弧放电金属蒸发最终制得的球形粒子如γ-Al_2O_3、TiO_2、SiO_2，还有单质硅等超微粒子，基本成核过程大体上类似于金属镁粒子的液滴成核，是从气相中生成液滴再从中结晶而成的。这主要是由于金属电极放电温度高（大约 2500℃），从气相凝结为液相比凝结为固相可能性更大。可以想象，化合物结晶过程本身自然要比单质复杂得多，直接从气相到固相成核应该比较困难。

表 8-1 反应体系平衡常数 *K* 对超微粉形成的影响

反应体系	生成物	平衡常数 K	粉体生成状况
$SiCl_4+O_2$	SiO_2	10.7	能
$TiCl_4+O_2$	TiO_2	4.6	能
$AlCl_3+O_2$	Al_2O_3	7.8	能

续表

反应体系	生成物	平衡常数 K	粉体生成状况
$FeCl_3+O_2$	Fe_2O_3	2.5	能
$CoCl_2+O_2$	CoO	0.7	不能
$TiCl_4+H_2+N_2$	TiN	0.7	不能
$SiCl_4+CH_4$	SiC	1.3	能（等离子）
CH_3SiCl_3	SiC	4.5	能（等离子）

因此，从化学气相合成体系出发，首先从气相中均匀形成大量液滴核是合理的。实际上，液滴核在过饱和蒸气中的形成分几个阶段，初始生成一些原子或分子簇团作为胚胎，然后胚胎长大或聚集成液核，直至液滴。以 TiO_2 超微粉的化学气相合成为例，取金红石在碳共存下的氯化产物四氯化钛为原料，先进行氧化分解：

$$TiCl_4+O_2(g) \longrightarrow TiO_2(g)+2Cl_2(g)$$

均匀自发成核过程为：

$$TiCl_4(g) \longrightarrow TiO_2(g)+2Cl_2(g)$$

$$i TiO_2(g) \longrightarrow (TiO_2)_i(l) \longrightarrow (TiO_2)_i(s)$$

即蒸气分子 A→A_n 分子小簇团（胚胎）→具有临界半径的簇团（液核）→液滴，其中前两个过程是可逆的。微粒形成速率取决于临界半径簇团的形成速率，即首先涉及胚胎形成速率。倘若体系没有能使上述过程进行的外来表面存在，整个过程需要表面自由能ΔG，所以胚胎形成速率等于 $ZA\exp[-\Delta G/(RT)]$。式中，Z 为频率因子，包含蒸气分子碰撞胚胎表面积 A 上的概率，与该面积的分子碰撞次数有关。就 TiO_2 成核过程研究表明，当用蒸气的液滴核化理论计算临界簇的大小时，只需若干 TiO_2 分子便可形成稳定的团簇晶核。这里，ΔG 主要由两项组成，即$\Delta G=\Delta G_S+\Delta G_V$，其中$\Delta G_S$和$\Delta G_V$分别为伴随液滴生成的界面自由能和体积自由能。假设液滴为半径为 r 的球，则：

$$\Delta G=4\pi r^2\sigma+\frac{4}{3}\pi r^3\Delta G_V' \tag{8-2}$$

式中，σ 和 $\Delta G_V'$ 分别为液滴球单位表面积的界面能和从蒸气液化出单位体积液滴球的自由能变化。前者显然为正，后者相当于单个原子从蒸气相转变成液滴相的相变驱动力Δg 与单个原子体积 Ω 之比。由于体系从气相过饱和亚稳态转变成液滴凝聚相将释放出亚稳相比稳定相高的那部分吉布斯自由能，所以 $\Delta G_V'$ 应为负值。这样，式（8-2）第 2 项实际是形成液滴球前后蒸气液化自由能变化 $4/3\pi r^3$（$2\sigma/r$）。由此可以看出ΔG、ΔG_S和ΔG_V随液滴球半径 r 的变化趋势（图 8-3），并可估算成核半径大小。定义$\Delta G(r)$曲线极大值ΔG_c所对应的液滴球半径为临界晶核半径 $r_c=\Delta G_c/(4\pi\sigma)^{1/2}=2M\sigma/(\rho\Delta g)$，而$\Delta G(r)$为零时所对应的液滴球半径为晶粒临界半径 r_0，$r_0=3M\sigma/(\rho\Delta g)$。式中，$M$ 和ρ 分别为产物分子量和液滴球密度。此处，ΔG_c 实际上就是临界晶核所对应的成核功，如果把临界晶核半径 r_c 代入上式即可求得$\Delta G_c(r_c)$，相当于临界晶核界面能的 1/3。

这意味着在形成临界晶核时，所释放的体积自由能仅可补偿界面自由能增高的 2/3，还有 1/3 的界面自由能必须从体系能量涨落中求得补偿。显然，这份能量也就是过饱和气相体系自发液滴成核的关键。鉴于液滴球很小，其球面曲率很大，液体曲率和蒸气压的 Kelvin 关系为：

$$\ln(P_r/P_0)=2M\sigma/(RTP_r) \tag{8-3}$$

式中，R 为气体常数；P_r/P_0 为温度为 T 时半径为 r 的液滴和大块液体（或水平液面）蒸气压之比，液滴越小，相应的蒸气压越大。显然 $\ln(P_r/P_0)$ 也相当于过溶解度或过饱和比，直接理解为该气相体系的 P/P_0 比（体系实际蒸气压 P 大于该温度下的平衡蒸气压 P_0）。由此得到 $r=16\pi\sigma^3M^2/\{3[RT\rho\ln(P/P_0)]^2\}$。因此，当 r 不到临界晶核半径 r_c 时，液滴球会蒸发消失，或者说，平衡状态（$P/P_0=1$）就意味着自发生长液滴核的概率为零；反之继续长大。所以，只要适当控制整个反应体系的过饱度，就有可能最终控制超微粒子的成核过程。核的生长速率应为：

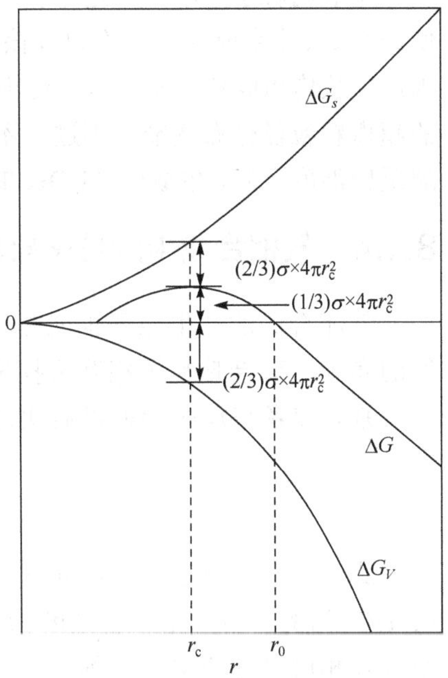

图 8-3　液滴球半径 r 与自由能的关系

$$v=K\exp[-\Delta G_c/(RT)]=K\exp\left[-\frac{16\pi\sigma^3M^2}{3R^3T^3\rho^2\left(\ln\dfrac{P}{P_0}\right)^2}\right] \tag{8-4}$$

简单计算表明，过饱和比显著影响核的生长速率。例如，室温附近 T=261K，当 P/P_0 分别为 4、5 和 6 时，核生长速率的数量级分别为 10^{-10}、$10^{-0.7}$ 和 $10^{4.2}$。还要指出，这里讨论的是液滴晶核，当其中转变有固相核时，只需要进一步考虑引入熔化熵ΔS 对ΔG_c 的影响即可，并不从根本上影响式（8-4）讨论的有效性。

8.1.3　气相合成中的粒子生长及粒径控制

不管气相合成体系以何种方式成核，只要一旦成核，核就通过碰撞继续长大为初级粒子，因此，合成中最重要的是粒径控制，其途径是通过物料平衡条件进行控制，或通过反应条件控制成核速率，进而控制产物粒径。当气相反应平衡常数很大时，反应率很大，由此可根据物料平衡估算生成粒子的尺寸，即：

$$\frac{4}{3}\pi r^3N=\frac{C_0M}{\rho} \tag{8-5}$$

式中，N 为单位体积（cm^3）所生长的粒子数；C_0 为气相金属初始浓度；ρ和 M 分别为生成物密度和分子量。所以粒子直径 D 为：

$$D=2r=\left(\frac{6C_0M}{\rho\pi N}\right)^{1/3} \tag{8-6}$$

这表明粒子大小可通过原料初始浓度加以控制。随着反应进行，气相过饱和度急剧降低，核长大速率就会大于均匀成核速率，晶核和晶粒的析出反应必将优先于均相成核反应。因此，从均相成核开始，由于过饱和度变化，超微粉反应就受自身控制，致使气相体系中的超微粉粒径分布变窄。不过，不同体系粒径的控制情况有所不同，例如MX_n-O_2体系，随反应温度上升，生成的Al_2O_3、TiO_2和ZnO_2的粒径逐渐减小，Fe_2O_3的粒径却逐渐增加。

8.1.4 气相合成中的粒子凝聚

气相合成的初生粒子也就是数纳米，由于全部粒子在整个体系中处于浮游状态，它们的布朗运动会使粒子相互碰撞凝聚。显然，这种粒子间凝聚与初生粒子长大的概念有所区别，前者在反应初期以后实际是颗粒间的合并。按分子运动理论，其碰撞频率f为：

$$f = 4\left(\frac{\pi kT}{m}\right)^{1/2} d_{\rm p}^2 N^2 \tag{8-7}$$

式中，N为粒子浓度；m和$d_{\rm p}$分别为粒子的质量和粒径；k为玻尔兹曼常数。以合成TiO_2为例，当气相摩尔浓度为1%时，为获得均匀的料径100nm的粒子，则全部粒子通过互相碰撞完成这一过程需要0.53s；如果要制得10nm的粒子，则只需要1.7×10^{-3}s。实际影响因素复杂得多，不过粒子相互碰撞凝聚应该是粒子后期长大的主要原因。

综合比较上述气相合成中化学反应、成核、粒子生长和凝聚四个基本过程，它们与温度的依赖关系是不同的。其中碰撞频率与温度的关系较小，高温对气相合成十分有利，短时间内即可迅速完成反应。成核、初期粒子生长和原料分子消失等一系列过程可完全忽略碰撞问题，只是在后期阶段，碰撞凝聚才起支配地位。为简单起见，假设构成气相源的全部原料分子都是单分子，那么可以形象地估计，完全按初期粒子生长方式长成10nm粒子所需要的时间远远大于按碰撞凝聚长成10nm粒子所需要的时间。这种估计的具体计算比较复杂。为简单起见，假定初期反应（即经过10^{-6}s反应时间）以后，体系中全部粒子均为等径球，粒子无孔，也无电荷影响，则碰撞频率虽可用式（8-7）计算，但每次碰撞并不一定实际引起凝聚长大，须定义一个凝聚因子$S_{\rm f}$，由此模型即可给出粒子浓度N、比表面积S和粒径$d_{\rm p}$的表达式分别为

$$N = Z\left(S_{\rm f}T^{1/2}C^{1/6}t\right)^{-5/6} \tag{8-8}$$

$$S = Z'\left(S_{\rm f}T^{1/2}Ct\right)^{-2/5} \tag{8-9}$$

$$d_{\rm p} = Z''\left(S_{\rm f}T^{1/2}Ct\right)^{2/5} \tag{8-10}$$

式中，Z、Z'和Z''为分别取决于粒子密度、分子量、阿伏伽德罗常数和玻尔兹曼常数的常数因子；C为构成气相中单位体积的单分子数，正比于原料浓度；t为反应滞留时间。

由四氯化钛制备TiO_2微粉的试验显示，粒径$d_{\rm p}$与四氯化钛入口浓度成直线关系，直线斜率为0.34，接近2/5。同样，由四氯化硅制备SiO_2微粉的试验表明，随着滞留时间的增加，SiO_2粒子的比表面积S减少，即S正比于$t^{-2/5}$，与预测一致，此时$S_{\rm f}$为0.004，即每250次碰撞中只有1次引起有效凝聚，所以，当在熔点温度以上反应时，具有几纳米的液滴合并可能性不大，其他化学反应速率并不影响这种凝聚机制。

8.1.5 气相合成中的粒子形貌控制和表面修饰

气相合成所生成的粒子形貌取决于颗粒是多晶（包括多孔质结晶、非晶、多孔质非晶等）还是单晶，前者一般为球形，后者由于涉及各向异性生长，通常难以生成。不过对于由高温电弧放电加热制得的粒子如γ-Al_2O_3、TiO_2、SiO_2，甚至是单质硅等超微粒子，其金属烟雾的冷却速率影响粒子的形貌，当冷却速率高于 10^4℃/s，粒子为球形。冷却速率低，粒子就具有多面体外形。对于化学气相合成反应，即平衡常数小的反应体系来说，恰当选择反应条件有可能产生各向异性生长。如当过饱和度大时，快速成核的晶粒一开始就处于“单晶形貌”，显露出不同晶面，从而有足够的时间使不同晶面有不同的生长速率。有时对同一种微粉产物采用不同的反应体系，可以获得不同形貌的粒子。即使简单的反应性气体蒸发，也能通过选择反应条件实现粒子形貌控制。此外，如果向气相反应体系提供额外的超微粒子晶核，也有可能实现单晶粒子形貌控制，许多化合物的晶须生长就是这么实现的。

气相合成的超微粒子还可以方便地通过适当气相条件的变化来进行表面修饰。例如，把γ-Al_2O_3 粒子于烷烃气氛中或分压为 1.33kPa 的苯蒸气和 39kPa 的氩组成的混合气氛中处理，其表面会涂上一层石墨，在后者气氛下于 1000℃处理 30min，石墨涂层厚度为 5nm，从而改变γ-Al_2O_3 的绝缘性质，粒子涂层导电，造成电学性质变化。类似的涂层已用于修饰 TiO_2、SiO_2 和 Fe_2O_3 等。对于 TiO_2，1100℃热处理还可生成 TiC 中空球粒子。因为氧化物会被涂层碳所还原，超微金属镍和铁也可用同样方法在 400～500℃热处理进行修饰。低于 400℃涂层为无定形碳，高于 500℃，铁粒子表面层或整个粒子会变成渗碳铁。物理气相合成本身也可以制备具有表面修饰的粒子。目前已有多种金属粒子被修饰在纳米碳笼中，典型的例子是一般采用直流电弧放电制备被包裹在超富勒笼中的二氧化铈纳米晶粉体。该法把氧化铈和石墨胶泥以质量比 0.3∶1 混合并压入内径 1nm、外径 6nm、长 8nm 的碳管空心中，经 120℃处理 3h 后，相继再在真空 400℃和 1200℃分别处理 70h 和 1h，然后把上述棒状物作为电极，在 40V、30A 和 80kPa 氦分压条件下进行直流电弧放电，在碳负极所得碳质沉积物中用硫酸除去残余的二氧化铈后，即可获得不怕空气、水或硫酸的稳定产物，而一般的二氧化铈在同样条件下是不稳定的。化学气相沉积（CVD）过程也能把金属镍修饰在碳纳米管中。显然，各种气相反应的巧妙结合会使众多超微粒子或粉体得到更好的表面修饰，甚至形成各种复合或复相超微粉体材料。

8.2 物理气相合成

原则上，任何固态物质的蒸发-冷凝过程都会形成超微粒子，鉴于加热源、周围气相环境（真空或惰性气体）和收集产物的方式不同，具体工艺方法很多，但不涉及严格意义的化学反应，所以统称物理气相合成。其本质是把所要制备的超微粉体的源材料在真空或低压气体（如氮和氩、氦、氖等惰性气体）中加热蒸发，产生的烟雾状超微粒子就会冷凝在容器的一定部位。只要加热和捕集装置合适，就可大量制造超微粉体，超微粉体主要是金属粒子，少量为难熔氧化物（当源材料为相应氧化物时），其纯度、精度和晶形都很好，成核均匀，粒径分布窄，粒子尺寸能够有效控制，并能实现粒子修饰和制备复合粒子。近年来，已可规模化制取纳米级超微粉体，最小可达 10nm 以下。如果在蒸发的同时考虑发生适当化学反应，像反应性气体蒸发（即通过蒸气与周围环境气氛的简单反应获得相应产物），那么，包括金属、合金和化合物在内的几乎所有物质的超微粒子都能获得，即使那些通常在空气中不稳定或易燃的超微粒子（如金属铁），也能获得其稳定的形态。当前，各种形式的物理气相合成已日益成为制备功能陶瓷超微粉体材料的重要方法之一。但本书把物理气相合成仅限于简单的蒸发-冷凝，而把与此相关的反应性气体蒸发全归于化学气相合成。

8.2.1 蒸发-冷凝法中的几个基本问题

（1）蒸发速率

当金属源蒸发到固相与气相呈平衡状态时，可根据气体分子运动理论计算蒸发分子数 I，即：

$$I = p_{\mathrm{E}}\left(2\pi mkT\right)^{-1/2} = Np_{\mathrm{E}}\left(2\pi MRT\right)^{-1/2} \tag{8-11}$$

式中，m、M 和 N 分别为蒸发分子质量、分子量和阿伏伽德罗常数；p_{E} 为平衡蒸气压。由此可换算成平衡蒸发速率：

$$J_{\mathrm{E}} = I / N = p_{\mathrm{E}}\left(2\pi MRT\right)^{-1/2} \tag{8-12}$$

或：

$$J_{\mathrm{e}} = J_{\mathrm{E}}M = p_{\mathrm{E}}M\left(2\pi MRT\right)^{-1/2} = p_{\mathrm{E}}\left(\frac{M}{2\pi RT}\right)^{1/2} \tag{8-13}$$

平衡蒸气压为：

$$p_{\mathrm{E}} = J_{\mathrm{e}}\left(\frac{2\pi RT}{M}\right)^{1/2} = 2285J_{\mathrm{e}}\left(\frac{T}{M}\right)^{1/2} \tag{8-14}$$

由于真空蒸发不能达到平衡蒸气压，无法满足上述平衡条件，显然蒸发速率 J_v 小于平衡蒸发速率 J_{E}。当周围气氛和初始表面条件不同时，蒸发速率也有所不同，惰性气体蒸发的蒸发速率应小于 J_v，实际上 J_{E} 就是最大蒸发速率。

（2）金属烟焰

物理气相合成的基础是气相蒸发。与蜡烛火焰类似，金属蒸发事实上也形成金属烟焰。虽然由于具体源材料和其他工艺条件不同，金属烟焰的实际形状会有所区别，但一般都会有气相区、内层和外层三个区带，这就造成蒸发室内出现温度梯度分布，离源越近，梯度越大。假定典型的温度梯度为 400℃/cm，则冷却速率有可能在 10^4～5×10^5℃/s 之间变化，因此相应各区收集的粒子尺寸和形貌各不相同。如在惰性气氛氦中形成的金属镁烟焰，由其中心向外，粒子形状分别为小圆球和六角状粒子混合（心部）、稍大的圆球粒子（内层）、较大的六角状粒子（中间层）、棒状或片状粒子（外层）。不过，即使同一金属烟焰内层，不同工艺条件下的粒子形貌和平均粒径也有所不同，如随着蒸发温度的提高，不但内层粒子的平均粒径有较大提高，而且粒径分布变宽。因此，恰当选择金属烟焰的形成条件有可能调整产物的形貌、粒度分布和平均粒径。

（3）粒径和粒子生长机制

超微粒子必将通过金属烟焰气相区内气相原子碰撞吸附引起成核和生长。显然，最终的平均粒径 $D_{平}$与所用的气相环境、气体压力、原料形态和蒸发源温度等多种因素直接相关，蒸发源温度和环境气体压力增加，粒径分布范围会变得更宽。实际上，气相环境和气体压力 p 决定了气体分子自由程 L：

$$L=\frac{kT}{\sqrt{2}\pi d^2 p} \tag{8-15}$$

式中，k 和 d 分别为玻尔兹曼常数和气体分子的直径。

当超微粒子分别为金属或氧化物时，$D_{平}$与源物质的蒸气压 p 的关系有所不同。当由相应金属制备γ-MnO_2、SnO_2 和 CuO 时（实际为化学气相反应），其 $D_{平}=k_1p^{1/2}$（式中，k_1 是与气体种类、所蒸发的源材料和蒸发温度有关的常数）。这样，当前两个因素相同时，可通过调节蒸发源温度来控制蒸发时的蒸气压，从而调节平均粒径 $D_{平}$。对金属超微粉末，$D_{平}=k_2p^{1/3}$（式中，k_2 也是与气体种类、所蒸发的源材料和蒸发温度有关的常数）。

当粒子的生长过程基本上受碰撞长大机制支配时，球形粒子的粒径分布可由高斯分布表示：

$$f_{LN}(D)=\frac{1}{\sqrt{2\pi}\ln\delta}\exp\left[-\frac{(\ln D-\ln D_{平})^2}{2\ln^2\delta}\right] \tag{8-16}$$

式中，$f_{LN}(D)$为对数正态分布函数，即尺寸小于 D 的所有粒子与体系全部粒子总数的比；$D_{平}$和δ分别为统计平均粒径和几何标准偏差。则小于某粒径 D 的超微粒子总数为：

$$f_{LN}(D)=\frac{1}{2}+\frac{1}{2}\exp\left[\frac{(\ln D-\ln D_{平})}{\sqrt{2}\ln\delta}\right] \tag{8-17}$$

$f_{LN}(D)$和 D 的关系图称为对数概率图。由惰性气体蒸发法制备 Sn 金属超微粒子所得的对数概率图实际上是一条直线，由此可以推测，当核超过临界直径后的继续生长的确是粒子之间的相互碰撞。这样，$D_{平}$就是当 $f_{LN}(D)$为 50%时的 D 值，δ是当 $f_{LN}(D)$为 84.13%时的 $D/D_{平}$值。

另外，粒径大小与粒子形态也有关系，几纳米的粒径不一定是球形颗粒，也不一定是晶状。

还要指出，考虑到由于金属烟焰气相区外温度太低，同时又不存在过饱和气相，因此曾经预料在那里不会有粒子的进一步生长。然而通过电镜原位考察证明，气相区外的粒子生长也十分显著，其机制就是上面已经讨论过的粒子碰撞凝聚，即小粒子之间类似于烧结反应合并长大。

8.2.2　真空蒸发-冷凝法

通常把源材料真空蒸发后的蒸气冷凝在某种固体表面，虽然所得粒子尺寸分布较窄，粒子之间也能分离，但缺点是难于收集散布在这种表面的粒子。一种改进方法是让真空蒸发后的蒸气冷凝在动态油液面上，由此可以方便地收集超微粉末产物。图 8-4 为两种典型的动态油液面真空蒸发装置。

图 8-4（a）所示装置的蒸发源上方有一个可不断添加油料而又能旋转的圆盘，制备时，夹有经冷凝为超微粒子的油料自动被收集在周围环形容器中，最后通过真空蒸馏浓缩产物。此法的优点是可以通过调节圆盘转速控制产物粒径，如 Ag、Au、Pd、Cu、Fe、Ni 和 Co 的粒径在 3～8nm 之间变化，Ag 的最小粒径可达 2nm。不过蒸馏会增大产物粒子的尺寸。图 8-4（b）所示装置的真空室壁通过旋转从其底部油池均匀覆盖一层薄膜，由此可方便地获得悬浮有铁、钴和镍的铁磁液体，其优点还在于可通过向原料添加表面活性剂以尽可能减少粒子凝聚，所得粒子的粒径分布很窄，平均 2nm。一个能使超微粒子方便收集的真空蒸发-冷凝方案与图 8-4（a）类似，不过转盘不用油而改用液氮冷却。制备时，金属和有机溶剂同时分别从不同相的源区蒸向转盘，使金属和有机溶剂交替沉积，如此，金属很快嵌入凝固的溶剂中，再通过真空干燥收集超微粉体。该法无需用油，真空干燥可在低温下操作，可防止粒子进一步长大；同时，由于不存在沉积原子的散射，有可能通过整个装置的改进实现连续、规模化制备。

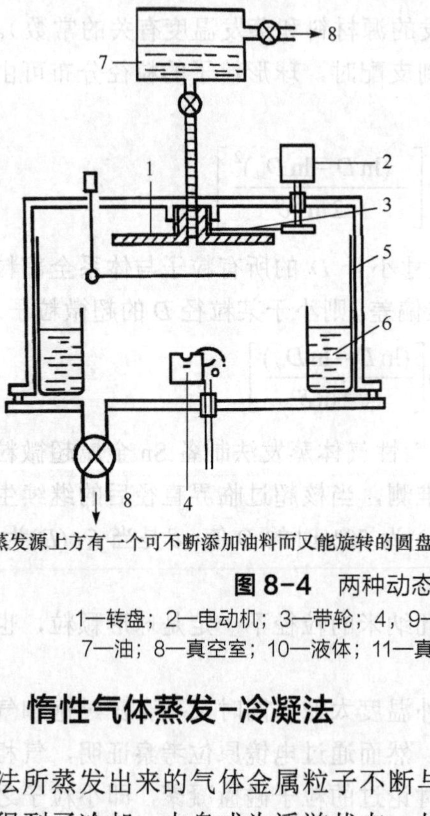

(a) 蒸发源上方有一个可不断添加油料而又能旋转的圆盘

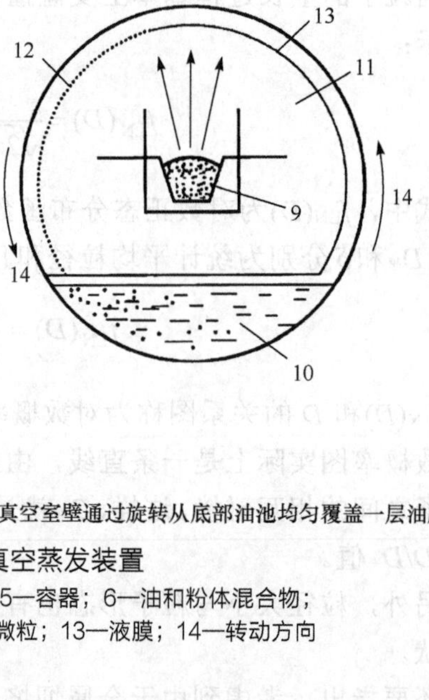

(b) 真空室壁通过旋转从底部油池均匀覆盖一层油膜

图 8-4　两种动态油液面真空蒸发装置

1—转盘；2—电动机；3—带轮；4，9—蒸发源；5—容器；6—油和粉体混合物；7—油；8—真空室；10—液体；11—真空；12—微粒；13—液膜；14—转动方向

8.2.3 惰性气体蒸发-冷凝法

该法所蒸发出来的气体金属粒子不断与环境中的惰性气体原子发生碰撞，既降低了动能又得到了冷却，本身成为浮游状态，从而有可能通过互相碰撞成核长大。惰性气体压力越大，离加热源越近，处于浮游状态的原子也越多，成核概率大，生长相对较快。当颗粒长到一定程度后就会沉积到特定的容器壁上，由于此时不再发生运动，粒子不再继续长大，这就有可能制备相对较小的超微粒子。早期相关的装置很多，一般采用电或石墨加热器，在充有几百帕氩的压力下可制备 10nm 左右的 Al、Mg、Zn、Sn、Cr、Fe、Co、Ni 和 Ca 等金属粉体。图 8-5 为一种产物粉体可以原位压结的改进的惰性气体蒸发-

冷凝装置示意图。待蒸发金属（如铁）在电加热的器皿中蒸发后，进入压力约为 1kPa 的氦气氛中，经碰撞、成核、长大，最后凝聚在直立状冷阱上，形成一种结构松散的粉状晶粒集合体（其单个小晶粒尺寸约为 6nm），然后将体系抽至高真空，用可移动的特种刮刀将粉末刮入收集器或进入挤压装置压成块状纳米材料。如果考虑开始蒸发出来的金属原子有可能与体系中少量氧、氮等反应性杂质气体形成氧化物或氮化物，则可在反应一段时间后，利用体系自备的一种可分离的冷阱作清洗装置，将初期反应的不纯物除去，然后再正式开始制备，如此就很容易获得杂质总量较低的高纯产物。应该注意的是，惰性气体中的氧含量对产物粒子的粒径和形貌有重要的影响，需要严格控制。该法同时使用多个蒸发源蒸发两种或两种以上的金属时可获得纳米级合金超细粉，特点是无需考虑各组分之间的性质差异。

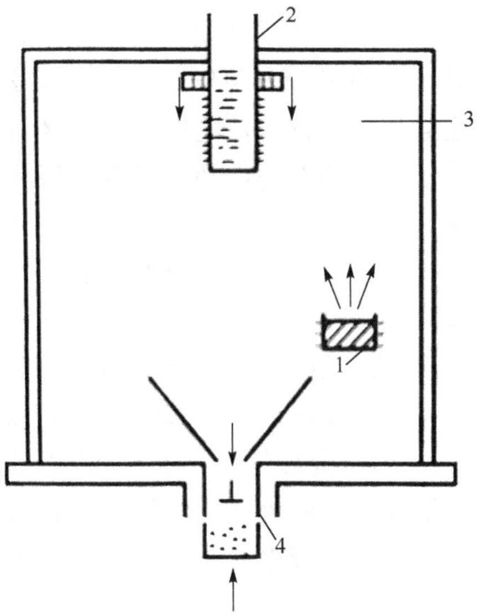

图 8-5　惰性气体蒸发-冷凝装置图

1—蒸发源；2—液氮冷却的冷阱；3—惰性气体室；4—粉料收集和压结装置

第 8 章

8.2.4　蒸发-冷凝法中的加热方式

蒸发-冷凝法中蒸发源的加热方式通常采用电阻加热，此外还发展了其他多种加热方式，如电弧放电、等离子体、高频感应、激光、电子束加热等等，有的已经发展成为工业生产规模，其中等离子体、高频感应和激光蒸发-冷凝尤具特色，发展较快。

电弧放电加热在蒸发-冷凝法中十分普遍，可在惰性气氛中制备多种超微金属粒子，此时电弧电极对采用所要制备的金属-金属（或钨）对。图 8-6 为一种电弧放电蒸发制备 γ-Fe 超微粉的装置，由电弧放电室、加热炉和转鼓组成。一般气体蒸发装置所制备的铁几乎都是 α-Fe，其中含有的极少量 γ-Fe 很难被分离，该装置能直接把由电弧放电室 1 放电产生的烟雾引入加热炉 2 中，由于该处温度正好处于 γ-Fe 热力学稳定区（911～1393℃），烟雾中的 α-Fe 就转变为 γ-Fe，然后再相继通过漏斗形导管进入低压室并吹向用液氮冷却的转鼓 3 表面，最后被淬火为 γ-Fe 而收集。这种粒子的平均粒径比烟雾发生室中的 α-Fe 大，粒子的边角圆滑，失去粒子链形结构，也无铁磁性。

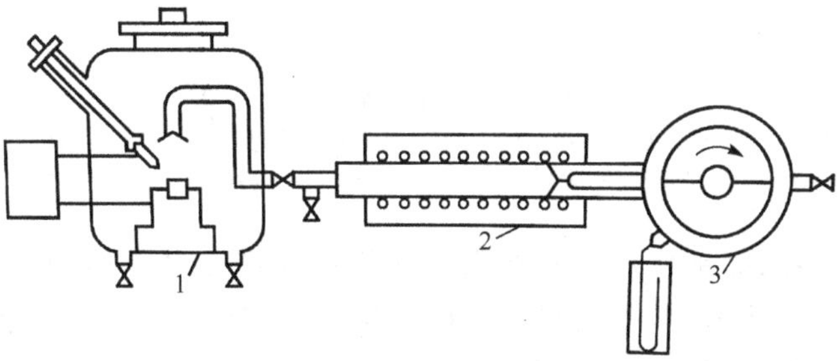

图 8-6　金属超微粉电弧蒸发制备及其淬火装置示意图

1—电弧放电室；2—加热炉；3—转鼓

等离子体加热分为熔融蒸发、粉末蒸发和活性氢等离子体电弧蒸发三种。熔融蒸发实际上是一种早期使用的等离子体加热方式，有等离子体直流电弧、等离子体火焰或等离子体喷射等多种形式。粉末蒸发-冷凝法是等离子体加热的主流方法，适合于工业规模连续生产。该方法是向惰性气体（如氩、氦、氮）放电产生的等离子体中输入固体粉末粒子，并使获得的超高温蒸气通过急冷装置在非平衡过程中凝聚。如把几种不同的固体粒子同时注入，则可制得合金或化合物超微粒子。显然，这种方法的关键在于输入粒子在等离子体中的行为以及能否被完全蒸发。试验指出，在 10kW 氩等离子体中从线圈的间隙向中心方向以 4m/s 的初速输入球状粉体粒子，20μm 粒径的硅和铌可以完全蒸发，但 40μm 的硅却不能完全蒸发，其原因主要是热导率与等离子体的热导成正比，而与粒子直径成反比。为了蒸发更大的粉体粒子，必须提高等离子体的热导率，所以现在一般采用氢-氩混合气体，随着热导率的增加，热转移也越有效，同时由于氢的混入，致使等离子体区周围为还原气氛，这就有益于获得高纯度的金属超微粉体。图 8-7 所示为超细粒子制备过程中高频等离子反应器装置。两种装置都可以处理 25μm 粒径以下的原始粉末，制备 Fe-Al 或 Nb-Al、Nb-Si 和 V-Si 等各种合金超微粉体。活性氢等离子体电弧蒸发法一般利用钨电极在氢-氩混合气氛中与源材料发生电弧熔融反应，产生超微粒子烟雾喷射，再通过旋风分离器或过滤器收集产物，由此可制取 Ag、Al、Co、Cr、Cu、Fe、Mn、Mo、Ni、Pd、Sc、Fe-Cu 等金属或合金超细粉体。

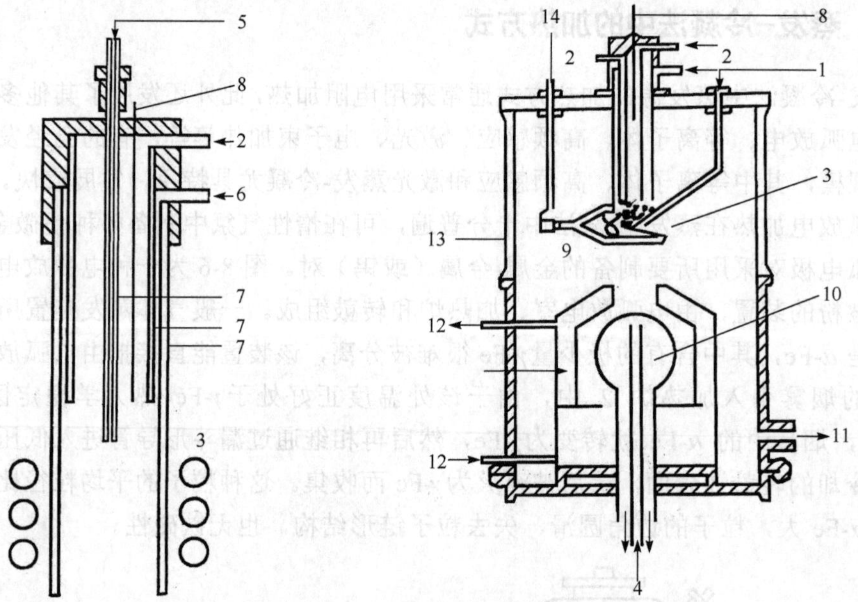

图 8-7　高频等离子反应器装置

1—试料+载气；2—工作气体；3—感应线圈；4—等离子体；5—电弧喷射；6—冷却用气体；7—石英管；8—点火用钨棒；9—水冷石英管；10—水冷铜制冷凝球；11—出口气；12—冷却水；13—玻璃室；14—气体出口

高频感应加热装置已能生产千克级的高质量铁和铁磁合金超细粉体。如图 8-8 所示，装置高 4.5m，直径 1.5m，蒸发温度 1800～2000℃，所用氧化锆坩埚直径 180mm，高 130mm，氦气从腔体底部导入，金属烟雾通过一根导管向上喷射，绕着烟雾的路径装有螺旋线圈以便控制烟雾能获得几乎平行的粒子链，从而改善最终粉体的磁性。粒子沉积在沉积室的冷壁后再进入收集室，残余气体从顶部溢出，典型沉积速率为 300g/h。每当产物沉积量达 5kg 时关闭管道阀门，并引入少量氧气以使粉体表面慢慢地有一些氧化，这对稳定粉体防止自燃十分必要。该法的缺点是投资大，成本高，难以蒸发特高沸点的金属或材料。

激光加热所得产品表面清洁，粒度小于 50μm，粒度均匀，可控晶状和非晶纳米微粒，除制备金属和合金超微粉体外，特别适合于在惰性气氛中蒸发如 SiO_2、MgO、Al_2O_3 等难熔材料，早期使用二氧化碳激光束，后来又使用 Nd-YAG（YAG 为钇铝石榴石）脉冲激光器，它的 1.06μm 波长更易被金属或合金所吸收，但效率还有待提高。

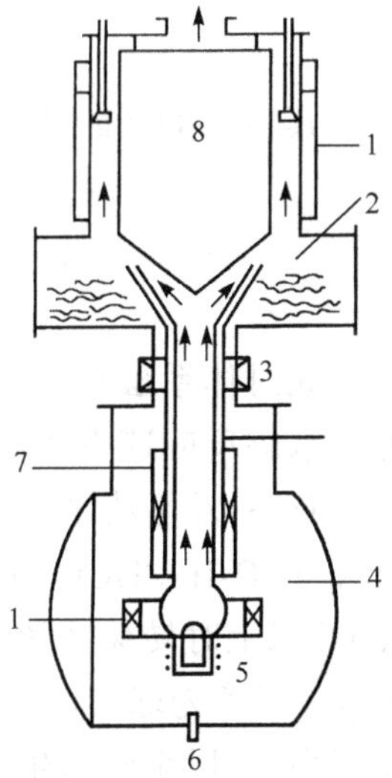

图 8-8 高频感应装置

1—液氮；2—收集室；3—阀门；4—蒸发室；5—蒸发源；6—氦气供应；7—电磁圈；8—沉积室

8.3 化学气相合成

化学气相合成通常包括一定温度下的热分解合成或其他化学反应，多数采用高挥发性金属卤化物、羧基化合物、烃化物、有机金属化合物和氧氯化合物、金属醇盐作为原料，有时还涉及使用氧、氢、氨、氮、甲烷等一系列进行氧化还原反应的反应性气体，因此化学气相合成常被用来制备包括金属在内的各种超微粉体。该法所用设备简单，反应条件容易控制，产物纯度高且粒径分布窄，已实现规模化生产。考虑到同一产物可以采用不同的反应体系和方法制备，下面将对典型产物结合反应体系类别加以简要讨论，并特别介绍非氧化物超微粉体制备的进展。

8.3.1 金属超微粉

有些高价金属的低价卤化物具有较高的蒸气压，很容易在几百摄氏度的适当温度下被蒸发，从而可通过氢还原反应制备相应的金属超微粉，其还原温度一般为 900℃左右。由于反应放热，一旦反应开始后就不再需要额外供热，它既不要高温也不要较大的能源功率。显然此法与一般的金属蒸发法有所区别，它不需要真空室，可以连续大量生产，因而产品价格低廉。缺点是与气相水解制备氧化物超微粉时一样，氯化氢副产物会被产物粒子表面吸附，必须通过适当附加步骤（例如加热处理）除去。类似的反应体系已用来制备高纯 W、Mo、Fe、Cu、Ag、Co、Ni 及其相关的合金超微粉体，其中铁通过使用不同的出发原料即可获得球形、针形或纺锤形产物。有的还原反应，无需格外加入氢气，如当采用聚乙烯醇存在下由液相共沉淀铁（二价和三价）的氢氧化物作先驱物于氮气中热分解时，250℃即能获得粒径为 20nm 的金属 α-Fe 粒子，700℃是 α-Fe 和 Fe_3O_4 的粒子混合物。

8.3.2 氧化物超微粉体

反应体系的通式为：

$$MX_n(g)+(n/4)O_2(g)\longrightarrow MO_{n/2}(s)+(n/2)X_2(g)$$

$$MX_n(g)+(n/2)H_2O(g) \longrightarrow MO_{n/2}(s)+nHX(g)$$

其中 H_2O（g）除直接采用水蒸气外，还可通过下列附加反应产生水蒸气：

$$CO_2+H_2 \longrightarrow CO+H_2O$$

$$O_2+H_2 \longrightarrow H_2O$$

此时体系虽有氢，但对整个反应体系来说只是提供水蒸气而不是主要起还原作用。由于水解反应速率较氧化分解速率快，后者可制得粒径更小的超微粉体。

TiO_2 制备是化学气相反应合成的典型例子之一，主要采用 $TiCl_4$-O_2、$TiCl_4$-H_2O、$TiCl_4$-H_2O-H_2、$TiCl_4$-CO_2-H_2 四个反应体系，$TiCl_4$-O_2 体系的反应温度在 400～900℃之间，800℃以上时转化率达 100%，可获得 0.1μm 以下到几微米的单晶颗粒，一般为锐钛矿型，0.1μm 以下为球形，0.1μm 以上为正方、四方或扁平的四角双锥体，900℃以上相变为金红石型。如以金红石生产率计，则按上述反应体系顺序递增，有氢存在的水解体系，1000℃以下可得 100%的 0.1μm 以下的金红石型超微粉体。这是由于氢除主要提供水蒸气以外，还对初始所得锐钛矿颗粒起轻度还原作用，造成颗粒结构缺陷，从而加速从锐钛矿到金红石的相变速率，一般从 $TiCl_4$-H_2O-H_2 体系可得到直径 0.1μm、近于球形的单晶颗粒。而 $TiCl_4$-CO_2-H_2 体系却能制得平均粒径在 1μm 以下、沿平行于（001）晶面生长的六角或四角薄片状单晶。如果颗粒直径在 0.1μm 以下，则粒子就近于球形。

SiO_2 和 Al_2O_3 超微粉体可分别采用 $SiCl_4$-O_2 和 $AlCl_3$ 或 AlBr-O_2 氧化反应体系来制备，前者在 1000℃以上即能获得粒径 0.02μm 左右的非晶超微粉，后者粒径在 0.3μm 以下。此外，也可采用金属直接氧化来制备。原料经可燃气体夹带与氧气混合，在燃烧器燃烧形成烟焰，所得烟雾粒子再经过滤收集为产物粉体。

Fe_2O_3 超微粉一般采用 $FeCl_3$ 或 $FeCl_3$-O_2 两个反应体系来制备，反应温度分别为 600～900℃和 700～1000℃，前者可获得 1μm 以下的 α-、ε-、γ-等形态的 Fe_2O_3 超微粉体，后者为 η-和 α-型，两个反应体系都随反应温度升高，颗粒的粒径增大。

其他氧化物，如采用 $ZrCl_4$-O_2 气相反应体系容易制得 0.1μm 以下的 ZrO_2 超微粉体，当粒径达 0.02μm 时一般为介稳的四方相。醇盐 $Zr(OR)_4$ 热分解仅在 325～450℃之间就能获得立方超微粉体，也可用于制备 ZrO_2、Y_2O_3 和其他氧化物超微粉体。

8.3.3 氮化物超微粉体

Si_3N_4 超微粉体的制备可采用 Si-N_2 直接化合反应体系和 SiO_2-C-N_2 还原反应体系进行制备。SiH_4-NH_3 和 $SiCl_4$-NH_3 两个反应体系可分别在较低温度下进行，其特点是它们在气相反应阶段都不能获得最终的超微粉体产物。当用四氯化硅作初始反应物时，由于金属氯化物和氨分别为盐和碱，极易形成化合物，因此初始反应即气相反应阶段在 1000～1500℃之间仅生成 0.1μm 以下含有过剩氮和氢的非晶化合物颗粒，然后要 1400℃左右热处理才会分解得到 Si_3N_4 产物。SiH_4-NH_3 体系的反应过程与此相似，不过气相反应温度较低（500～900℃），热处理温度较高（1250～1500℃）。实际上采用金属卤化物和氨反应体系的超微粉体生成过程都有上述特征，一般在气相反应后，要把中间产物输送到高温段分解以获得最后产物粉体。

$TiCl_4$-NH_3 反应体系在 700～1500℃温度范围内可生成 TiN 超微粉体，其特点是颗粒生成过程及其形状因反应体系的不同温度 T_m 而有所区别。当 T_m 低于 250℃时，类似于 SiH_4-NH_3 和 $SiCl_4$-NH_3 体系，气相反应只生成 $TiCl_4$ 和 NH_3 的化合物颗粒，它在 500℃以上高温段热分解产生的 TiN 粒子为多孔性球状多晶颗粒，粒径分布较宽，在 0.01～0.4μm 之间，而且很难通过控制反应条件加以调节。当 T_m 高于 600℃时，TiN 才是正常的气相反应成核，各向异性生长，粒子呈单晶状，能通过反应条件变化控制粒径在 0.1μm 以下。

8.3.4 碳化物超微粉体

通常分别采用 $(CH_3)_4Si$、SiH_4-CH_4 两个反应体系制备粒径为 0.01～0.15μm 的 β-SiC 超微粉，实际上两者都涉及热分解反应，前者为聚合热分解过程，有机硅先在 700℃以上聚合成液态或固态，再于 900℃以上热分解为球形多晶颗粒。后一反应体系中，SiH_4 先于 700℃以上分解生成单晶颗粒，然后在 CH_4 气氛中于 1000～1400℃温度范围内碳化成 SiC，由于碳化是通过 SiC 层向硅的外侧扩散进行的，所以生成空心球状 SiC。其他相关的反应体系，如 SiH_4-CH_4-H_2 体系的热化学气相反应也能获得粒径分布窄的高纯实心 SiC 超微粉体，该体系在 1150～1400℃温度范围内，粉末富硅；当温度超过 1350℃时粉末富碳。在 1350℃，$C_2H_4/SiH_4=1.2$，0.02MPa 时可制备出 11nm 纯 β-SiC 超微粉，含量高达 97.8%，氧含量为 1.3%。游离硅的存在使颗粒尺寸增加，电弧法制备的 SiC 超微粉，虽然粒径分布很宽（几十纳米到几百纳米），但装置简单操作方便，还可能生成一种圆形 Si 和多边形 β-SiC 的混合生长粒子。

为制备 WC 和 Mo_2C 超微粉体，一般采用还原反应体系如 WCl_6-CH_4-H_2 和 $MoCl_4(MoO_3)$-CH_4-H_2 体系。不管是钨还是钼，反应过程都随反应温度不同而有很大差别。前者当混合温度低（约 400℃）时，与 SiC 类似，碳化物主要生成机制为钨颗粒生成及其碳化两个阶段，1400℃时获得 WC 超微粉，六氯化钨与氢混合温度一开始就大于 1000℃时，直接为气相成核生长。钼的情况类似。这两种情况下，都可以通过反应条件如混合方法、反应温度、反应物浓度等控制获得平均粒径 0.05～0.3μm 的超微粉，它们在较低的温度下就具有很好的烧结性能。相比较，直接气相反应由于起始温度较高，制得的粒径较大。

其他如 TiI_4-CH_4-H_2 反应体系在 1200～1300℃温度范围内可制得粒径 0.01～0.3μm 的 TiC 超微粉体。当采用等离子体加热时，可从金属氯化物-甲烷体系获得一般难以获得的 TiC、TaC、NbC 等超微粉体。

8.3.5 化学气相合成进展

应当强调，鉴于化学反应的多样性和具体技术工艺的组合性，超微粉体的化学气相合成显然具有较好的发展前景，以下结合热分解和喷雾热解气相合成的某些实例来探讨一下化学气相合成的进展。

众所周知，由铁、钴、镍羰基化合物热分解所得产物均是高催化活性的金属超微粒子。原则上兼有气相副产物的热分解反应都能被用来制备各种金属和化合物超微粉体。硅烷气相热分解能获得纳米团簇微粒。最值得注意的热分解反应是醇盐热分解制备氧化物超微粉，如丙醇盐热分解可制备 TiO_2 超微粉体：

$$Ti(C_3H_7O)_4 \longrightarrow TiO_2+4C_3H_6+2H_2O$$

产物 TiO_2 为球形，平均粒径为 0.1～0.5μm，比表面积可达 $300m^2/g$。当采用 $Ti(C_4H_9)_4$ 时，可以通过控制反应条件，分别获得无定形、锐钛矿型、金红石型三种 TiO_2。这种醇盐热分解涉及一大类反应，具有普遍意义。特别是元素周期表中除为数不多的元素外，都能成为不同形式的醇盐，有的还能生成复合醇盐，几乎都能从中获得超微粉体，有的还是复合氧化物超微粉体。喷雾冷冻干燥先驱物的热分解也是常用的制备氧化物超微粉体和复合氧化物超微粉体的重要方法之一。如果在合成工艺的适当阶段巧妙地应用热分解反应，可获得理想的制备效果。值得注意的是，许多研究已成功地把热分解反应与气溶胶技术结合起来制备复相纳米超微粉体，这表明气相反应与溶胶-凝胶或其他技术的结合可能是复合超微粉体或复相体系制备的有效方法。

8.3.6 化学气相合成中的加热方式

加热方式对化学气相合成有重要影响。原则上在蒸发-冷凝法中所用的各种加热方式，特别是等离子体、微波、高频感应、激光、直流或交流电弧加热等都能用于化学气相反应，尤其以等离子体加热使用十分普遍。

最初，等离子体用于难熔材料 SiC、Si_3N_4 的合成并不成功，因为反应物的喷入会严重干扰等离子体并降低体系温度。通过混合物等离子体（射频等离子体与直流电弧喷射的叠加）流场和温度的分布研究，发展了一种制备 Si_3N_4 或 SiC 超微粉体的混合等离子体反应器。输入功率为 5kW 直流电弧喷射和 15kW、5MHz 高频感应，四氯化硅由载气送入电弧区，氨或由氢稀释的甲烷被注入混合等离子体尾焰区。这样，反应管内壁沉积有产物，其中的副产物氯化铵通过真空炉 527℃热处理而被除去，所得非晶 Si_3N_4 为纯白色，粒径小于 30nm，几乎是化学计量的，产量为每小时几十克。如果是 SiC，则为 β-SiC 晶体。类似装置也可以用于蒸发粗粉原料来制备金属铁、钴、镍和钛超微粉体，射频功率 100kW。

反应性气体蒸发法原则上就是把金属源的真空或惰性气体蒸发法与反应性气体相结合。因此，类似于物理气相合成的所有加热方式当然也适用于反应性气体蒸发法，常用的是电弧放电加热装置。当使用这种装置制备单质硅时，在其产物为 20～200nm 的球形颗粒外层会覆盖有 1nm 厚度的 SiO_2 而获得复合粒子，用等离子体可制备高活性的 AlN 和 Si_3N_4 超微粉体。采用直流等离子体电弧，通过金属 $Ga\text{-}NH_3\text{-}N_2$ 体系反应性气体蒸发法合成了对发展新型光电子器件具有重要意义的纳米级高活性 GaN。超微粉体的类似合成过程中，熔体镓表面会生成一层 GaN 覆盖物妨碍进一步反应。采用反应性气体蒸发法的特点是使用氨-氮混合气，以氮影响氨分解平衡，既稳定氢等离子体，又补充反应引起的氮不足，使熔体镓表面部分 GaN 产物被活性氢重新还原成镓熔体，维持不断喷发镓团簇，使气相合成 GaN 超微粉体继续进行。图 8-9 是一种在原有方法基础上改进的典型惰性气体蒸发-化学气相反应装置，基本原理为金属粒子与有机气相反应，后者起碳化、分离和收集三重作用。整个装置由蒸发室、涂有氧化铝的钨坩埚、喷嘴、电源、油扩散泵、丙酮源、金属粒子-丙酮混合器和粒子收集器等组成。

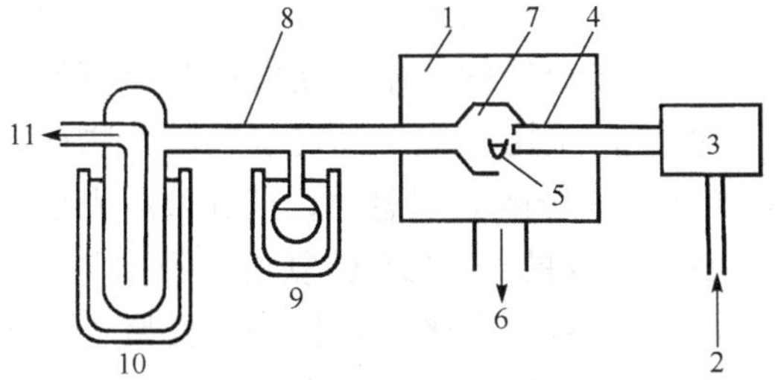

图 8-9　惰性气体蒸发-化学气相反应联合室

1—蒸发室；2—氩载气；3—质量流量计；4—喷嘴；5—坩埚；6—高真空系统；7—烟道；8—混合器；9—冰水浴冷却丙酮；10—液氮冷却的粒子收集器；11—载气出口

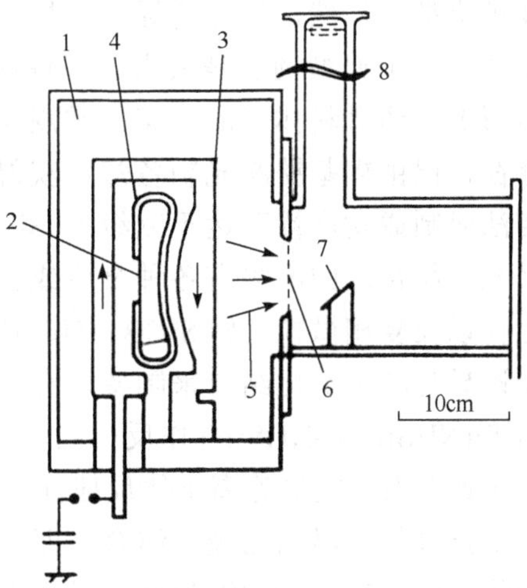

图 8-10　强脉冲光-离子束剥蚀等离子合成试验装置

1—光-离子束发射器；2—阳极；3—阴极；4—闸板；5—离子束；6—聚酯薄膜；7—金属铝靶和收集器；8—筛网

此外，值得注意的还有采用强脉冲光-离子束产生的剥蚀等离子体合成 5～25nm Al_2O_3 超微粉体。所用试验装置如图 8-10 所示，其中光-离子束（LIB）发射器由具有特定几何会聚构型的磁绝缘离子二极管（MID）产生，阳极附有聚乙烯片作闸板，质子为主要离子物种，一旦电流通过阴极即产生横向磁场以阻止阴极发射电子到达阳极。为达到光-离子束的几何会聚，阴阳极都为球形，间隙 10mm，厚 2μm 的聚酯薄膜放在光-离子束发生器与铝靶之间，工作时 MID 环境压力约为 0.0133Pa，二极管电压、电流分别约为 1.1MV 和 80kA，脉冲宽度约为 70ns，靶周围的离子电流密度约为 $0.5kA/cm^2$，产物被收集在靶四周惰性壁或黏结在筛网上。当靶室氧压为 133Pa 时，产物粉体是金属铝；随氧压增加到 1330Pa，就有 γ-Al_2O_3 出现；如进一步在 800℃退火，产物全是 γ-Al_2O_3；退火温度提高到 1000℃或 1100℃以上，γ-Al_2O_3 粒子相继分别转换为 δ-Al_2O_3 和 α-Al_2O_3。

近 10 年来，激光加热或诱导的气相合成随着激光技术的发展引人注目。一方面是由于各种不同功率（连续或脉冲）和不同波长激光器（其中包括二氧化碳、Nd-YAG 红外激光器和超紫外准分子激光器）已经商品化，气相反应装置系统并不复杂而反应物体系又可调，便于制备组分或结构（如量子点或量子阱）复杂的产物。另一方面激光作为加热源，其特点是高功率、定向快速，加热和冷却速率很高，瞬时之内即能完成气相反应体系内反应物的能量吸收和传递。当反应物的吸收带与激光波长重合或相近时，反应物可有效地吸收激光能量，产生可控气相反应。当两者不一致时，也可通过引入六氟化硫（SF_6）等光增减剂的方式增强反应物的吸收，整个反应过程的成核、长大和终止十分迅速。此外，反应体系选择范围较大，原则上任何成分固体材料都可能被制成超微粉体。具体制备方法分为激光蒸发反应和激光诱导气相合成两种。前者类似于采用激光束作加热方式的蒸发-冷凝法，同时使用不同的环境气氛与蒸发的金属发生反应；后者按光与反应物作用机理不同又有激光气相热解、激光电离、红外多光子吸收分解和红外激光增敏等 4 种类型。显然，激光诱导除起加热作用外，实际上还使反应气体发生电离和形成等离子体。一个典型例子是采用硅甲烷和乙炔气体在氩缓冲气氛下很容易获得 10～18nm 的球形 SiC 超微粉体产品。又如常规 γ-Fe 稳定范围在 900～1400℃之间，室温下不能独立存在，但由羰基铁激光制备却可获得粒径 10nm 且室温稳定的面心立方 γ-Fe。用激光气相法研制成功产量可达千克级的 Si_3N_4 超微粉体，有潜力发展成为工业规模生产。其他激光气相合成的产物有各种金属或合金、氧化物或复合氧化物、碳化物、硼化物或硼碳化物以及复相微粒（如 SiCB、Si_3N_4/SiC）等。该方法今后的一个重要发展是有可能使激光诱导与超声雾化结合来制备复合纳米陶瓷。例如，采用二氯甲基硅烷氨解产物硅氮烷 $H_3Si(NHSiH_2)_n$-$NHSiH_3$ 作反应物，通过超声雾化喷嘴分散为气悬体，当进入激光反应区后迅速蒸发，发生等离子体反应并快速凝聚为约 60nm 的 Si_3N_4/SiC 复相粒子。当这种新技术直接与高温加工技术结合，即上述产生的 Si_3N_4/SiC 纳米复相粒子直接聚集在激光加热衬底上被烧结为纳米陶瓷时，由于所有分步反应过程均由激光在同一个装置中几乎同步完成，特别是中间产物粒子不需要额外分散成型，从而大大简化了复合纳米陶瓷的制备过程，具有工业应用前景。

第 9 章 液相合成超微粉体材料

9.1 液相化学合成技术的特征与类型

液相合成是目前实验室和工业最广泛采用的合成超微粉体材料的方法。它与固相法相比，可以在反应过程中利用多种精制手段。另外，通过所得到的超微沉淀物，很容易制取各种反应活性好的超微粉体材料。液相法的主要特征表现在以下几个方面：①可以精确控制化学组成；②容易添加微量有效成分，制成多种成分均一的超微粉体；③超微粉体材料表面活性好；④容易控制颗粒的形状和粒度；⑤工业化生产成本低。

液相法制备超微粉体材料可简单地分为物理法和化学法两大类：①物理法：从水溶液中迅速析出金属盐，它是将溶解度高的盐的水溶液雾化成小液滴，使液滴中盐类呈球状迅速析出。为了使盐类快速析出，可以通过加热干燥使水分迅速蒸发，或者采用冷冻干燥使水生成冰，再使其在低温下减压升华成气体脱水，最后将这些微细的粉末状盐类加热分解，即可得到氧化物超微粉体材料。②化学法：通过在溶液中反应生成沉淀，它是使溶液通过加水分解或离子反应生成沉淀物。生成沉淀物的化学物质种类很多，如氢氧化物、草酸盐、碳酸盐、氧化物、氮化物等，将沉淀加热分解，可制成超微粉体材料，这是应用广泛又具有实用价值的方法。

本章将结合实例，介绍液相法中几种典型的制备过程及其在陶瓷等材料中的应用，并对超微粉体材料液相合成过程中的工程特征进行简要分析和讨论。

9.2 沉淀法合成超微粉体材料

沉淀法是液相化学反应合成金属氧化物超微粉体材料最普通的方法。它是利用各种溶解在水中的物质发生反应，生成不溶性的氢氧化物、碳酸盐、硫酸盐、乙酸盐等，再将沉淀物加热分解，得到最终所需化合物产品。根据最终产物的性质，也可以不进行热分解工序，但沉淀过程必不可少。沉淀法可以广泛用来合成单一或复合氧化物超微粉体材料。该法的优点是反应过程简单，成本低，便于推广和工业化生产。沉淀法包括直接沉淀法、共沉淀法、均匀沉淀法等。

9.2.1 直接沉淀法

直接沉淀法是仅用沉淀操作从溶液中制备氧化物纳米微粒的方法。其原理是在金属盐溶液中加入沉淀剂，在一定条件下生成沉淀并析出，再将此沉淀过滤、洗涤并加热分解，即可制得所需要的超细粉。选用不同的沉淀剂可得到不同的沉淀物，常用的沉淀剂有 $NH_3 \cdot H_2O$、NaOH、$(NH_4)_2CO_3$、$NaCO_3$、$(NH_4)_2C_2O_4$ 等。以制备 ZnO 为例，以 $NH_3 \cdot H_2O$ 为沉淀剂，发生如下反应：

$$Zn^{2+}+2NH_3 \cdot H_2O = Zn(OH)_2 + 2NH_4^+ \tag{9-1}$$

$$Zn(OH)_2 = ZnO + H_2O \tag{9-2}$$

以碳酸盐为沉淀剂，则反应为：

$$Zn^{2+}+(NH_4)_2CO_3 = ZnCO_3 + 2NH_4^+ \tag{9-3}$$

$$ZnCO_3 = ZnO + CO_2 \tag{9-4}$$

以草酸盐为沉淀剂，则反应为：

$$Zn^{2+}+(NH_4)_2C_2O_4 + 2H_2O = ZnC_2O_4 \cdot 2H_2O + 2NH_4^+ \tag{9-5}$$

$$ZnC_2O_4 \cdot 2H_2O = ZnC_2O_4(s) + 2H_2O \tag{9-6}$$

$$ZnC_2O_4 = ZnO(s) + CO_2 + CO \tag{9-7}$$

在直接沉淀法中，加料方式可以是正滴法，即将沉淀剂溶液加到盐溶液中去；或是反滴法，即将盐溶液加到沉淀剂溶液中去。不同的加料方式可能对沉淀物的粒度及粒度分布、形貌等产生影响。

直接沉淀法操作简便易行，对设备技术要求不高，不易引入杂质，产品纯度高，有良好的化学计量性，成本较低。但洗涤原溶液中的阴离子较为困难，得到的粒子粒径分布较宽，分散性较差。

9.2.2　共沉淀法

所谓共沉淀法，是在混合的金属盐溶液（含有两种或两种以上的金属离子）中加入合适的沉淀剂，反应生成组成均匀的沉淀，沉淀热分解得到高纯超微粉体材料。共沉淀法的优点在于：其一是可以通过溶液中的各种化学反应直接得到化学成分均一的超微粉体材料；其二是容易制备粒度小且分布均匀的超微粉体材料。

1956 年，Clabough、Sniggard 和 Giclrist 以四水草酸钡为原料，首次利用共沉淀法合成了高纯钛酸钡粉体。发展至今，共沉淀法已被广泛用于合成钛酸钡系材料、敏感材料、铁氧体及荧光材料等。

共沉淀法制备超微粉体材料的影响因素很多，主要包括：

① 沉淀物类型：简单化合物、固体溶液、混合化合物。

② 化学配比、浓度、沉淀物的物理性质、pH 值、温度、溶剂和溶液浓度、混合方法和搅拌速度、吸附和浸润等。

③ 化合物间的配比、分解反应和分解速率、颗粒大小、颗粒形貌和团聚状态、焙烧后粉体的活性和烧结性能、残余正负离子的影响等。

其中，通过控制制备过程的工艺条件，合成在原子或分子尺度上混合均匀的沉淀物是最为关键的步骤。

通常，利用共沉淀制备超微粉体材料时，过剩的沉淀剂会使溶液中的全部正离子作为紧密混合物同时沉淀。金属正离子与沉淀剂的反应通常受沉淀物的溶度积（K_{sp}）控制，如：

$$M^{z+}+zOH^{-} \longrightarrow M(OH)_z \tag{9-8}$$

$$[M][OH^{-}]^{z} = K_{spM(OH)_z} \tag{9-9}$$

一般，不同氢氧化物的溶度积相差很大，沉淀物形成前后过饱和溶液的稳定性也各不相同。所以，溶液中的金属离子很容易发生分步沉淀，导致合成的超微粉体材料的组成不均匀。因此，共沉淀的特殊之处是需存在一定正离子比的初始前驱化合物。

例如，共沉淀合成复合 Al_2O_2-Cr_2O_2 超微粉体材料，其工艺流程如图 9-1 所示。向 Al^{3+}、Cr^{3+}混合溶液中加入碳酸铵溶液，反应形成水合 Al_2O_2-Cr_2O_2 溶胶，将沉淀物过滤、洗涤、干燥后煅烧得到亚微米级的 Al_2O_2-Cr_2O_2 粉末。红外光谱和 X 射线衍射分析结果表明，该复合粉体已达到原子、分子尺度上的均匀混合。由于 Al^{3+}、Cr^{3+}性质十分相似，特别是氢氧化物的溶度积非常接近，Al^{3+}、Cr^{3+}在十分相近的 pH 值下生成沉淀。因此，在控制溶液 pH 值、温度等条件下 Al^{3+}、Cr^{3+}同时沉淀，形成复合的前驱体氢氧化物。

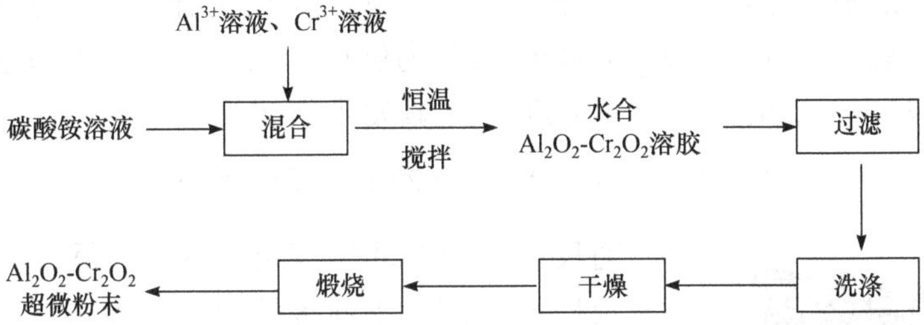

图 9-1　制备超微粉体材料的工艺流程图

利用共沉淀法制备高纯超微粉体材料时，初始溶液中的负离子及沉淀剂中的正离子等少数残留物的存在，对粉体材料的烧结等性能有不良的影响，因此应特别注意洗涤工序的操作。另外，为了防止干燥过程中粉末的团聚，可以利用乙醇、丙醇、异丙醇和异戊醇等有机溶剂作为分散剂进行适当的球磨分散。

9.2.3　均匀沉淀法

均匀沉淀法是利用某一化学反应，使溶液中的构晶离子（构晶正离子或构晶负离子）从溶液中缓缓、均匀地产生出来的方法。在这种方法中，加入溶液中的沉淀剂不立刻与被沉淀组分发生反应，而是沉淀剂通过化学反应在整个溶液中均匀地释放构晶离子，并使沉淀在整个溶液中缓缓、均匀地析出。

在不饱和溶液中，利用均匀沉淀法均匀地生成沉淀的途径主要有两种：

① 溶液中的沉淀剂发生缓慢的化学反应，导致氢离子浓度变化和溶液 pH 值的升高，使产物溶解度逐渐下降而析出沉淀。

② 沉淀剂在溶液中反应释放沉淀离子，使沉淀离子的浓度升高而析出沉淀。

例如，为了得到氢氧化铝沉淀，可以在含铝溶液中加入尿素，初始溶液是澄清的，将溶液加热至 90℃左右，尿素发生水解产生的氨均匀地分散在溶液中，随着氨的不断产生，溶液中 OH^{-}浓度逐渐增大，在整个溶液中均匀生成氢氧化铝沉淀。将溶液冷却至室温，可以迅速终止这个水解反应，达到所需要的 pH 值。

（1）均匀沉淀法的特点

在利用均匀沉淀法制备超微粉体材料的沉淀过程中，由于构晶离子的过饱和度在整个溶液中比较均匀，所以沉淀物的颗粒均匀而致密，容易洗涤。

均匀沉淀法的另一个特点是可以避免杂质的共沉淀，例如，利用氨水作为沉淀介质制取氧化铝的过程。由于铝具有酸碱两性，要想得到纯的氢氧化铝，必须将 pH 值维持在一个狭小的范围内，因此不能通过控制铵离子和氨的相对浓度来减少其沉淀。例如，当在 0.1g 铝中含有 50mg 铜时，利用普通氨法时得到的沉淀物中含有 21mg 铜，在有琥珀酸盐存在下利用尿素作为沉淀剂时，即使在原料中有 1.0g 的铜也仅有 0.1mg 被共沉淀下来。

（2）均匀沉淀法制备超微粉体材料

粒度分布均匀是超微粉体材料所必须具备的基本特征之一。通过控制溶液的过饱和度，均匀沉淀过程可以较好地控制粒子的成核与生长，得到粒度可控、分布均匀的超微粉体材料。正因如此，均匀沉淀法在超微粉体材料制备中正逐渐显示出其独特的魅力。

在均匀沉淀法制备超微粉体材料的过程中，沉淀剂的选择及沉淀剂释放过程的控制非常重要，现以尿素法制备铁黄[FeOOH]粒子为例加以说明。其基本原理为：在含 Fe^{3+} 的溶液中加入尿素，并加热至 90～100℃时尿素发生水解反应：

$$(NH_2)_2CO+3H_2O \longrightarrow 2NH_4^{+}+CO_2+2OH^{-} \qquad (9\text{-}10)$$

随反应的缓慢进行，溶液的 pH 值逐渐上升，Fe^{3+}和 OH^- 逐渐反应并在溶液不同区域中均匀地形成铁黄粒子，尿素的水解速率直接影响了形成铁黄粒子的粒度。图 9-2 为利用均匀沉淀法制备的超微铁黄粒子的透射电镜照片，可见铁黄粒子针形好，且粒度分布非常均匀。

图 9-2　超微铁黄粒子的透射电镜照片

另外，溶液中的负离子对沉淀物的性质也有显著影响。对于利用尿素水解沉淀 Fe^{3+}的过程，当共存负离子为 Cl^-时，得到容易过滤、洗涤的 γ-FeOOH 沉淀物。当共存负离子为 SO_4^{2-}时，得到 α-FeOOH。当共存负离子为 NO_3^-时，则得到无定形沉淀物。利用共沉淀法制备 Al_2O_3 时存在类似情况。均匀沉淀法目前已用于制备 Fe_3O_4、Al_2O_3、TiO_2、SnO_2、$MgAl_2O_4$ 等多种体系的粉体材料。与其他沉淀法相比，均匀沉淀法在工艺上更为简单。

9.3　溶剂蒸发法合成超微粉体材料

沉淀法有如下缺点：①沉淀为胶状物，水洗、过滤困难；②沉淀剂（氢氧化钠、氢氧化钾）容易作为杂质混入沉淀；③如果使用能够分解除去的氢氧化铵、碳酸铵作为沉淀剂，则 Cu^{2+}和 Ni^{2+}形成可溶性络离子；④沉淀过程中各种成分的分离困难；⑤水洗时，有的沉淀物发生部分溶解产生损失。为了解决这些问题，发展了不用沉淀剂的溶剂蒸发法。

在溶剂蒸发法中，为了保证溶剂蒸发过程中溶液的均匀性，溶液被分散成小液滴，以使组分偏析的体积最小，因此需要使用喷雾干燥法，如果没有氧化物成分蒸发，则粒子内各成分的比例与原溶液相同，又因为不产生沉淀，可以合成复杂的多组分氧化物粉末。另外，采用喷雾法制备的氧化物粒子一般为球形，流动性好，易于处理。喷雾制备氧化物粉体的方法有多种。

9.3.1 喷雾干燥法

喷雾干燥法是将溶液喷雾至热风中，使之快速干燥的方法。这是一种适合工业化大规模生产超微粉体材料的有效方法。在干燥室内，用喷雾器把混合的盐（如硫酸盐）水溶液雾化成 10～20μm 或更细的球状液滴，经过燃料燃烧产生的热气体时被烘干，这时成分保持不变。快速干燥后，得到类似中空球的圆粒粉料。硫酸盐在 800～1000℃下分解得到相应的氧化物超微粉体材料。喷雾干燥制备过程不需粉磨工序，直接得到超微粉体材料。只要在初始盐溶液中无不纯物，过程中又无外来杂质引入，就可得到化学成分稳定、纯度高、性能优良的超微粉体材料。采用本方法制备的 Ni-Zn 铁氧体粉体材料和 $MgAl_2O_4$ 粉体材料，经等静压成型和烧结后得到的材料可以达到理论密度的 99.00%～99.90%。

采用喷雾干燥法制备的 β-Al_2O_3 和铁氧体粉体，比固相反应法制备的粉体烧结坯体有更细微的结构。喷雾干燥过程也被广泛应用于造粒。粉磨合成法通常是将粉末悬浮在含有第二组分的溶液中，形成浆料，再将这种浆料喷雾干燥，使各种成分均匀混合的方法。在喷雾干燥方法中，还可采用将溶液喷雾至高温非互溶液体（煤油等）中而使溶剂迅速蒸发的方法（热煤油法），喷雾干燥法制备高纯度超微粉体材料时，所采用的盐必须能够溶于所选用的溶剂中。

9.3.2 喷雾热解法

喷雾热解法（SD 法）是制备超微粉体材料的一种较为新颖的方法，最早出现于 20 世纪 60 年代初期，该方法系将金属盐溶液喷雾至高温气氛中，溶剂蒸发和金属盐热解在瞬间同时发生，从而制得氧化物粉末。该方法也称为喷雾焙烧法、火焰喷雾法、溶液蒸发分解法等。喷雾热解法和前述的喷雾干燥法都易于连续运转，生产能力较大。在喷雾热解法中，有将溶液喷雾至加热的反应器中和喷雾至高温火焰中两种方法，SD 法起源于喷雾干燥法，后者原是一种从溶液或悬浮液出发制取干燥产物的方法。它在干燥那些对受热敏感、快速干燥的物料方面已获得广泛的工业应用，由于该法要求雾滴在未达到反应器壁之前即能完成干燥过程，所以产物一般为细微的颗粒，所用的装置类似一块旋转塔板加一个压力喷嘴所组成的装置。喷雾热解法的发展，使它在无机物、催化剂及陶瓷材料制备等方面得到广泛的应用，成为超微粉体材料制备的重要技术。

喷雾热解法制备超微粉体材料的优点是：

① 干燥所需要的时间极短，整个过程一般在几秒到几十秒之内迅速完成，因此每一个多组分细微液滴在反应过程中来不及发生偏析，从而可以获得组成均匀的超微粉体。

② 由于该方法的原料是均匀混合的溶液，所以可以精确地控制所合成化合物和最终功能材料的组成。

③ 通过控制操作条件，如合理地选择溶剂、反应温度、喷雾速度等，很容易制得

形态和性能不同的超微粉体。由于方法本身包含有物料的热分解，所以材料制备过程的反应温度较低，特别适合于晶状复合氧化物超微粉体的制备，与其他方法相比，产物的表观密度小、比表面积大、超微粉体的烧结性能好。

④ 操作过程简单，反应一次完成，并且可以连续进行。产物无需水洗、过滤和研磨。避免了不必要的污染，保证了产物纯度。

9.3.2.1 喷雾热解法的基本过程及其发展

喷雾热解法先以水、乙醇或其他溶剂将原料配制成溶液，通过喷雾装置将反应液雾化并导入反应器中。在喷雾热解反应器中，溶剂迅速挥发，反应物发生分解，或者同时发生燃烧和其他化学反应，生成与初始反应物完全不同的、具有全新化学组成的无机超微粉体产物，由于粉体是由悬浮在其中的液滴干燥而来，所以干燥微粉一般呈球形。初看起来，SD 法与其他直接干燥法类似，但实际上不太相同。它分为两个阶段，第一阶段是溶剂从液滴表面蒸发，类似于直接加热蒸发。随溶剂的挥发，溶质出现过饱和状态，这时在液滴内部析出细微的固相，然后逐渐扩展到液滴的四周，最后覆盖液滴的整个表面，形成一层固相壳层。从动力学因素考虑，固相应首先在蒸发速率最快的区域形成。液滴干燥的第二个阶段比较复杂，包括气孔形成、断裂、膨胀、收缩和晶粒的"发毛"生长，液滴表面析出的初始物质的结构和性质决定了将要形成的固体颗粒的性质，也决定了固相继续析出的条件。干燥的每一步都对下一步有较大影响。液滴表面形成的壳层具有脆性，当液滴继续干燥时，壳层不会发生收缩，所以为使壳层内的液体通过毛细作用移出壳外蒸发，壳层内的液体必须具有一定的压力。当干燥温度低于初始溶液沸点时，为满足蒸发条件，必须使空气进入颗粒内部，但这不太容易做到，当反应温度高于溶液沸点时，液体的气化会提高液滴内部的压力，从而满足液体继续向外蒸发的条件。应当指出，虽然液滴内部的蒸发会破坏固体壳层结构，但这并不对后续过程产生不利影响。在高温反应中进行的雾化液滴的干燥、热分解和晶化过程中，前两个过程几乎是同时进行的，它们在不同的反应条件下会产生各种物理化学变化，最后的产物可能是晶态的，也可能是无定形的。下面简要介绍 SD 法的主要发展过程。

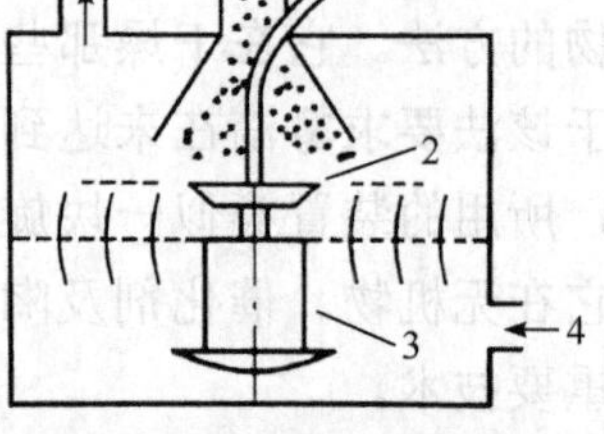

图 9-3 离心式喷雾干燥器

1—液体储槽；2—转盘；3—驱动电机；4—经过滤的空气；5—初级粒子出口；6—伴生粒子出口

（1）雾化液滴干燥和干燥粒子分解分步进行的两段法

该法利用离心式喷雾干燥器（图 9-3）对金属硫酸盐的混合水溶液进行雾化液滴干燥，然后将生成的硫酸盐微粉在 800～1000℃热分解，可以制备粒度为 10μm 的微粉体，利用此法制备出镍和锌的各种铁酸盐超微粉体是粒度为 0.2μm 左右粒子的聚集体，它们是由中空球形硫酸盐微粒热分解后烧结而成。从这种聚集体中很容易分离出粒度小于 1μm 的超微粉体。

（2）高温反应区雾化干燥和热分解同时进行的一段法

Roy 将金属硝酸盐水溶液在 750～950℃的莫来石管中直接雾化（装置见图 9-4），制备出粒度为 0.5～1.0μm 的 Al_2O_3 和 $CaAl_2O_4$ 超微粉体，其粒子大小与原料液浓度、压缩空气压力密切相关。950℃以下生成无定形 Al_2O_3，经 950℃、1h 热处理后转变为 α-Al_2O_3，在制备 $CaAl_2O_4$ 时，炉温为 900～920℃时产品的晶型较差，但经 950℃、1h 热处理后结晶性能可大大改善。一般来说，一段法的炉温通常在 1400℃以下。Kagawa 将硝酸盐水溶液在电感耦合等离子体（微观温度大于 1127℃）中喷雾，制备了 MgO 超微粉体。这种粉体的粒子呈球形，结晶性能良好，粒度在 0.016～0.044μm 之间。在等离子体状态下，反应物被激发成原子或离子，引起镁和氧的结合，其反应过程的特点是 MgO 生成速率快，粒度小而均匀。

山崎利用可燃性溶剂乙醇发展了一段法制备超微粉体的火焰喷雾法。他把金属硝酸盐的乙醇溶液通过压缩空气雾化，点燃使雾化液体燃烧，从而使硝酸盐发生热分解（装置见图 9-5），制备了 NiO 和 $CoFe_2O_3$ 超微粉体。与普通的一段法相比，本法不需要外加热区，有利于反应装置的小型化。

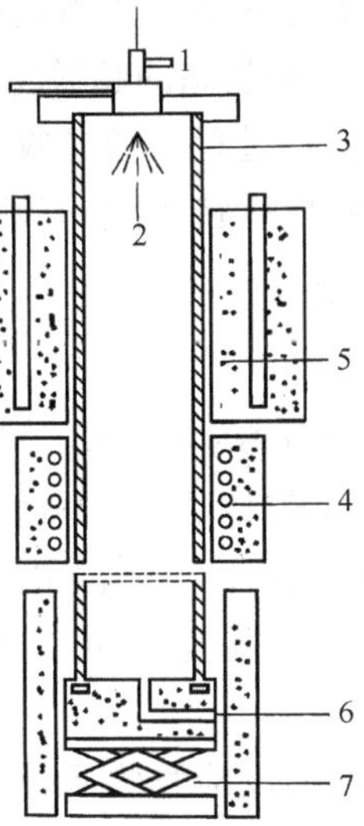

图 9-4　一段法装置（Roy 装置）

1—雾化器；2—喷雾；3—石英管；4—莫来石；5—炉；6—气体出口；7—升降夹

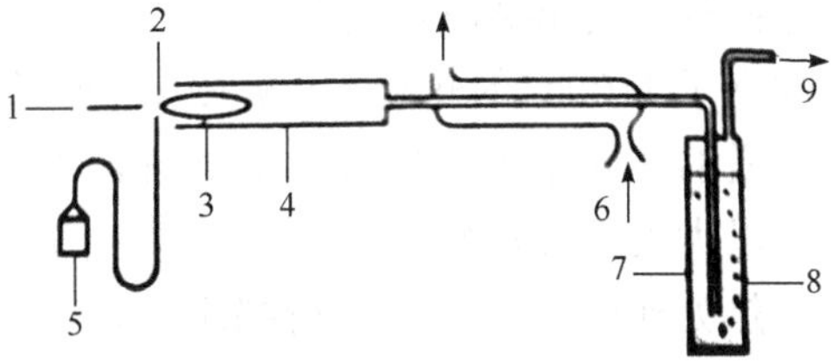

图 9-5　火焰喷雾法（山崎装置）

1—空气；2—喷雾；3—火焰；4—耐火管；5—混合溶液；6—冷却水；7—水；8—收集口；9—抽气

加藤利用金属盐的乙醇或丙三醇溶液，在有外加热装置的反应管中喷雾燃烧，制备了锌铁酸和氧化铁超微粉体。在该反应过程中，雾化液滴的加热速率和加热过程中液滴性质的变化对生成粒子的形态有很大的影响。

（3）喷雾干燥和热分解依次进行的连续法

利用超声波振荡器使金属盐水溶液雾化成粒度为 5μm 的雾滴，依次通过三台温度分别对应于干燥温度（T_1）、热分解温度（T_2）和晶化温度（T_3）的反应炉（图 9-6），获得了球形多孔的 $LaCoO_3$ 超微粉体。电子衍射图像表明，$LaCoO_3$ 颗粒都是少数多晶粒子的聚集体。

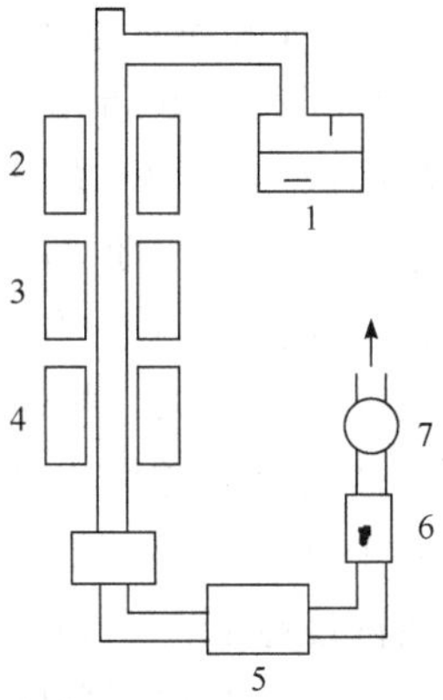

图 9-6　连续法（冷阱装置）

1—超声波发生器；2—反应炉（T_1）；3—反应炉（T_2）；4—反应炉（T_3）；5—废气处理；6—流量计；7—泵

该方法还可以利用二氧化硅溶胶、氧化铝/铝酸钠和氢氧化钠的混合水溶液，制备粒度为 0.5μm 的 $NaAlO_2$ 超微粉体。该方法可以对影响超微粉体性质的干燥、热分解和晶化温度条件分别进行独立的控制，从而制备具有特定性质的粉体材料，通过调节初始溶液浓度，可以调整晶状超微粉体的粒度。

（4）雾化液滴直接参与化学反应合成超微粉体

在金属盐溶液雾化进入反应器的同时引入反应气体，借助金属盐与反应气体之间的化学反应，生成各种不同的无机物超微粉体。这是 SP 法的一个重要进展。Visea 等选择醇化物和氯化物的混合液作为喷雾液，用氯化银作为成核剂，使喷雾液遇水蒸气后发生水解，生成诸如 TiO_2、Al_2O_3 和 TiO_2/Al_2O_3 等粒子在 0.06～0.6μm 范围内的超微粉体，粒子呈球形，粒度比较均匀。在实际反应过程中，载气流速、氯化银蒸发温度及成核温度对超微粉体的粒度有很大影响。

应特别指出，在新型陶瓷材料的制备中，溶胶-凝胶法越来越受到人们的重视，利用溶胶溶液雾化，再干燥和热分解也可以制备超微粉体，本法的主要优点是：①操作温度较低，可以得到纯度高、组分均匀的材料；②可制得无定形和晶态的超微粉体材料；③能制备化学薄膜和其他特殊类型的材料。该法的缺点是在操作过程中粒子收缩程度大，当使用有机溶剂时，粒子会残留缺陷、羟基或碳杂质，这些均有待于进一步研究改进。

9.3.2.2　喷雾热解法在超微粉体材料合成中的应用实例

（1）β-Al_2O_3 超微粉体的合成

硝酸铝和硝酸钠的乙醇溶液在有外加热装置的离心管中喷雾燃烧，可以制备镁掺杂和无镁掺杂的 β-Al_2O_3 超微粉体。当反应温度为 800～1400℃时，初级产物为 γ-Al_2O_3，经过高于 1100℃的热处理，γ-Al_2O_3 转变为 β-Al_2O_3。试验证明，当 $n(Na_2O)/n(Al_2O_3)=1.5$ 时，镁的掺入不但可以降低热处理温度，使之从原来 1300℃降至 1100℃或 1200℃，而且可以大大提高产物中 β-Al_2O_3 的比例，甚至形成单相。

热处理产物的化学分析揭示，反应温度、热处理温区和反应物物质的量之比对热处理产物的化学组成、比表面积和生成物中 β、β″-Al_2O_3 的比例都有一定的影响，反应或热处理温度越高，氧化钠的蒸发量就越大，但两者之间不成线性关系，1100℃时氧化钠的蒸发量较小。若热处理温度较低（如 800℃），所得到的超微粉体的比表面积较小，这可能是由于未分解的硝酸钠填充了粉体颗粒小的微孔。

（2）$LaCoO_3$ 超微粉体的制备

使用图 9-6 所示的简单装置，利用喷雾干燥和热分解依次进行的连续法来制备 $LaCoO_3$ 超微粉体，原料溶液浓度、各段温度以及空气流速对超微粉体的性质有很大影响，粒子的晶化程度随 T_3 的增加而提高。在 700℃时，晶化作用急剧加强。到 800℃时，几乎完全晶化。当 T_1 和 T_2 固定时，T_3 会大大影响产物的比表面积。T_3 为 700℃时，产物的比表面积最大。此外，比表面积也随热分解温度 T_2 变化而变化。比表面积的最大值是硝酸盐热分解过程与氧化物超微粉体烧结作用相互作用的结果。当原料起始溶液质量浓度为 1%时，氧化物超微粉体的粒度最小。浓度为 35%时，粉体的粒度小于 0.5μm，原料溶液浓度越低，得到的粉末越细。

采用 SP 法制备的超微粉体与标准试剂相比较，前者能在较低的温度和较短的时间内获得晶化率相当于标准试剂 60%的产物，这可能是因为在 SP 法的固相反应过程中，组分之间只需要较短的扩散距离。十分有趣的是，气相中水蒸气分压对晶化也有显著影响，当水蒸气分压达 81.1kPa 时，（110）面的晶化几乎可达 100%。比较结果还显示出，

SP 法制备的超微粉体的比表面积和单位质量对丙烷的催化氧化活性，分别为标准试样的 14 倍和 7 倍。

9.3.3 冷冻干燥法

冷冻干燥法（FDP 法）最早应用于生物医学制品和食品冷冻。Landberg 和 Schnettler 分别利用该方法制备了粒度为 1nm 的金属超微粉体和陶瓷粉体。近年来，利用冷冻干燥法制成的超微粉体和陶瓷粉体已广泛应用于各个重要的科学技术领域。冷冻干燥法具有一系列突出的优点：①在溶液状态下均匀混合，适合于微量组分的添加，有效地合成复杂的陶瓷功能材料并精确控制其最终组成；②制备的超微粉体的粒度在 10～500nm 范围内，冷冻干燥在煅烧时内含气体易逸出，容易获得易烧结的陶瓷超微粉体，由此制得的大规格集成电路基片平整度好，用该法来制备催化剂，其比表面积和反应活性均较一般过程高；③操作简单，特别适合于高纯陶瓷材料用超微粉体的制备。

9.3.3.1 冷冻干燥法制备氧化物超微粉体的基本过程及其进展

冷冻干燥就是先使预干燥的溶液喷雾冷冻，然后在低温低压下真空干燥，将溶剂直接升华除去。硫酸铝溶液冷冻干燥的简单原理如图 9-7 所示。

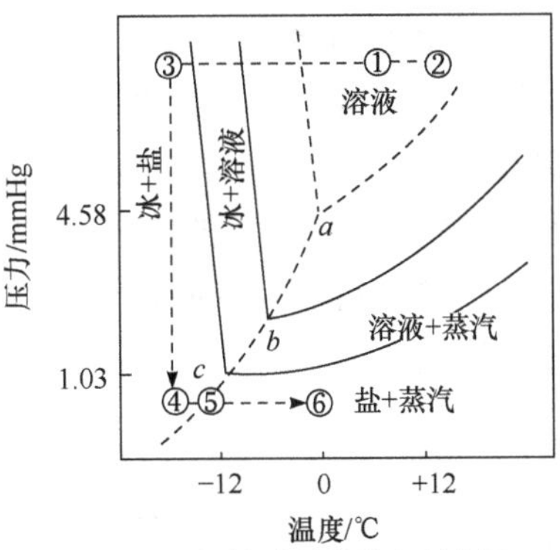

(a) 硫酸铝水溶液温度-压力图

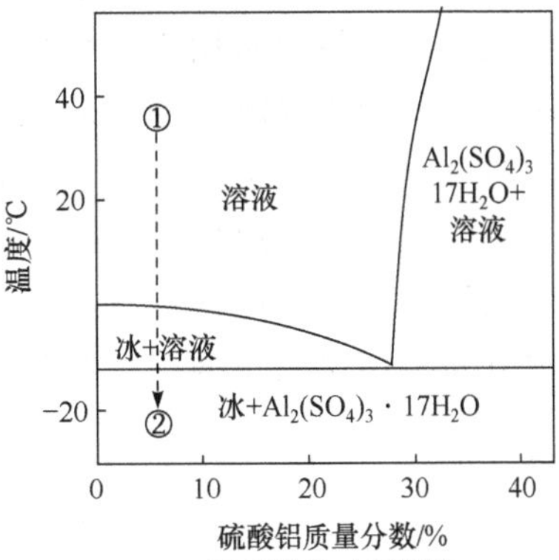

(b) 硫酸铝-水气相图

图 9-7　硫酸铝溶液冷冻干燥法原理示意图（1mmHg=133.322Pa）

图 9-7（a）中 *a*、*b* 和 *c* 点分别是纯水点、溶盐溶液的三相点以及冰、饱和溶液、铝盐和水蒸气的四相共存点。当溶液处于位置①时，普通加热干燥会使溶液①逐渐挥发水蒸气而向位置②方向变化，溶液也因浓缩而产生沉淀，并使颗粒发生聚集，最终不能得到由原生粒子组成的粉末。相反，如果让溶液温度骤然冷却下降，使溶液由位置①向冰+盐的两相区位置③移动，所得到的金属离子即被固定；然后在冷冻状态下减压到 *c* 点以下④处，此时真空蒸发就不会引起一次粒子聚集。因此，本法有效应用的关键是：首先，温度下降必须迅速，避免经过冰+溶液两相区时出现组分偏析，使溶剂离子被冰固定，减小盐组成变化，保证冷冻干燥物的均匀性；第二，必须防止相变引起产物组成的变化；此外，还应在无液相存在下进行干燥，否则冻结物融化出现的液相会使粒子长大。

冷冻干燥法的基本过程包括起始原料及初始溶液的配制、喷雾冷冻、真空升华干燥和干燥物的热分解。下面对这几个过程分别加以讨论。

（1）起始原料及初始溶液的配制

利用不同起始原料合成同一产物时条件各不相同。例如，Al_2O_3 超微粉体的制备，采用异丙醇铝的苯溶液制备 α-Al_2O_3 的温度比采用硫酸铝水溶液低，所以，应当正确选择初始金属溶液，常用的有硫酸盐、硝酸盐、铵盐、碳酸盐和草酸盐溶液。选用原料盐的原则是：①所需组分能溶于水或其他适当的溶剂，除了真溶液，也可以使用胶体，例如用钨酸铵与悬浮石墨来制备 WC 和 WC_2 超微粉体；②不易在过冷状态下形成玻璃态；③有利于喷雾；④热分解温度适当。其中第二个因素特别重要，因为随着金属盐水溶液浓度增加，pH 值和凝固点下降，一旦出现玻璃态就无法实现冰的升华。有时在初始溶液中加入氨水是有益的，可能会促进胶体前驱物的生成。它们一方面减小溶液离子浓度，使凝固点上升；另一方面，作为晶核易使金属盐和水相分离和结晶。此外，初始溶液浓度也影响冻结干燥物和最终产物粉体颗粒的大小。

（2）喷雾冷冻

为防止在冷冻干燥过程中溶液组分偏析，增加冷冻样品比表面积，以加快真空干燥速率，最好的办法是用氮气喷枪把初始溶液分散在制冷剂中。喷枪喷出的小液滴与冻结干燥颗粒大小相当，因此容易制得粒度一致的固态球形颗粒。

最初试验中使用直径为 0.3mm 的玻璃喷嘴，把硫酸盐水溶液喷雾到经干冰-丙酮浴冷的己烷中快速冷却。目前常用液氮作为制冷剂，虽然两者冷却速率都较快，但前者除去己烷较费时间。使用液氮时，液滴周围被液氮隔离，导致热导率下降，组分沿液滴半径方向偏析。但总的来说，液氮较干冰-丙酮更容易实现深度低温，组分偏析程度小，冻结干燥物组分基本上是计量组成。图 9-8 和图 9-9 是实验室常用的冷冻装置和干燥装置。图 9-10 是一种能在普通实验室中使用的喷雾冷冻干燥装置，其喷嘴直径为 0.5～1mm，雾化液滴粒度分布基本上由喷嘴口径及喷射速度决定。

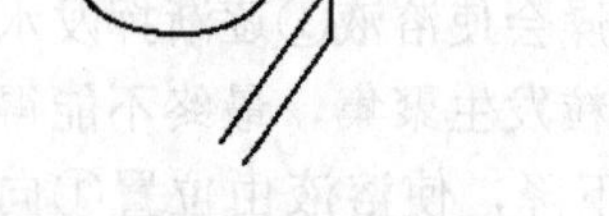

图 9-8 液滴冷冻装置

图 9-9 冻结液滴的干燥装置

图 9-10 喷雾冷冻干燥装置

1—氮气；2—喷雾器；3—待干燥溶液；4—液氮；5—杜瓦瓶；6—搅拌器

（3）真空升华干燥

真空升华干燥是把经液氮冷冻的冻结物放在用冷浴冷却的干燥容器中进行真空干燥，此时溶剂冰直接升华，从冻结的金属盐中分离出来。一般可以利用机械泵抽真空，高度干燥时，需要使用扩散泵，以降低蒸汽的流动阻力。图 9-11 为常用的真空升华干燥装置，在一定热输入条件下，其升华速率仅与升华过程本身有关。

为了在干燥中不至出现液相，应先采用差示扫描量热仪测出四相共存点，四相共存点的温度取决于体系特性，如硝酸盐水溶液结晶温度很低，$Co(NO_3)_2$-H_2O 和 $Sr(NO_3)_2$-H_2O 的结晶温度分别为−21℃和−31℃。适当选择初始溶液的溶剂十分重要。试验证明，为了制备相同性能的 Co_2NiO_4 超微粉体，当起始原料相同时，选用乙酸和水作为溶剂时对应的干燥时间分别为 3.5h 和 70h。一般来说，最佳溶剂选择的首要因素是：在一定的热量输入下，升华速率或平衡蒸气压要高，升华潜热要小；另外，冰点下降要小，溶解度要高。

对于超微粉体的真空升华干燥过程，干燥后的盐很少向里渗透，也没有发现熔点的连续下降现象。由此制备得到的超微粉体模型（图 9-12）与冷冻干燥过程所得到的小球链状结构完全类似。由此可见，在实际的真空干燥过程中，冻结物不需要始终保持在低共熔点以下。为了缩短干燥时间，可以随着干燥过程的进行，在保证不出现液相的前提下，适当地连续提高冻结物的温度，即在较高温度下加快干燥速率。试验显示，用红外灯提供附加热的方式调节试样温度十分有效。另外也可以采用微量空气流加速升华过程。

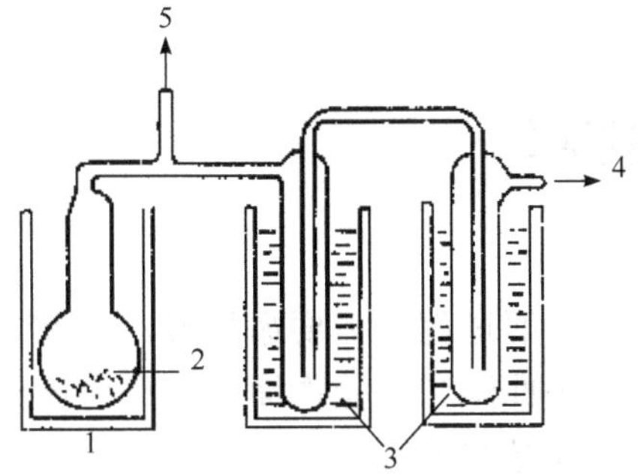

图 9-11　常用真空升华干燥装置

1—杜瓦瓶；2—冷冻物；3—液氮；4—真空泵；5—接真空计

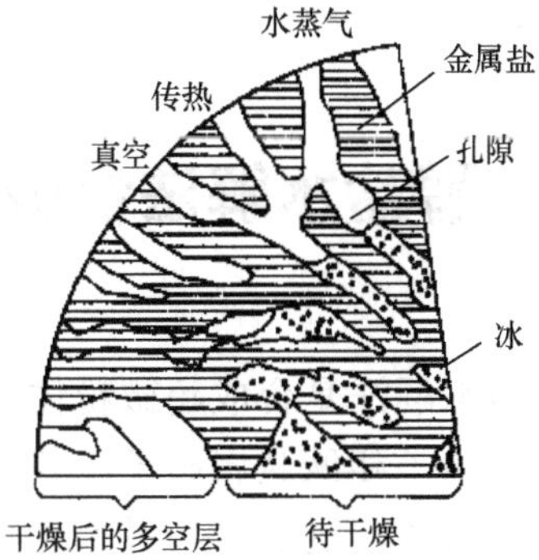

图 9-12　真空升华干燥过程中超微粉体模型

（4）干燥物的热分解

冷冻干燥后的金属盐球在适当气氛下热分解后可得到氧化物、复合氧化物和金属粉末。如果金属盐含有结晶水，则热分解前还存在脱水阶段。对于像硝酸盐这样具有强稀释性的物质，脱水和热分解最好是在真空或干燥气流中进行。有趣的是，采用冷冻干燥并经过热分解所得产物的微结构均有一定的特点。例如，铝的硫酸盐经 700～800℃热分解后，在 1200℃下热处理 10h 所得产物 α-Al_2O_3 的微结构为一串串聚集在一起的连锁球状，其中原生粒子的粒度为 75～275nm。当冻结干燥物是一种如 $MgSO_4$ 和 $Al_2(SO_4)_3$ 的混合复盐时，即使再令其充分吸水也不可能获得镁铝钒 $MgAl_2(SO_4)_4 \cdot 22H_2O$，只能获得组分为 $MgAl_2(SO_4)_4 \cdot (8\sim9)H_2O$ 的化合物。热分析指出，冻结干燥物既不是单纯盐的混合，也不是混合复盐，而是具有另外的特定状态。

综上所述，冷冻干燥法的四个单元过程之间密切相关，具体应用时，需要根据实际情况综合考虑，这样才能制备具有一定微结构和计量组成的氧化物超微粉体材料。

9.3.3.2　冷冻干燥法制备氧化物超微粉体的应用

用冷冻干燥法制备的氧化物和复合氧化物超微粉体，不但组分偏析小、比表面积大，而且反应活性高，在催化领域已得到广泛应用。例如，为了使锂能均匀地在氧化镍晶格中扩散，固相反应的温度一般在900～1000℃之间，而冷冻干燥法只需要400℃处理即可。“阿波罗”号宇宙飞船所用的掺锂氧化镍电极就是利用本法和喷雾干燥法制成的。近年来，冷冻干燥法制成的氧化物超微粉体材料被广泛地用于陶瓷材料领域，特别用作易烧结粉末原料、电子材料用粉末和粉末冶金用粉末，如制备透过性氧化铝、高密度烧结体、三元系尖晶石氧化物、锂铁氧体和陶瓷核燃料等。特别有意义的是，当某一种金属氧化物超微粉体均匀地弥散在金属或合金中时，将大大提高材料强度、耐热性和力学性能。如用冷冻干燥法制备弥散有1%ThO_2的铜，其ThO_2分散体平均粒度为60nm，相互之间间距为1.5μm，几乎达到理论分散密度。超微粉体强化和增韧无机非金属材料的研究也得到广泛重视。现在，冷冻干燥已经用于制备非金属系陶瓷材料，如WC、W_2C、MoC、TiC、HfC和VC等超微粉体材料。氧化物超微粉体对强化陶瓷材料各种性能和开发新的功能起到关键作用，显然对合成新型无机功能陶瓷材料很有价值。因此，作为制备氧化物和其他化合物超微粉体的重要方法之一，冷冻干燥法及其今后的发展必将更加受到人们的关注。

9.4　醇盐水解法合成超微粉体材料

醇盐水解法是合成超微粉体的一种新方法，其水解过程不需要添加碱，因此，不存在有害负离子和碱金属离子。其突出的优点是反应条件温和、操作简单，作为高纯度颗粒原料的制备，这是一种最为理想的方法，但成本高是其缺点。

醇盐是用金属元素置换醇中的羟基氢所得的化合物总称，金属醇盐的通式是$M(OR)_n$，其中M代表金属元素，R是烷基（烃基），金属醇盐也可以称为金属有机化合物。金属醇盐与常用的有机金属化合物是不同的概念。醇盐是金属与氧的结合，生成M—O—C键的化合物，称为金属有机化合物，而有机金属化合物是指烷基直接与金属结合，生成具有—C—M键的化合物。

金属醇盐由金属或者金属卤化物与醇反应合成，它很容易和水反应生成氧化物、氢氧化物和水化物。氢氧化物和其他水化物经煅烧后可以转变为氧化物粉体。

醇盐水解制备超微粉体的工艺过程包括两部分，即水解沉淀法（包含共沉淀法）和溶胶-凝胶法。超微粉体的制备大体上有溶胶混合法和复合醇盐直接水解法两种，前者的基本过程是把各自的金属醇盐加水分解，制成溶胶，混合后预烧，最后得到超微粉体，下面以Al_2O_3超微粉体制备为例加以说明。

$Al(OC_3OH_7)_3$的水解产物受热分解温度、pH值和时间的影响。控制水解条件可制备高活性的AlOOH粉末，该AlOOH粉末很容易与酸形成溶胶。具体制备过程和条件是：在1mol $Al(OC_3OH_7)_3$中加入100mol的水（pH值为2），在室温下水解50min，然后在所得到的AlOOH中，按1mol AlOOH加1mol盐酸的比例加入浓度为0.1～0.5mol/L的盐酸。在50～100℃下利用均化器或超声波使之形成稳定而透明的溶胶，通过调整粒子浓度使该溶胶具有一定的黏性和流动性，最终可以制备出形态和性能不同但具有高活性的粉体。利用同样方法可以制备氢氧化镁和二氧化硅，将这三种溶胶按一定比例混合，可以获得组成为尖晶石型、富铝红柱型和堇青石型的 Al_2O_3-MgO-SiO_2 溶胶体系。

醇盐水解法制备的超微粉体不但具有较大的活性，而且粒子通常呈单分散状态，在成型体中表现出良好的填充性，因此具有良好的低温烧结性能。1981 年 Bowen 等研究了醇盐水解法合成的 TiO_2 微粉的低温烧结性能。在钛浓度为 0.1mol/L 的水、乙醇溶液中，控制一定的 pH 值（pH=11）、通过钛醇盐[Ti(OC_2H_5)]$_4$ 的加水分解，制成了单分散球形 TiO_2 微粉，此种微粉在烧结温度为 800℃时，烧结体密度即可达到 99%以上。普通的 TiO_2 粉末在烧结温度为 1300～1400℃时，其烧结体密度也只有 97%。醇盐水解法制备的超微粉体具有优良低温烧结性，引起材料工作者的很大兴趣。最近开发的醇盐合成 Y_2O_3 部分稳定的 ZrO_2 和钙钛矿系介电材料的低温烧结微粉都已取得了新的进展。所以，用醇盐为原料合成的超微粉体，在发展高功能陶瓷材料的低温烧结技术方面开辟了广阔的前景。

9.5 水热合成超微粉体材料

水热合成超微粉体材料是指在高压下将反应物和水加热至 300℃左右时，通过成核和生长，制备形貌和粒度可控的氧化物、非氧化物或金属超微粉体的过程。反应物包括金属盐、氧化物、氢氧化物及金属粉末的水溶液或液相悬浮液。本节讨论超微粉体材料的水热合成过程。

9.5.1 高温高压下溶液的水解

利用醇盐溶液制备氧化物超微粉体时，在临界过饱和度下快速均匀成核，颗粒通过表面外延生长。溶液在高温高压下发生沉淀反应形成颗粒的过程具有类似的原理。在高温高压下，金属氧化物的沉淀过程可表示为：

$$M^{z+}(aq)+zOH^-(aq) \rightleftharpoons M(OH)_z(s) \qquad (9\text{-}11)$$

沉淀前形成中间可溶性物质的过程可以表示为：

$$f[M(H_2O)_b]^{z+} + gOH^- \longrightarrow M_f(H_2O)_{bf-g}(OH)_g^{(fz-g)+} + gH_2O \qquad (9\text{-}12)$$

反应式左边的可溶性物质是成核的前驱体，影响颗粒生长。反应所需 OH^- 由溶液中的碱离解得到。电解质溶液在高温下强制水解，生成氢氧化物配位体：

$$f[M(H_2O)_b]^{z+} \longrightarrow \frac{1}{f}M_f(H_2O)_{bf-g}(OH)_g^{(fz-g)+} + gH^+ \qquad (9\text{-}13)$$

强制水解产物单体均匀成核，类似于控制稀释沉淀过程的均匀成核。

9.5.2 盐溶液的水热反应

通过盐溶液水热反应，可以制备多种水合氧化物溶胶。Brace 等利用 $Al_2(SO_4)_3$、$AlK(SO_4)_2 \cdot 12H_2O$ 和 $Al(NO_3)_3$（含有一定量的硫酸钠）为水热合成原料，制备了水合氧化铝单分散溶胶。浓度为 2×10^{-3}mol/L 的溶液在 100℃下老化 84h 后，pH 值由 4.1 下降为 3.1。浓度为 10^{-3}mol/L 的溶液，在 SO_4^{2-}浓度由 6.3×10^{-4}mol/L 增大到 4.0×10^{-3}mol/L 时，胶体颗粒粒度由 0.1μm 增大到 0.7μm。在钛浓度为 0.16mol/L、HCl 浓度为 5.7mol/L、SO_4^{2-}/Ti 比为 0.47～3.8 的条件下，加热经酸化处理的含有硫酸钠的四氯化钛溶液，并在 100℃下老化 41d，可沉淀出单分散的金红石型颗粒，其粒度为 1～10μm。延长陈化时间 15～45d，颗粒的尺寸进一步增大。在加热时间一定的前提下，SO_4^{2-}/Ti 比增大，颗粒粒度增加。在上述水热合成超微粉体的实例中，溶液中存在 SO_4^{2-}是必要的，也说明负离子对溶胶粒子的形成及晶型有较大影响。SO_4^{2-}通过渗析的方法很容易从无定形水合氧化铝或氢氧化铝中除去。

强制水解可以通过控制释放沉淀的负离子获得。在三氧化二钇包覆 Zr_2O_3 粉体的制备工艺过程中，反应物由氯化钇、氧氯化锆及尿素溶液混合而成，在 160～220℃、5～7MPa 下，高压釜中的尿素分解释放出氢氧化物沉淀所需要的氨，升高强制水解温度时可以制备出一部分稳定晶态 Zr_2O_3 粉体。

盐溶液水解合成超微粉体的优点在于可以选择纯度较低的物质作为反应物，因为在水热合成过程中，金属杂质（如钠）仍残留在溶液中。同时，可以通过反应条件（如 pH、温度和压力）控制产物粒度。尿素分解受 pH 值的影响，其初始分解产物 NH_3^+和 NCO^-在酸性介质中进一步生成二氢化碳。NCO^-在碱性条件水解生成的 CO_3^{2-}用于金属碳酸盐沉淀。例如氯化钙与尿素在一定温度下可以制备出单分散 $CaCO_3$ 超微粉体。

利用络合物控制释放金属正离子制备溶胶是一种十分有效的方法。在 250℃下，利用三乙醇胺络合的 Fe^{3+}在氢氧化钠和过氧化氢水溶液中控制释放，水热合成产物为具有八面体结构的四氧化三铁。用乙酸镍和羟乙二胺及羟基乙二胺四乙酸等形成的金属络合物，可制备不同形貌的金属超微粉体。利用硝酸铝-硫代乙酰胺络合物体系在 26℃下控制释放负离子，可以制备单分散的 CdS 超微粉体，该过程也证明水热过程可以合成非氧化物超微粉体材料。金属络合物的分解可用于制备工程陶瓷超微粉体材料。

9.5.3　包含相变的水热反应过程

包含相变的水热反应过程是指加热固体氧化物或氢氧化物，通过溶解和再结晶，在水热条件下完成相转变，进而制备超微粉体材料。铁氧体例如混合钴、镍氧化物具有良好的磁性能，在工业中得到广泛的应用。由于这些氧化物为水冷式核反应器的主要腐蚀产品，在核工业中也引起广泛兴趣。为了合成 Cr/Fe 比高达 0.18 的铬铁氧体，Matijevic 等把铬、铁氢氧化物混合制得悬浮液，在 150℃下老化 16h，用冷水激冷，然后将洗涤干燥后的产物在 340℃和 400℃下的水气氛中焙烧 2h，可以制备出粒度约为 1μm 的黑色粉末。水热合成法已用于制备铽（Tb）活化钇铝石榴石粉末，该粉体材料在电子射线显示器荧光屏中用作荧光物质。荧光物质通常采用固体烧结后粉碎研磨制备。粉体粒度及分布、杂质含量和结构缺陷均影响发光效果。虽然粗颗粒降低了荧光屏的清晰度，但是粒度小于 1μm 的黑色颗粒的发光效果也相对较差，David 等利用铝、钇和铽的氯化物溶液和氢氧化铵制备了缓和的氢氧化物溶胶，该溶胶在−30℃下冷冻干燥得到代表性组成为 $Y_{0.39}Al_{0.56}Tb_{0.05}O$ 的蓬松粉末，该粉末在 400～700℃下预焙烧、590℃下热处理和 500℃

下老化，制备了粒度约为 5μm 的单分散钇铝石榴石（YAG）立方型晶体。

包含相变的水热合成同样用于制备四方晶型的 ZrO_2。四氯化锆溶液与氢氧化铵反应制备的无定形 ZrO_2，经在 240～820℃的空气中燃烧，然后在 100MPa、200～600℃的水中或 30%NaOH、10%KBr、8%KF 以及 7%、15%和 30%LiCl 溶液中陈化 24h。在水和氯化锂反应体系中制得单斜相和四方相 ZrO_2，在溴化钾和氢氧化钠体系中只能制得单斜相 ZrO_2，晶体尺寸为 4～15nm，颗粒无团聚。与从无定形 ZrO_2 在空气中煅烧制得的团聚体相反，单斜相 ZrO_2 的晶相及晶粒尺寸是煅烧温度的函数。无定形氧化物的存在影响 ZrO_2 单斜晶体的形成。

烷氧化物和水溶胶制备的单一相或二相溶胶，在高温高压下反应生成粒度为 25～30nm 的单分散锐钛矿颗粒、粒度为 100～300nm 的金红石片晶、粒度为 10～32nm 的四方相 ZrO_2、粒度为 5nm 的单斜相 ZrO_2 以及粒度约为 75nm 的 $ZrO_2 \cdot SiO_2$ 粉体。对于二相凝胶，前人已进行过一定的研究。在包含 Al_2O_3-SiO_2 的系统中，存在离散的 SiO_2 富集区以及 Al_2O_3 富集区。反之，单相干凝胶含有 SiO_2 和 Al_2O_3，它们在非晶相结构中以原子尺度混合。将含有二氧化锆的原硅酸四乙酯加热至 60℃，可得到单相凝胶；SiO_2 溶胶与 Al_2O_3 溶胶混合可以制备二相凝胶。

水热合成也已成功应于电子陶瓷用超微粉体材料制备。钛酸钙可以利用含氧化钙和水合钛酸盐的浆液，在 150～200℃下老化制备得到。表面活性物质如聚乙烯醇（分子量 8.5×10^4）可改善粉体形态。如果没有表面活性剂的存在，制备的晶体为不规则针状晶体，长度为几微米。在有表面活性剂存在的情况下，制备的晶体为 0.1～0.5μm 的片晶，该片晶经 1400℃烧结可以制得高密度的晶片。

9.5.4 金属水热反应制备氧化物超微粉体

金属水热反应可以制备氧化物超微粉体，如 Cr_2O_3、ZrO_2 和 HfO_2 等。利用金属水热反应制备 HfO_2 时，在 300～400℃下通过表面氧化反应形成 HfO_2：

$$Hf+2H_2O \longrightarrow HfO_2+2H_2 \qquad (9\text{-}14)$$

Hf 颗粒表面形成的氧化层阻止颗粒内部氧化的进行，氢化物如 $HfH_{1.5}$ 在高于 500℃下通过氢与金属的反应得到。在该温度下，氢原子快速扩散到固体内部形成氢化物，氢化物遇水氧化生成 HfO_2 单斜晶体，其粒度为 20～40nm。利用氢化反应比利用表面氧化反应能获得更高的收率。

另一类包含金属水热反应合成金属氧化物超微粉体的过程，基于金属氢氧化物（钙、铈、镍、银、钯等的氢氧化物）在浓缩的甲酸中还原，在 180～240℃和 25MPa 下，金属氢氧化物在水热条件下发生以下两个基本反应：

$$M(OH)_2+2HCOOH \longrightarrow M(HCOO)_2+2H_2O \qquad (9\text{-}15)$$

$$M(HCOO)_2 \longrightarrow M+H_2O+CO+CO_2 \qquad (9\text{-}16)$$

虽然该过程的反应机理目前还不能完全阐述清楚，但包括均相成核和相变的水热反应已用来制备形态和组成可控的亚微米级氧化物超微粉体。这一技术在商业化应用方面具有一定优势，表现在过程的反应温度低（300℃左右），而且可以利用纯度较低的物质作为反应原料。

水热反应相对于其他的传统方法有许多优点：

① 水热反应可以用来制备在传统方法中无法获得的具有特殊氧化态的化合物。

② 水热反应可以用来制备所谓“低温相”或“亚稳相”化合物。水热法有两个基本特点：a. 相对低的温度；b. 在密闭容器中进行，避免了组分的挥发。

尽管水热法在无机材料的合成中占有重要地位，但水热法也有其局限性。它只能用于氧化物或少数对水不敏感的硫化物的处理与制备，而那些对水较敏感（如水解、分解、氧化等）的化合物，如ⅢA-ⅤA族半导体以及新型磷酸盐分子筛三维骨架结构材料的制备就不适用。另外，有时尽管使用各种矿化剂来增加反应物在高温下的溶解度，但仍有一些反应物难溶于水中，反应物太低的溶解度使反应无法进行，于是溶剂热法的产生和发展就应运而生了。

9.6 溶胶-凝胶法合成超微粉体材料

溶胶-凝胶法是化学和材料领域中的重要制备过程，“凝胶”一词包含了各种各样的物质，如网状的中间相、无机黏土氧化物、磷脂、无序的蛋白质及三维或网络状的聚合体。溶胶-凝胶包括三种转化过程。第一种是指如多糖溶液一类的可逆化凝胶过程，如琼脂及硫化橡胶，本节中不讨论这些转变过程。20世纪70年代中期以来，另外两种溶胶-凝胶过程因在材料合成中的广泛应用，引起了人们的极大关注，这两种过程分别是水溶胶-凝胶及烷氧化物溶胶-凝胶过程。本节的主要内容包括胶体的早期研究及溶胶-凝胶过程在超微粉体材料制备中的应用。

9.6.1 胶体的性质

胶体的科学研究可以追溯到1845年制备的氯化银溶胶、1847年制备的铁蓝溶胶，这两种胶体分别称为反乳化溶液及胶体溶液。这些体系与真溶液不同，但与淀粉、胆汁酸同属一类。此后，胶体的盐效应得到广泛研究。然而，胶体一词最先是用来描述通过渗析硅酸而获得的胶状材料，其中的硅酸是通过酸化硅酸盐溶液及有机物（如橡胶、蔗糖等）而制得。Graham注意到这些胶粒不结晶，比各种分子的扩散力低，这些意味着胶粒有着比分子大的粒径。

目前，胶体系统定义为在分散介质中含有尺寸在1～1000nm的分散相，这些体系如表9-1所示，对溶胶来说，胶粒尺寸指粒径，而对诸如泡沫等宏观胶体体系则指薄膜厚度。

表9-1 胶体体系分散

体系	分散相	分散介质
溶胶	固	液
乳胶	液	液
固体乳胶	液	固

续表

体系	分散相	分散介质
泡沫	气	液
雾、烟、气溶胶（胶体粒子）	液	气
烟、气溶胶（固体粒子）	固	气
合金、固体悬浮液	固	固

胶体通常描述为亲液的胶体及疏液的胶体，前者包括高分子溶液，例如胶体聚合物或蛋白质的分散体，它们是热力学稳定的。然而疏液胶体由于粒子间的吸引力及静电作用力的存在以及具有的高界面面积，常常是热力学不稳定系统。

9.6.2 正离子水解制备溶胶

金属离子 M^{z+}具有高电荷及高电荷密度，极易水解。初始水解产物可以缩合生成多价金属离子或多核离子，它们本身就是胶粒。随 pH 值的提高，铝盐溶液可以形成诸如 $[AlO_4Al_{12}(OH)_{24}(H_2O)_{12}]^{7+}$和$[AlO_4Al_{12}(OH)_{25}(H_2O)_{11}]^{6+}$的多核离子。这些多核离子结构为 12 个 AlO_6 八面体围绕着 1 个 AlO_4 四面体。多核离子所带电荷及 pH 值决定了 H_2O、OH^-或 O^{2-}是否作为中心正离子的配位体，而负离子/正离子的物质的量之比通过影响双电层静电斥力控制多聚物的聚合程度以及溶胶稳定性。水合金属氧化物的沉淀通过胶溶作用转化为溶胶。在该过程中，沉淀吸附稀酸溶液中的 H^+，使结晶聚集体分散成小晶体进而形成溶胶，利用胶溶作用制备溶胶时，胶粒粒度可以通过温度、浓度等参数来控制。

超微粉体的溶胶-凝胶法制备过程包括 4 个步骤（图 9-13）：起始原料如金属盐通过化学反应转变为可分散的氧化物；可分散氧化物在稀酸或水中形成溶胶；溶胶脱水形成球、纤维、碎片或涂层状的干凝胶；干凝胶受热生成氧化物超微粉体。对于非氧化物（碳化物及氮化物）超微粉体的制备，在溶胶阶段加入碳，在控制气氛下加热即得到含碳凝胶。利用凝胶化之前的溶胶，将其混合可制备多组分氧化物超微粉体材料。

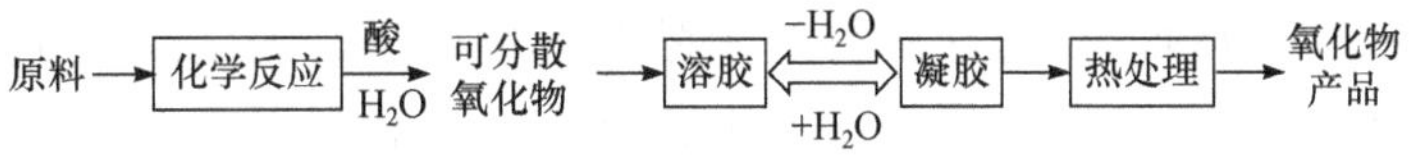

图 9-13　溶胶-凝胶法制得超微粉体过程示意图

（1）水解和缩聚反应——溶胶化过程

金属醇盐的水解一般可表示为：

$$M(OR)_n + xH_2O \rightleftharpoons M(OR)_{n-x}(OH)_x + xROH \qquad (9\text{-}17)$$

缩聚反应分为失水缩聚和失醇缩聚：

$$—M—OH + HO—M— \longrightarrow —M—O—M— + H_2O \qquad (9\text{-}18)$$

$$—M—OH + RO—M— \longrightarrow —M—O—M— + ROH \qquad (9\text{-}19)$$

在溶胶到凝胶的转变过程中，水解和缩聚并非两个孤立的过程，醇盐一旦水解，失水缩聚和失醇缩聚也几乎同时进行，并生成 M—O—M 键，形成溶胶体系。

由于室温下醇盐不能与水互溶，所以需要醇或其他有机溶剂作共溶剂，并在醇盐的有机溶剂中加水和催化剂(如酸或碱等)。金属醇盐的水解反应与催化剂、醇盐种类、水与醇盐的物质的量之比、共溶剂的种类及用量以及水解温度等因素有关，研究并掌握这些因素对水解作用的影响是控制水解过程的关键。

（2）凝胶的形成

水解缩聚的结果是形成溶胶初始粒子，然后这些初始粒子逐渐长大，连接成链，最后形成三维网络结构，便得到凝胶。

（3）凝胶的干燥

缩聚后的凝胶被称为湿凝胶，干燥过程就是除去湿凝胶中物理吸附的水和有机溶剂以及化学吸附的氢氧基或烷氧基等残余物，干燥过程是制备高质量干凝胶的关键步骤。

（4）煅烧过程

煅烧过程是将干凝胶在选定温度下进行恒温处理。由于干燥后的凝胶中仍然含有相当多的孔隙和少量的杂质，因此需要进一步的热处理来除去，以便得到致密的产物。

溶胶-凝胶法与其他化学合成法相比具有许多独特的优点：

① 所用原料首先被分散在溶剂中而形成低黏度的溶胶，因此，可以在很短的时间内获得分子水平上的均匀性，在形成凝胶时，反应物之间很可能是在分子水平上被均匀混合。

② 由于经过溶液反应步骤，很容易均匀定量地掺入一些微量元素，实现分子水平上的均匀掺杂。

③ 与固相反应相比，化学反应将容易进行，而且仅需要较低的合成温度。一般认为，溶胶-凝胶体系中组分的扩散是在纳米范围内，而固相反应时组分扩散是在微米范围内，因此化学反应容易进行，温度较低。

④ 由于溶胶的前驱体可以提纯而且溶胶-凝胶过程能在低温下可控进行，因而可制备高纯或超纯物质，且可避免在高温下反应器的污染等问题。

⑤ 溶胶或凝胶的流变性质有利于通过某种技术如喷射、旋涂、浸拉、浸渍等制备各种膜、纤维或沉积材料。该方法所得纳米微粒的粒径小、纯度高，粒子分布均匀，反应过程可控，烧结温度低，同一原料改变工艺过程即可获得不同的产物，尤其对多组分材料的制备，有着其他方法无可比拟的优势。

该法存在的某些问题是：所使用的原料价格比较昂贵；通常整个溶胶-凝胶过程所需时间较长，常需要几天或几周；而且凝胶中存在大量的微孔，在干燥过程中又将会逸出许多气体及有机物，并产生收缩。

溶胶-凝胶法和其他方法的结合是对本方法的一种重大改进。如以 $Al(NO_3)_3$ 和$(NH_4)_2CO_3$为原料，采用溶胶-凝胶法结合异相共沸蒸馏可制备单分散球形超细 Al_2O_3 粉体。硬脂酸凝胶法是对溶胶-凝胶法的又一个改进，它是将硬脂酸这个长碳链脂肪酸作为络合剂，有效地把原料中的金属离子分开，并且在高温处理时硬脂酸可以阻碍氧化物粒子烧结，有利于获得粒径小、团聚少的氧化物纳米粒子。目前已有用此法合成 TiO_2、CeO_2 纳米粉体的实例。

9.6.3 溶胶-凝胶法制备超微粉体材料

溶胶-凝胶法可以制备稳定的浓分散体，得到组成均匀且粒度可控的球形氧化物粉末。Hardy 等利用溶胶-凝胶法制备了氢氧化物（氢氧化镧）沉淀，并进行了陶瓷微粉制备研究。Hardy 制备超微粉体的条件为：钐浓度 2.3mol/L，pH 值为 7.0，$n(NO_3^-)/n(Sm)=0.19$。扫描电镜分析表明最初的沉淀是由料度为 3～6nm 的无定形小球构成，这些沉淀物陈化后聚结成 30～60μm 的棒状体。脱水、烧结后生成致密的粉末。

在硝酸铈溶液中加入氢氧化铵-过氧化氢时，得到聚集体粒度为 0.1μm 氢氧化铈沉淀，加入硝酸之后沉淀分散成粒度为 8nm 的溶胶，溶胶干燥后成为凝胶碎片。HNO_3/CeO_2 比直接影响凝聚程度，表现在凝胶及氧化物的密度上。无凝聚的水合物在 1000℃ 得到致密的二氧化铈，其他分散体系在转变成凝胶及氧化物时，可以制成多孔材料。这些不致密的或聚集的溶胶，由含有大量粒子聚集体的胶体单元组成。例如，聚集体与不聚集的二氧化钛溶胶可以利用它们具有的不同的光散射性质加以区分。表 9-2 为胶体结构对氧化物密度的影响。

表 9-2 胶体结构对氧化物密度的影响

处理温度/℃	密度/（kg/m^3）		
	聚集	不聚集	沉淀
干燥温度	1490	2590	—
400	1500	3250	2340
600	1590	3450	—
800	2640	4070	2910
1000	3730	4110	—

9.7 液相合成超微粉体材料过程的工程特征

超微粉体液相制备技术覆盖了众多的工业过程，这表现在一系列的单元操作中。例如，超细磁粉制备涉及到硫酸亚铁和氢氧化钠的提纯，铁黄的沉淀、结晶、过滤、干燥、粉碎、表面处理以及 γ-Fe_2O_3 沉淀包钴单元操作。这些单元操作涉及诸多学科和领域，包括物理学、化学、材料学、表面胶体和机械等，在超微粉体制备所涉及到的单元操作中又存在一些共同的工程问题。其相互关系如图 9-14 所示。

① 进料方式与微观混合：反应成核是瞬间反应，必须使反应在反应器内瞬间达到分子级的均匀即实现微观混合，才能避免反应器中过饱和度的非均匀性，使产物形态尽可能一致。因此，必须采取特殊的进料和混合方式达到微观混合效应，并在反应器放大过程中保持一致。

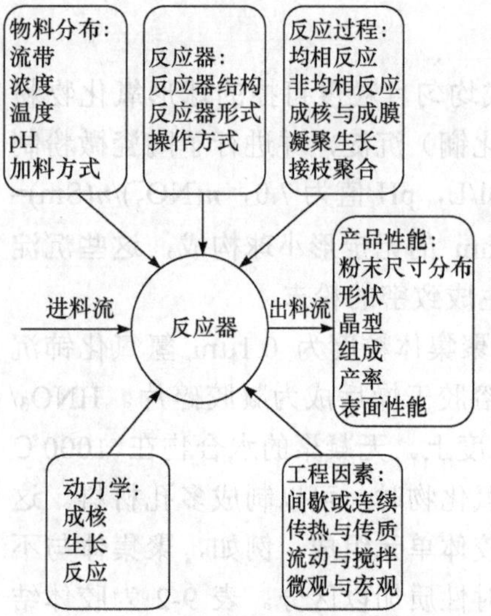

图 9-14 粉体材料液相合成过程中的工程问题

② 流动与搅拌：对于化学反应器来说，流动与搅拌方面的问题不仅是压降或功率计算问题，更重要的是浓度和温度分布问题。物料的停留时间分布、混合程度都制约着最终反应结果。因此，反应装置中物料流动和混合规律的研究及相应反应装置的开发是关键。由于超微粉体的制备大量使用釜式反应器，而且反应物通常是高度剪切稀化的非牛顿流体，因此这部分工程问题的研究更为重要。

③ 质量与热量传递及浓度与温度效应：对于均相成核过程，温度和浓度与反应速率间均具有较强的非线性关系，同时超微粉体合成体系又是高固体含量和高黏度的多相体系，随着反应的进行，固体含量增加，传递效果变差，从而影响反应速率，改变最终产物的性质。因此，体系控温问题也是反应器设计成败的关键。

④ 反应器形式：不同形式的反应器具有不同的流动、传热和传质特征，导致反应器中具有不同的浓度、湿度及停留时间分布，影响反应、成核、生长过程的相对速率，从而影响最终产物的粒度、粒度分布。研究超微粉体在不同反应器中的气液固多相传质、传热及流动规律，并与超微粉体多相体系本身的特征如流变学、悬浮体特征等结合对过程的放大具有重要的意义。

⑤ 操作方式：间歇、连续、半连续、一次加料或分批加料以及预混加料、非预混加料显著影响反应器中各处局部的粒子形成结果，从而影响反应器出口颗粒产品的平均粒度。这些因素的影响规律随反应器尺寸的放大而变化，因此在工业生产过程中必须加以严格控制。

综上所述有如下结论：

① 超微粉体材料制备工程问题的复杂性，表现在多影响因素和这些因素之间的关联作用以及过程的变量非线性关系和由于传热、传质和流动阻力所导致的各种影响。例如，颗粒的粒度分布由成核与生长速率共同决定，而温度和浓度又通过影响成核和生长速率的相对大小来作用于粒度大小及其分布。这种交联作用使反应过程各有关变量的分布极为重要，不能以它们的平均性质表示。这些分布包括浓度分布、温区分布以及物料的停留时间分布，正是传热、传质和流动等工程因素以及化学反应的复杂性导致过程放大困难。

② 超微粉体材料制备过程上的放大问题主要存在着两种意义上的放大，各有其重要性。其一，维持在适当浓度和温度分布上的放大装备，这是一般工程学意义上的放大问题，主要追求最终宏观结果（转化率、选择性等）与小试相当。鉴于目前颗粒生产的现状，迫切需要提高反应装置的效率及产品性能的稳定性，故在这种意义上的放大具有很大的潜力。其二，在小尺度装置上合成的物理形态与结构怎样在材料制备的规模中得到实现。这种意义上的放大是超微粉体材料研制过程所提出的新课题。正如对于聚合物产物分子和分布的控制产生了聚合物反应工程学一样，对于颗粒形态控制的过程研究促使了颗粒反应工程学这一学科的诞生。

第 10 章　粉体的分散与表面改性

10.1　粉体的分散

粉末存在的状态主要有堆积态和悬浮态两种，前面已经讨论了粉末的堆积态及性质，本章内容之一就是讨论悬浮态粉末。一般悬浮态粉末有四种悬浮体系：固体颗粒在气相中的悬浮、固体颗粒在液相中的悬浮、液相颗粒在气相中的悬浮、液相颗粒在另一互不相溶液体中的悬浮。而固-液和固-气悬浮体系更具有实际的工程意义。目前在纳米粉体的制备、合成、利用的过程中，保持颗粒的分散而不团聚对于控制纳米颗粒尺寸、体现其特异性能至关重要。固体颗粒在空气中良好分散是实现细粉干法分级的关键，许多微米级矿粒由于非选择性团聚现象而难以实现干法分选。

10.1.1　粉末颗粒在空气中的分散

当粉末颗粒的粒径很小时，极易在空气中黏结成团，特别是微米、亚微米级的超细粉末以及纳米级的粉末。这种现象对粉体的加工过程极为不利。

粉末颗粒的黏结是由于颗粒间的各种作用力引起的，其中主要是范德瓦耳斯力和静电引力。

10.1.1.1　颗粒之间的作用力

（1）颗粒分子间的作用力

分子之间总是存在相互引力，也就是范德瓦耳斯力，这个力与分子间距的 7 次方成反比，故作用距离极短（约为 1nm），它是一个典型的短程力。但是，对于大量极性分子集合体构成的体系，如超细颗粒，随着颗粒间距离的增大，其分子间作用力的衰减程度明显变缓，这是因为存在着多个分子的综合作用。

（2）颗粒间的静电作用力

在干空气中，绝大多数的粉末颗粒是自然荷电的。荷电的途径主要有三个：一是颗粒在其制备过程中荷电，例如电解法或喷雾法可使颗粒带电，干法球磨、研磨过程中颗粒表面由于摩擦而带电；二是颗粒与荷电表面接触而带电；三是气态离子的扩散作用使颗粒荷电，气态离子由电晕放电、各种射线电离、火焰电力作用而产生。

（3）颗粒在湿空气中的黏结力

当空气的相对湿度超过 65%时，水蒸气开始在颗粒表面及颗粒间、凝集颗粒间形成液桥，从而大大增强了黏结力。液桥形成示意图如图 10-1 所示。

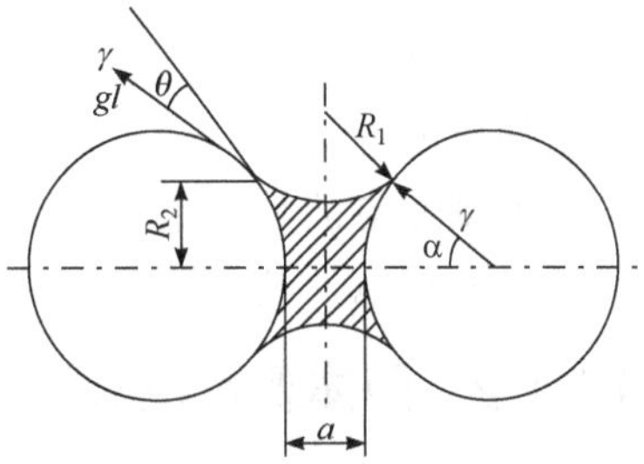

图 10-1　液桥形成示意图

10.1.1.2　颗粒在空气中的分散方法

颗粒在空气中的分散有多种途径，可以进行强制分散，也可通过表面改性降低颗粒的团聚倾向。颗粒在空气中分散的主要方法有：

① 机械分散。这是一种常用的分散手段，是指用机械力把颗粒凝聚团打散。机械分散的必要条件是机械力（通常是指流体的剪切力及压差力）应大于颗粒间的黏结力。通常机械力是离速旋转的叶轮圆盘或高速气流的喷射及冲击作用所引起的气流强湍流运动造成的，超细颗粒气流分级中常见的分散喷嘴（图 10-2）及转盘式差动分散器（图 10-3）属于这一类。

机械分散较易实现，但它是一种强制分散的过程。因此，互相黏结的颗粒在分散器中被打散后，它们之间的作用力犹存，排出分散器后又有可能重新团聚。对于脆性颗粒的粉碎，机械分散也可导致颗粒的粉碎。另外分散装置的磨损可能导致分散效果的下降。

② 干燥。由于潮湿空气中颗粒间形成液桥是颗粒团聚的重要原因，而液桥力是分子间作用力的十倍或几十倍，因此，杜绝破坏已形成的液桥后液桥的重新产生是保证颗粒分散的重要途径。工程上一般采用加热烘干法，比如用红外线、微波、喷雾干燥等手段加热微细颗粒，降低粉体的水分含量可保证物料的松散。

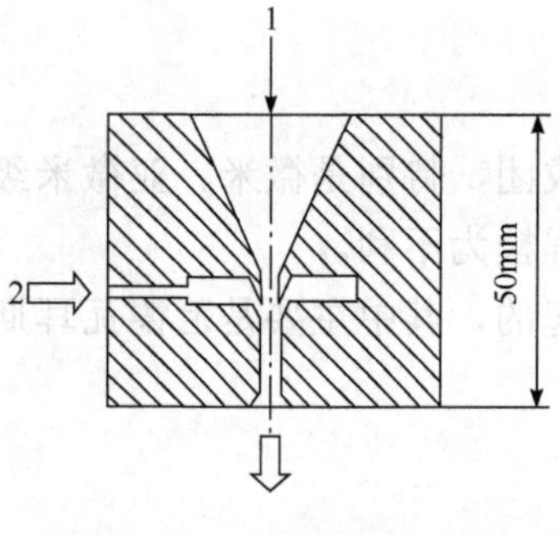

图 10-2　分散喷嘴示意图

1—给料　2—压缩空气

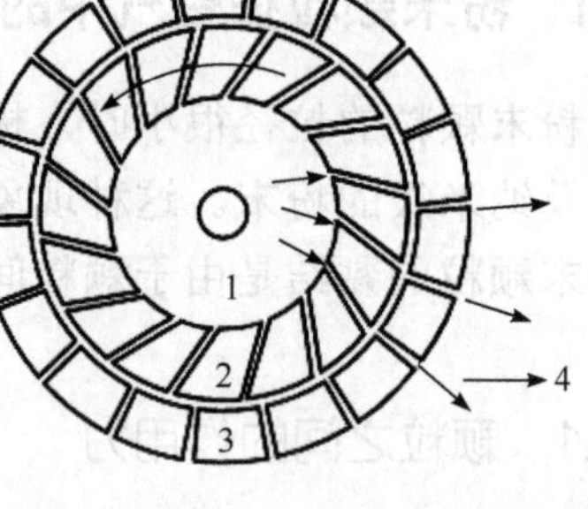

图 10-3　转盘式差动分散器示意图

1—给料　2—转子　3—定子　4-排除料

③ 疏水处理。对颗粒表面进行疏水处理，减小水对颗粒的润湿性。图 10-4 所示为玻璃球与玻璃板经过不同的疏水化处理后实测的黏附率，玻璃球径约 70μm。由图 10-4 可知，疏水化的表面不单纯通过减少蒸汽在其上的凝结而削弱黏结力，即使在湿度很小的环境中，疏水化对颗粒在平板上的黏附也有明显的影响。玻璃表面的硅烷化处理可使水对玻璃的润湿角由 0°提高到 118°，因而可有效地抑制玻璃珠表面与平板玻璃间液桥的产生，降低相互间的作用力，减少颗粒团聚的倾向，保证物料的松散。

④ 静电分散。对于同质颗粒，如果表面荷电性质相同，静电力起到排斥作用，就可用静电力进行颗粒分散。可以采用接触带电、感应带电和电晕带电等方式使颗粒荷电，其中电晕带电的效果最佳。其方法是将颗粒群连续通过电晕放电形成离子电帘，从而使颗粒表面荷电，其最终荷电量与电场强度和颗粒的介电常数相关，如图 10-5 所示。

10.1.2　固体颗粒在液体中的分散

固体颗粒在液体中的分散过程本质上受两种基本作用支配，即液体对固体颗粒的浸润及液体中固体颗粒间的相互作用。

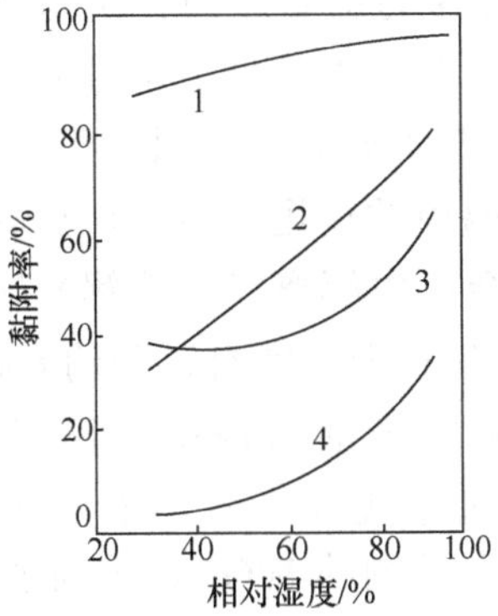

图 10-4　玻璃球处理前后在玻璃板上的黏附率

1—玻璃球与玻璃板的黏附率；2—玻璃板经过硅烷化处理；3—玻璃球经过硅烷化处理；4—玻璃板及玻璃球均经过硅烷处理

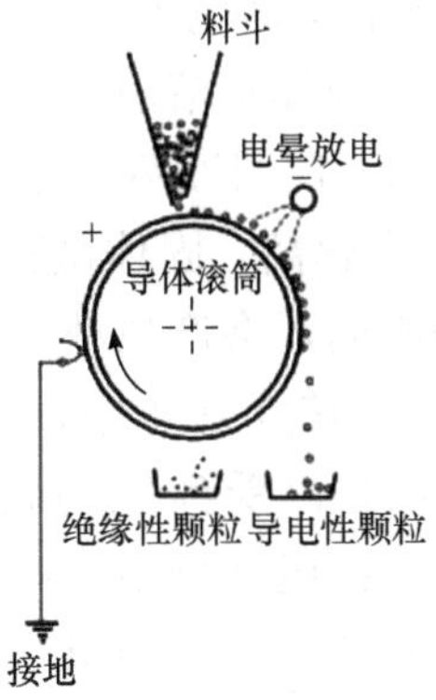

图 10-5　颗粒电晕带电

10.1.2.1　液体对固体颗粒的浸润

固体颗粒被液体浸湿的程度取决于该液体对颗粒表面的润湿性，通常以润湿角 θ 来衡量。若 $\theta=0°$则完全润湿，$\theta=\pi$ 表示完全不润湿，$0°<\theta<\pi$ 表示部分润湿。

若颗粒的密度大于液体的密度，且能被液体完全润湿，则其很容易被液体浸湿而进入液体。若液体对固体颗粒部分润湿，即润湿角 $\theta<90°$，则颗粒欲进入液相将受到液体表面张力的阻碍。圆柱体颗粒悬浮于液体的表面，如颗粒表面张力及润湿角足够大，颗粒将稳定地处于液体表面而不下沉。

对于润湿角较大、密度较小的颗粒，被水完全浸湿的临界尺寸较大，也即不易被浸湿，小于该尺寸的颗粒将漂浮于水面上。

在湍流场中，最大漂浮颗粒的粒径有显著降低。固体颗粒的润湿性与其结构有关，常见的液体如水、乙醇等都是极性的，因而极性固体能被很好地润湿，如石英、硫酸盐等。而非极性固体很难被极性液体浸润，如石蜡、石墨等。若两者都是非极性的，则也能较好地润湿。

总之，当 $\theta=0°$时，固体很易被液体润湿；当 $\theta>0°$时，固体颗粒能否被液体浸湿取决于颗粒的密度及粒径，密度及粒径足够大时，颗粒将被浸湿而没入液体。另外流体动力学对颗粒的浸湿有重要作用，提高液体湍流强度可降低颗粒的浸湿粒径。

10.1.2.2　固体颗粒在液体中的聚集状态

无论是自发的还是强制性的方式，当固体颗粒被液体浸湿后，在液体中的集聚状态只有两种：或者形成团聚，或者分散悬浮。颗粒在液体中的集聚状态取决于颗粒间的相互作用，以及颗粒所处的流体动力学状态及物理场。

（1）颗粒间的相互作用力

液体中固体颗粒间的作用力远比空气中复杂，除了分子间作用力，还出现双电层静电力、溶剂化膜作用力及因吸附高分子聚合物而产生的空间位阻效应。

① 分子间作用力。分子间作用力是同质颗粒团聚的主要原因。当微粒在液体中的时候，必须考虑液体分子间颗粒分子群的作用，以及这种作用对颗粒间分子作用力的影响。

② 双电层静电力。双电层静电力是同质颗粒排斥的主要原因。当固体与液体接触时，可以是固体从溶液中选择性吸附某种离子，也可以是固体分子本身的电离作用使离子进入溶液，使固液两相分别带有不同的电荷。颗粒表面电荷的来源主要有以下三方面：

a. 优先解离：固体微粒在水中，其表面受到水偶极的作用，由于正负离子受水偶极的吸引力不同，会产生非等量的转移，则有的离子会优先解离（或溶解）转入溶液。例如，萤石（CaF_2）在水中，F^-比 Ca^{2+}易溶于水，于是萤石表面就有过剩的 Ca^{2+}而荷正电；溶于水中的 F^-受到矿物表面正电荷的吸引，在矿物表面形成配衡离子层。重晶石（$BaSO_4$）、铅矾（$PbSO_4$）均属此类。正离子比负离子优先转入溶液的例子有白钨矿（$CaWO_4$），由于 Ca^{2+}优先转入溶液，白钨矿表面就有过剩的 WO_4^{2-}，因而表面荷负电。

b. 优先吸附：矿物表面对电解质阴阳离子不等当量吸附而获得电荷的情况。水溶液中的晶格同名离子达到一定程度时便向矿粒表面吸附，在矿粒表面荷电，如白钨矿在饱和溶液中，表面钨酸根离子较多而带负电，若向溶液中添加钙离子，因表面优先吸附钙离子而带正电。

c. 晶格取代：黏土、云母等硅酸盐矿物是由铝氧八面体和硅氧四面体的层状晶格构成。在铝氧八面体层中，当被低价元素（如 Mg）取代时，结果会使晶格荷负电。

液体中颗粒表面因离子的选择性溶解或选择性吸附而荷电在界面上形成了双电层的结构，如图 10-6 所示。

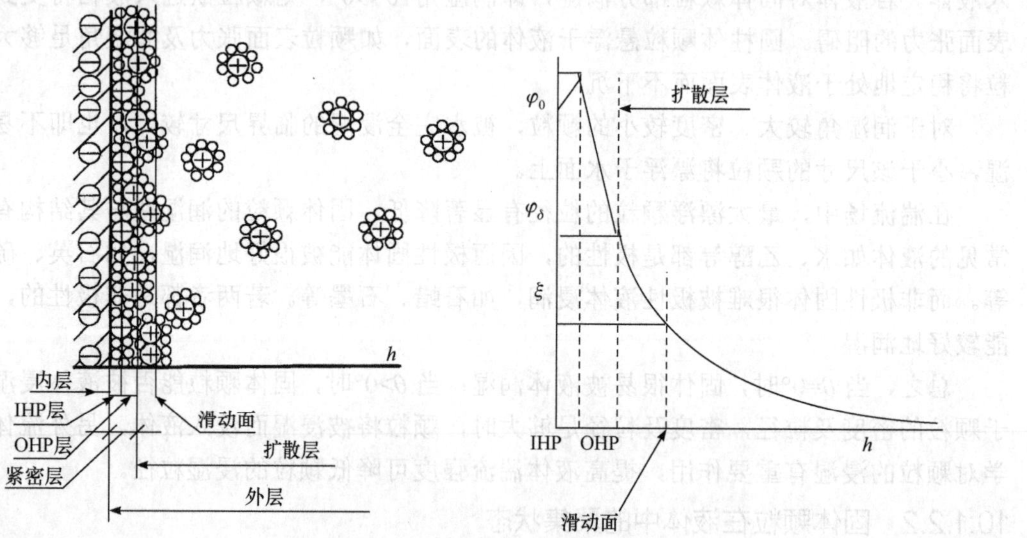

图 10-6 双电层结构及电位

由于静电吸引作用和热运动两种效应的结果，在液体中与固体表面离子电荷相反的离子只有一部分紧密排列在固体表面，另一部分可由超过一个离子的厚度一直分散到液体之中，因而双电层实际包括了紧密层和扩散层两个部分。当固体和液体颗粒发生相对移动时，扩散层中的离子则或多或少地会被液体所带走。由于离子的溶剂化作用，固体的表面实际上也是溶剂化的，所以当固体与液体相对移动时，固体表面上始终存在有一薄层的溶剂随着一起移动。固液之间可以发生相对移动处（即固相连带束缚的溶剂化层和溶液之间）的电势称为 ζ 电位（Zeta 电位）。

对于同质固体颗粒，双电层静电作用力恒表现为排斥力，因此它是防止颗粒相互团聚的主要原因之一。一般认为当颗粒的 Zeta 电位的绝对值大于 30mV 时，静电排斥力相比分子吸引力占优，从而保证颗粒的分散。若通过外加电解质使更多的与固体表面符号相反的离子进入溶剂化层，双电层将被压缩。当双电层被压缩到与溶剂化层叠合时，Zeta 电位降到零，固体颗粒出现聚沉现象。

对于不同质的颗粒，Zeta 电位为不同值，甚至不同号，对于电位异号的颗粒，静电作用力则表现为吸引力，即使电位同号，若两者绝对值相差很大，颗粒间仍可出现静电引力。

③ 溶剂化膜作用力。颗粒在液体中引起其周围液体分子结构的变化，称为结构化。对于极性表面的颗粒，极性液体分子受颗粒的作用很强，在颗粒周围形成一种有序排列并具有一定机械强度的溶剂化膜。对非极性表面的颗粒，极性液体分子将通过自身的结构调整而在颗粒周围形成具有排斥颗粒作用的另一种溶剂化膜。

当溶剂为水时，固体颗粒表面溶剂化膜厚度约为几纳米到几十纳米。极性表面的溶剂化膜具有强烈的抵抗颗粒在一定范围内互相靠近并接触的作用。而非极性表面的溶剂化膜则能引起非极性颗粒间的强烈吸附作用，称为疏水作用力。

与分子作用力及双电层作用力相比，溶剂化膜作用力要大 1～2 个数量级，但其作用距离要小，一般为颗粒接近至 10～20nm 时，作用非常强烈，往往成为颗粒聚沉的决定性因素。

④ 高分子聚合物吸附层的空间位阻效应。当颗粒表面吸附有机或无机聚合物时，聚合物吸附层将在颗粒接近时产生一种附加的作用，称为空间位阻效应。当吸附层牢固且相当致密，有良好溶剂化性质时，它起对抗微粒接近及团聚的作用，此时高聚物吸附层表现出很强的空间排斥力，虽然这种力只是当颗粒间距达到双方吸附层接触时才出现。

当然也有另一种情况：当链状高分子在颗粒表面的吸附密度很低，比如小于 50%或更小，它们可以同时在两个或多个颗粒表面吸附，此时颗粒通过高分子的桥连作用而团聚。这种聚团的结构疏松，密度低，强度也低，聚团中的颗粒相距较远。

（2）颗粒的聚集状态

1940～1948 年由 Derjaguin、Landau、Verwey 和 Overbeek 考虑了双电层的相互作用以及范德瓦耳斯力，用它们来解释悬浮胶体凝聚和分散的条件，这种理论简称为 DLVO 理论。DLVO 理论认为悬浮液及溶胶的稳定性是由电的作用力和范德瓦耳斯力相互达到平衡而形成的。当两个带同性电荷的胶体微粒相互趋近时，系统能量的变化是吸引能和排斥能的总和。当双电层作用力占优势时体系表现为分散，当范德瓦耳斯力占优势时体系表现为团聚。

在讨论液体中固体颗粒的聚集状态时，可用 DLVO 理论分析，特别是溶胶体系中胶粒的聚集问题。图 10-7 为粒子间作用能与其距离的关系。

当颗粒距离较大时，双电层末重叠，范德瓦耳斯力起主要作用，因此总势能为负值。当颗粒靠近到一定距离以至双电层重叠，则双电层斥力起主要作用，势能显著增加，但与此同时，粒子之间的范德瓦耳斯力也随距离的缩短而增大。当距离缩短到一定程度后，范德瓦耳斯力又占优势，势能便随之下降，从图 10-7 中可看出颗粒要相聚在一起，必须克服一定的势能，这是稳定的溶胶体系中粒子不相互聚结的原因。但当某些原因使得范德瓦耳斯力的效应足以抵制排斥效应，则溶胶体系出现不稳定状态。这种情况下，布朗运动将导致粒子结合，体系中颗粒分散度下降，以至最后团聚沉淀。

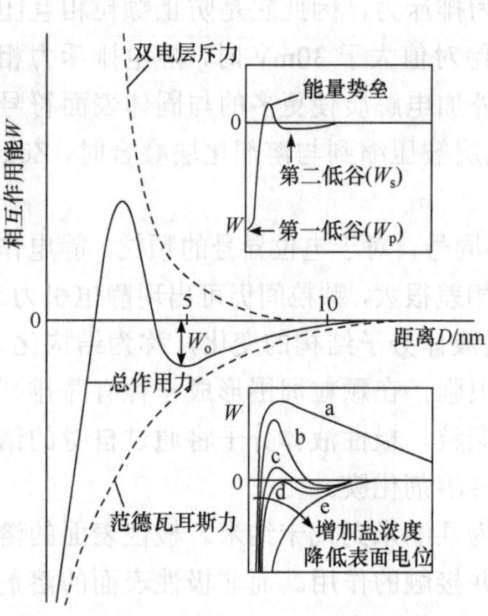

图 10-7 粒子间的作用能与其距离的关系示意图

实际的情况远比上述理论分析复杂得多。首先，颗粒间相互作用与颗粒的表面性质，特别是润湿性密切相关。其次，这种相互作用还与颗粒表面覆盖的吸附层的成分、覆盖率、吸附浓度及厚度等有关。对于异质颗粒还可能出现分子作用力为排斥力而静电作用力为吸引力的情况。

下面的例子比较了细粒石英矿物与滑石矿物在水中的团聚行为与 pH 值的关系。图 10-8 中 T 为透光率，T 愈大表示团聚程度愈高，反之亦然。由图可见，在等电点（pH=2）时，石英颗粒发生聚沉现象，这与 DLVO 理论一致。但聚沉的发生并不意味着石英颗粒是直接接触的。由于石英具有典型的亲水性表面，它的溶剂化膜程度很强，颗粒在聚沉时仍然保持溶剂化膜。聚沉体中颗粒与颗粒之间的相距约为溶剂化膜厚度的两倍。

如图 10-9 所示是细小滑石颗粒在水中的聚集状态与 pH 值的关系。对比图 10-9（b）与图 10-8 便可发现，尽管滑石与石英有相似的 Zeta 电位-pH 变化规律，但聚集状态却不相同。石英在 pH 接近 2 时发生聚沉，而滑石在 pH<5 时便产生明显的团聚。这表明，颗

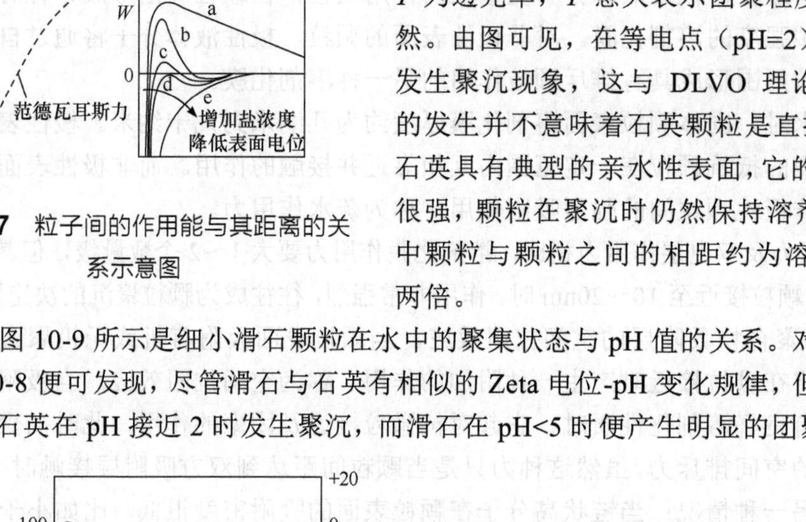

(a) 无表面活性剂　　(b) 十二胺浓度为3.86×10^{-4}mol/J

图 10-8 pH 值对细粒石英矿物聚团行为、Zeta 电位和疏水性的影响

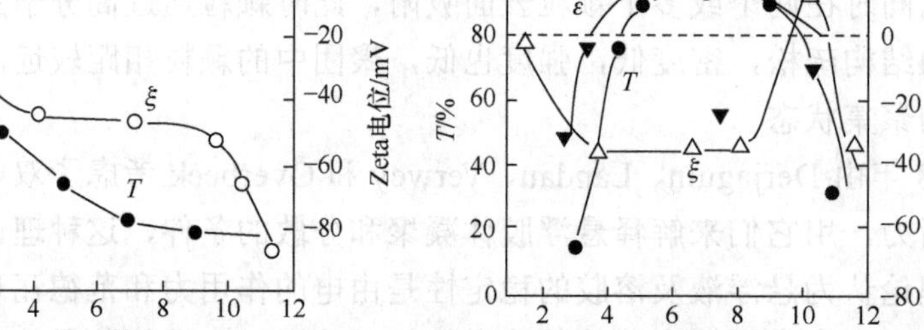

(a) 滑石在水中的分散与聚集行为　　(b) Zeta电位和接触角随pH值的变化

图 10-9 滑石颗粒在水中的聚集状态与 pH 值的关系

粒表面润湿性的不同也起重要作用。因此，改变颗粒表面的润湿性可以成为调整颗粒聚集状态的手段之一。

10.1.2.3 固液体系中固体颗粒分散的调控

按照液体中颗粒间的相互作用分析，要想获得均匀的分散体系，可从以下三个方面入手。

（1）体系的调控

可以根据颗粒的表面性质选择适当的液体介质，从而获得充分分散的悬浮体系。选择液体分散介质的基本原则是相同极性原则，即非极性颗粒易于在非极性液体中分散，极性颗粒易于在极性液体中分散。例如，许多有机高聚物（聚四氟乙烯、聚乙烯等）及具有非极性表面的矿物（石墨、滑石、辉铝矿等）颗粒易于在非极性油中分散，而具有极性表面的颗粒在非极性油中处于团聚状态，难以分散。反之，非极性颗粒在水中则往往呈现团聚状态。表 10-1 给出常用的分散体系。

表 10-1 常用的分散体系

介质类别	介质溶剂	固体颗粒	分散剂
极性溶剂	水	大多数无机盐、氧化物、硅酸盐颗粒、煤粉、木炭、炭黑、石墨颗粒等	鞣酸、亚油酸钠、草酸钠
极性有机溶剂	乙醇、乙二醇、丁醇、甘油+水、丙酮	锰、铜、铁、钴金属粉，氧化物陶瓷粉，淀粉，有机物粉	六偏磷酸钠
非极性有机溶剂	环己烷、二甲苯、苯、煤油、四氯化碳	绝大多数疏水颗粒、水泥、白垩、碳化钨颗粒等	亚油酸等

在测试粉末粒度时，体系的调控是常用的易实现的手段，但在工程上，更换介质的可能性往往很小。另外，极性相同原则需要同一系列的物理化学条件相配合，才能保证得到良好的分散体系。

（2）分散剂的加入

为在极性介质中均匀分散极性颗粒，其物理化学条件改变的主要方法是加入分散剂，以增加颗粒间的排斥作用。常用的分散剂主要有以下三种。

① 无机电解质。如聚磷酸钠、硅酸钠、氢氧化钠及纯碱等。图 10-10 给出六偏磷酸钠和水玻璃对滑石在水中的分散作用及表面疏水程度的影响。可见随着加入的分散剂增加，滑石颗粒的沉降率 E_a 下降，体系聚沉趋势下降。水对滑石表面润湿角减小，滑石表面亲水程度加大。研究表明，此类无机电解质分散剂在颗粒表面吸附，一方面显著提高颗粒表面 Zeta 电位值，从而产生强的双电层静电排斥作用；另一方面，六偏磷酸钠聚合度在 20～100 范围，水玻璃在溶液中往往生成硅酸聚合物，特别是在强碱介质中使用时，这种聚合物在颗粒表面的吸附层可诱发很强的空间位阻效应。同时，无机电解质也可增强颗粒表面对水的润湿程度，从而有效防止颗粒在水中的团聚。

② 表面活性剂。表面活性剂是指这样一类物质：当它以低浓度存在于某体系中时，可吸附在该体系的表面（界面）上，使这些表面（界面）自由能发生明显降低。表面活性剂已广泛用于石油、纺织、农药、冶金、食品、日用化工等领域。表面活性剂的分类

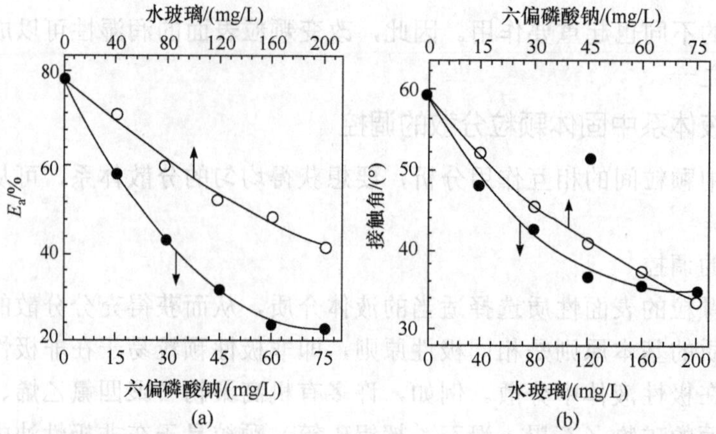

图 10-10　六偏磷酸钠和水玻璃对滑石在水中的分散作用（a）及表面疏水程度的影响（b）

方法很多，一般以其化学结构分类较合适，即当表面活性剂溶于水时，凡能电离生成离子的，叫离子型表面活性剂；凡在水中不电离的，称为非离子型表面活性剂。离子型表面活性剂按生成离子电性，又分为阴离子型表面活性剂和阳离子型表面活性剂。烷基的羧酸盐、硫酸酯盐、磺酸盐以及磷酸酯盐均为常用的阴离子表面活性剂；而烷基的伯胺盐、仲胺盐、叔胺盐、季铵盐等均为阳离子表面活化剂。另外还有甜菜碱型的两性表面活性剂。

表面活性剂的分散作用主要表现为它对颗粒表面润湿性的调整，在石英-水、滑石-水分散体系中表面活性剂的作用可以说明这一点。通过加入适当的表面活性剂，例如脂肪胺阳离子对石英的吸附，可使石英表面疏水化，从而诱导出疏水作用力，从本质上改变石英在水中的聚集状态，石英由分散变为团聚。对于天然疏水矿物滑石，同样也可以通过表面活性剂的吸附使其表面疏水性得到强化或者削弱，从而达到调整滑石聚集状态的目的，如图 10-11 所示。

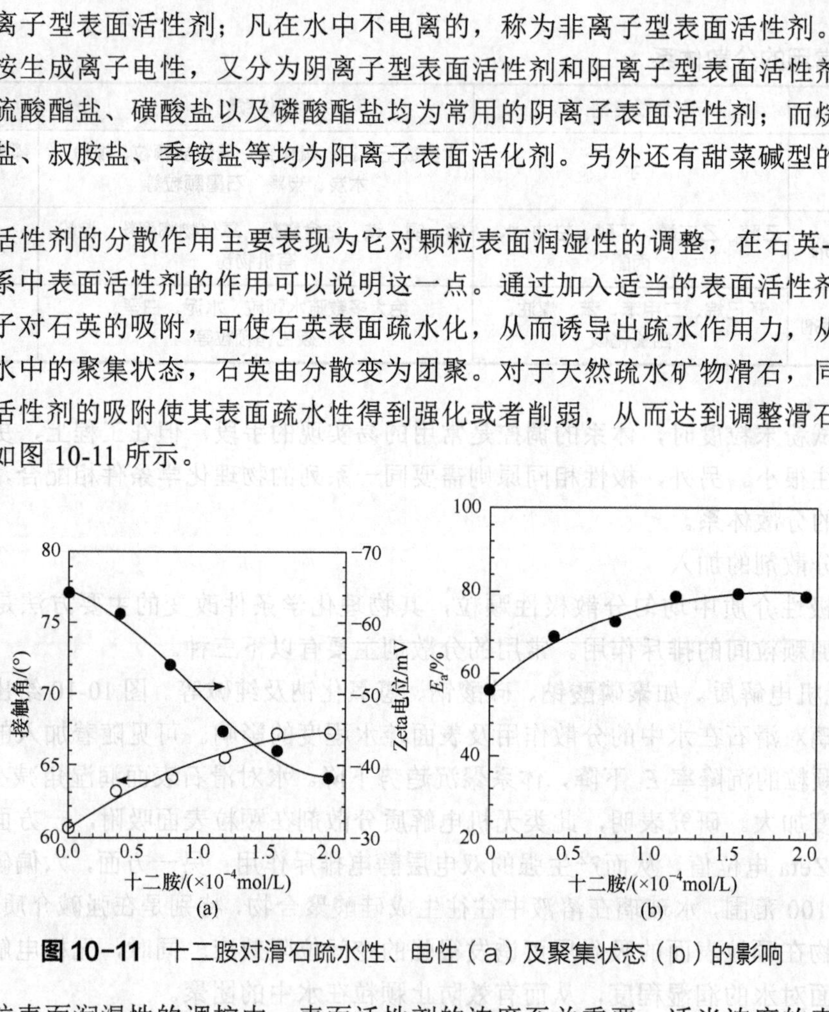

图 10-11　十二胺对滑石疏水性、电性（a）及聚集状态（b）的影响

在颗粒表面润湿性的调控中，表面活性剂的浓度至关重要。适当浓度的表面活性剂在极性表面的吸附可以导致表面疏水化，引起颗粒在水中强烈团聚。但是浓度过大，表面活性剂在颗粒表面形成表面胶束吸附，反而使颗粒表面由疏水向亲水转化，颗粒由团

聚转向分散。例如在油酸钠作表面活性剂的赤铁矿、菱铁矿、菱锰矿、金红石等颗粒悬浮体系中，当表面活性剂的浓度超过 1×10^{-4}mol/L 时，颗粒团聚程度急剧下降。

③ 高分子聚合物。这里主要是指一些阴离子及阳离子型聚合物电解质，如聚丙烯酸钠、聚苯乙烯酸铵等。它们易溶于水，在颗粒表面的吸附膜可达数十纳米，几乎与双电层的厚度相当，常用于以水为溶剂介质的分散剂。另外，有一些合成类高分子化合物，如长链聚酯、多氨基盐以及卵磷脂，可用于以油为溶剂介质体系的分散剂。高分子聚合物作为分散剂主要是利用它在颗粒表面吸附膜强化的空间位阻效应。这种分散剂要求吸附膜致密，空间位阻大，因而其用量也就大。

（3）机械调控

它是利用机械力或超声波振荡来碎解、分离团聚的固体颗粒。超声分散的机理是：一方面，超声波在颗粒体系中以驻波形式传播，使颗粒受到周期性的拉伸和压缩，从而使颗粒撕裂、分开；另一方面，超声波在液体中可能产生“空化”作用，使颗粒分开。超声波分散的效果与传播的能量密切相关，可以依此来调节体系分散程度。

超声波分散在颗粒粒度的测量方面应用效果很理想，但大规模地使用超声波分散能耗过大，所以应用受到限制。相应地，机械搅拌是一种简单易行的手段。它主要是靠冲击、剪切、摩擦等实现对团聚颗粒的破坏。图 10-12 表示的是机械搅拌强度对不同粒级石英颗粒-水体系的平衡聚沉度 E_{eq} 的影响，图中圆点、白色三角和黑色三角分别代表细、中、粗三种粒径。由图 10-12 可见随搅拌速度 n 也即搅拌强度的增大，石英颗粒的聚沉度显著降低，当搅拌转速达到 1000r/min 时，聚沉度降至零，这意味着所有因聚沉而形成的聚团均被打散。

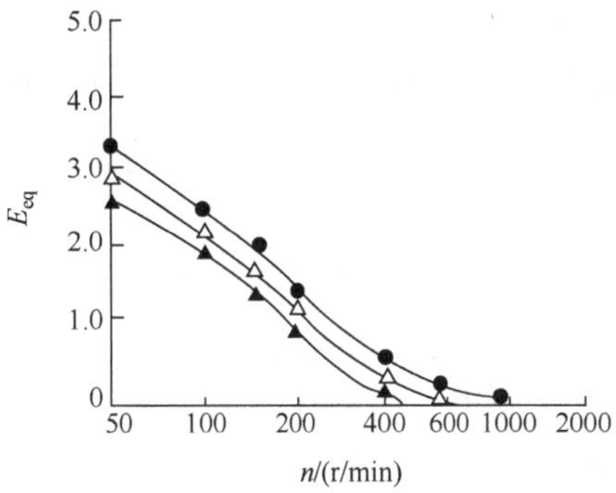

图 10-12　机械搅拌强度对石英颗粒团聚行为的影响

工程上所用的各种机械分散设备包括：配备各种搅拌叶轮的搅拌槽，行星式、振动式、搅拌式球磨机，以及胶体磨，等等。

机械搅拌的主要问题是：一旦颗粒离开机械搅拌产生的湍流场，外部环境复原，它们又有可能重新形成聚团。因此常加入一些分散剂、稳定剂等以获得良好的分散效果。

10.2　粉体表面改性

10.2.1　概述

表面改性是在 20 世纪 90 年代中期的一次国际材料会议中首次提出的。所谓粉体表面改性是指通过物理、化学、机械等方法对粉体表面进行处理，根据应用的需要，有目的地改善粉体表面的物理化学性质或物理技术性能，如表面晶体结构和官能团、表面能、表面润湿性、表面电性、表面吸附和反应特性等等，以满足现代新材料、新工艺和新技术发展的需要。

10.2.1.1 粉体表面改性的目的

表面改性后微粒表面的性质即为粒子的特性，亦是人们所期望的特性，通过对粉体颗粒表面的修饰，可以达到以下四个方面的改性目的：①改善或改变粉体的分散性；②提高颗粒的表面活性；③使颗粒表面产生新的物理、化学、力学性能及新的功能；④优化或提高粉体与其他物质之间的相容性。在涂料中，对确定的基料来说，分散体系的稳定性（包括光化学稳定性等）直接由分散粒子的表面性质决定。在复合材料中，材料的复合是通过界面直接接触实现的，因此界面的微观结构和性质将直接影响其结合力性质、黏合强度和复合材料的力学性能以及物理功能。为了增加粉体材料与聚合物的界面结合力，提高复合材料的性能，需要对纳米材料的表面进行改性。例如使用量很大的钛白粉，无论用于涂料还是高聚物，凡是具有优良性能、在市场上有竞争力的产品都进行过表面改性。因此，表面改性（修饰）的研究不仅具有学术意义，更具有重要的实用价值。

10.2.1.2 粉体表面改性的研究内容

粉体表面改性或表面处理与粉体工程、物理化学、表面与胶体化学、有机化学、无机化学、高分子化学、无机非金属材料、高分子材料、复合材料、结晶学、化学工程、矿物加工工程、环境工程与环境材料、光学、电学、磁学、微电子、现代仪器分析与测试技术等许多学科密切相关。可以说，粉体表面改性是一门将众多学科理论和技术融入粉体或颗粒制备技术的综合学科。粉体表面改性主要包括以下研究内容。

（1）表面改性的原理和方法

粉体表面改性的原理和方法是粉体表面改性技术的基础，主要包括：①粉体（包括改性处理后的粉体）的表面与界面性质及与应用性能的关系；②粉体表面或界面与表面改性处理的作用机理和作用模型，如吸附或化学反应的类型、作用力或键合力的强弱、热力学性质的变化等；③表面改性方法的基本原理或理论基础，如粉体表面改性处理过程的热力学和动力学以及改性过程的数学模拟和化学计算等。

（2）表面改性剂

粉体表面性质的改变或新功能的产生往往是通过各种有机或无机化学物质（即表面改性剂）在粉体粒子表面的吸附或反应来实现的。因此，从某种意义上来说，表面改性剂是粉体表面改性技术的关键所在。此外，表面改性剂还关系到粉体改性（处理）后的应用特性。因此，表面改性剂的选择与应用领域或应用对象密切相关。表面改性剂的研究内容涉及表面改性剂的种类、结构、性能或功能及其与各种颗粒表面基团的作用机理或作用模型，包括：表面改性剂的分子结构、分子量大小或烃链长度、官能团或活性基团等与其性能或功能的关系，表面改性剂的用量和使用方法，经表面改性剂处理后粉体的应用特性（如表面改性填料对塑料或橡胶制品力学性能等的影响，改性颜料对其润湿性、分散稳定性及对涂料遮盖力、耐候性、抗菌性、耐热性和光学效果等的影响）以及新型、特效表面改性剂的制备或合成工艺。

（3）表面改性工艺与设备

粉体表面改性工艺与设备是根据实际需要决定最终粉体颗粒表面性质改变的重要环节。其主要研究内容包括：不同类型和不同用途粉体表面改性的工艺流程和工艺条件、高性能表面改性设备的研制开发等。表面改性工艺与设备是互相联系的，理想的改性处理工艺必然包括高性能的改性处理设备。因此，改性设备的研制开发也是表面改性工艺与设备研究内容的一个重要方面。

（4）表面改性过程控制与产品检测技术

表面改性过程控制和监测涉及表面改性或处理过程中温度、浓度、pH 值、时间、表面改性剂用量等工艺参数以及表面包覆量、包覆率或包膜厚度等结果参数的监控技术；涉及表面改性产品的润湿性、分散性、粒度分布特性、表面形貌、比表面能，表面改性剂的吸附或反应类型，表面包覆量、包覆率、包膜厚度，表面包覆层的化学组成、晶体结构、电性能、光性能、热性能等的检测方法；此外，还包括建立控制参数与指标之间的对应关系以及过程的计算机仿真和自动控制等。

10.2.1.3 粉体表面改性技术的发展趋势

（1）表面改性工艺与设备

发展适用性广、分散性能好、粉体与表面改性剂的作用机会均等、表面改性剂包覆均匀、改性温度和停留时间可调、单位产品能耗和磨耗较低、无粉尘污染的先进工艺与设备集成，并在此基础上采用先进计算机技术和人工智能技术对主要工艺参数和改性剂用量进行在线自动调控，以实现表面改性剂在颗粒表面的均匀改性。

（2）表面改性剂

在现有表面改性剂的基础上，采用先进技术降低生产成本，尤其是各种偶联剂的成本，同时采用先进化学、高分子、生化和化工科学技术以及计算机技术，研发应用性能好、成本低、在某些应用领域有专门性能或特殊功能并能与粉体表面和基质材料形成牢固作用的新型表面改性剂。

（3）粉体表面改性“软技术”

在多学科综合的基础上，根据目的材料的性能要求选择粉体材料和“设计”粉体表面，运用现代科学技术，特别是先进计算方法、计算技术以及智能技术辅助设计粉体表面改性工艺和改性剂配方，以减少实验室工艺和配方试验的工作量，提高表面改性工艺和改性剂配方的科学合理性，达到最佳的应用性能和应用效果。

（4）粉体表面改性表征与评价方法的规范

将科学规范表面改性产品的直接表征和测试方法，应用已有的相关国家或行业标准，根据表面改性的目的和用途建立评价指标、评价标准和评价方法。

10.2.2 表面改性剂及作用

粉体的表面改性一般都有其特定的应用背景或应用领域。因此，选择表面改性剂必须考虑被处理物料的应用对象。例如，用于塑料、橡胶、胶黏剂等高聚物基复合材料的无机填料的表面改性所选用的表面改性剂既要能够与表面吸附或反应覆盖于填料颗粒表面，又要与有机高聚物有较强的化学作用和亲和力，因此，从分子结构来说，用于无机填料表面改性的改性剂应是一类具有一个以上能与无机颗粒表面作用较强的官能团和一个以上能与有机高聚物基分子结合的基团并与高聚物基料相容的化学物质。而用于多相陶瓷、水性涂料体系的无机颜料的表面改性剂应既能与无机颜料有较强的作用，显著提高无机颜料的分散性，又要与无机相或水相有良好的相容性或配伍性。

表面活性剂的种类很多，目前尚无统一的分类方法。常用的表面改性剂有：偶联剂、表面活性剂、有机低聚物、不饱和有机酸、有机硅、水溶性高分子、超分散剂以及金属氧化物及其盐等。

10.2.2.1 偶联剂

偶联剂是具有两性结构的化学物质，按其化学结构和成分可分为硅烷类、钛酸酯类、铝酸酯类、锆铝酸盐及有机络合物等几种。其分子中的一部分基团可与粉体表面的各种官能团反应，形成强有力的化学键合；另一部分基团可与有机高聚物基料发生化学反应或物理缠绕，从而将两种性质差异很大的材料牢固地结合起来，使无机粉体和有机高聚物分子之间建立起具有特殊功能的“分子桥”。

偶联剂适用于各种不同的有机高聚物和无机填料的复合材料体系。经偶联剂进行表面改性后的无机填料既抑制了填充体系“相”的分离，又使无机填料“有机化”，与有机基料的亲和性增强，即使增大填充量，仍可较好地均匀分散，从而改善制品的综合性能，特别是抗张强度、冲击强度、柔韧性和挠曲强度等。

（1）钛酸酯偶联剂

钛酸酯偶联剂是美国 KENRICH 石油化学公司于 20 世纪 70 年代中期开发出的一类新型偶联剂，它对许多干燥粉体有良好的偶联效果。改性粉体用于热塑性高聚物有良好的填充效果，至今已发展了几十个品种。根据钛酸酯偶联剂的分子结构，可将其划分为 6 个功能区，每个功能区均有各自的特点，在非金属粉体表面改性中可以起到各自的作用。它的通式及 6 个功能区如下：

通式：$(RO)_M\text{—}Ti\text{—}(OX\text{—}R'\text{—}Y)_N$

① —$(RO)_M$为与无机填料、颜料发生偶联作用的基团，其中下标M为基团数，$1 \leqslant M \leqslant 4$。钛酸酯通过该烷氧基团与无机粉体表面的单分子层结合水或羟基的质子（H^+）作用而结合于粉体的表面，形成单分子层，同时放出异丙醇。由该功能区发展出偶联剂的 3 种类型，每种类型由于偶联基团上的差异，对超微粉体表面的含水量有选择性。一般单烷基型适用于干燥的、仅含键合水的、低含量的无机粉体，螯合型适用于高含水量的无机粉体，配位型与单烷基型使用情况类似。

② —Ti—O 为酯基转移的交联功能基团，其中 Ti 为偶联剂分子的核心。钛酸酯偶联剂能够和有机高分子的酯基、羟基等进行酯基转移和交联的功能，使钛酸酯、非金属粉体及有机高分子材料之间产生很好的交联作用。

③ —X 为钛酸酯分子中连接钛中心的基团，X 代表 C、N、P、S 等元素，具体基团有焦磷酸酯、亚磷酸酯、羟基、磺酸基、氨基等。这些基团决定了各种钛酸酯偶联剂的特殊性和功能性。通过选择和应用，可使不同的钛酸酯偶联剂显现出不同的功能性。

④ —R′为长碳链烃基，碳链长度常为 C12～C18。由于长的脂肪族碳链比较柔软，能和有机高分子进行缠绕，可增强与基料的结合力，提高它们的交联性。

⑤ —Y 为固化反应基团。在活性基团与钛有机骨架连接后，其偶联剂就能很好地与高分子材料进行化学反应和交联。

⑥ —N 是非水解基团数。该基团的变化可以调节偶联剂与粉体及高分子材料的反应等。钛酸酯偶联剂分子中大部分非水解基团数目至少为 2 个。

了解了以上各功能区的作用原理，就可以根据待处理粉体的特性及应用领域来灵活地选择能满足各种要求的钛酸酯偶联剂。钛酸酯偶联剂分为单烷氧型、螯合型、配位型。前者的特点是含有多种功能，适用范围广，主要适用于处理干燥的非金属粉体；第二种是含有乙二醇螯合基，适用于一定水含量粉体的表面改性；第三种的特点是耐水性好，多数不溶解于水，不发生酯交换反应，适用于多种粉体的表面改性。

（2）硅烷偶联剂

硅烷偶联剂是一类分子中同时含有两种不同性质基团的有机硅化合物，其通式为 $RSiX_3$。式中，R 为与聚合物分子有亲和力或反应能力的有机官能团，如氨基、巯基、乙烯基、环氧基和酰氧基等；X 为可水解的烷氧基和氯离子。

硅烷偶联剂可用于许多种矿物及填料的表面改性处理，其中用于酸性矿物（石英、高岭石和硅灰石等）效果最佳。水解反应是硅烷偶联剂偶联作用的前提，在使用时常用水配成硅烷溶液使用，大部分硅烷经水解后都具有良好的可溶性。

硅烷与非金属粉体的反应过程（图 10-13）可分为四步。第一步是对硅烷偶联剂进行水解，反应生成硅醇；第二步在与非金属粉体表面羟基反应的过程中，先脱水缩合成 Si—OH 的低聚硅氧烷；第三步是低聚硅氧烷中的 Si—OH 与非金属粉体表面上的 OH 形成氢键；第四步是进行加热固化，在这一过程中也同时伴随脱水反应，从而与非金属粉体形成牢固的共价键结合。由此达到了对粉体表面改性的目的。

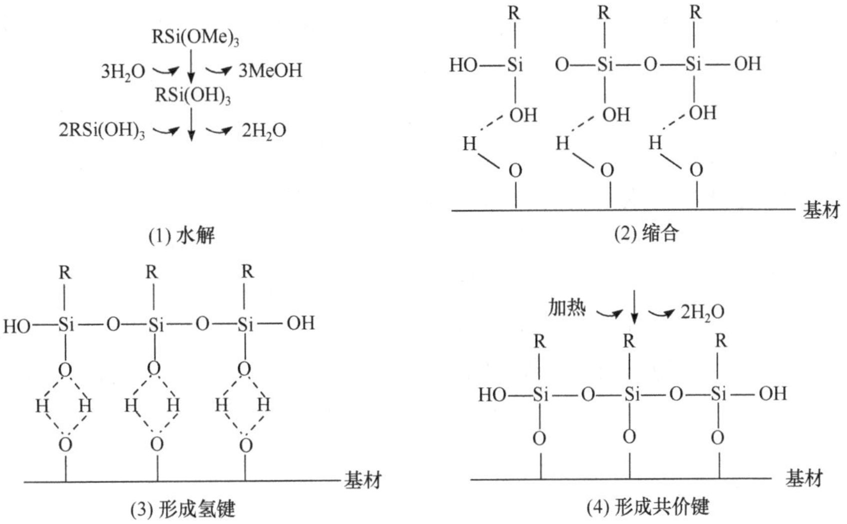

图 10-13　硅烷与非金属粉体的反应过程

关于硅烷偶联剂在高聚物复合材料中的作用机理有以下观点：

① 化学键理论。认为偶联剂分子结构中存在两种性质的官能团，一种官能团与矿物等无机填料表面的极性基团反应，另一种官能团则能与有机物反应，因而偶联剂可将填料和有机基体结合在一起并增强复合材料的力学性能。

② 表面浸润理论。认为玻璃纤维增强树脂复合材料要获得很好的黏结界面，要求树脂可以较好地浸润于玻璃纤维表面。该理论是由 Zisman 于 1963 年提出的，又称表面能理论。浸润性作为衡量黏结性能的充分非必要条件，其好坏可用接触角的大小表示，

接触角小则浸润性就好。一般玻璃纤维表面经偶联剂处理后，表面的活性基团增多，树脂能更好地浸润在玻璃纤维表面，有利于提高复合材料的黏结性能。

③ 表面形态理论。表面形态理论认为玻璃纤维表面的物理状态是决定其复合材料界面性能的主要因素，包括玻璃纤维的表面积、粗糙度等。玻璃纤维经热处理后损伤表面状态，使表面粗糙。偶联剂处理玻璃纤维表面，使树脂黏度降低，较好地填充在玻璃纤维表面孔穴中，通过"抛锚效应"来提高界面性能。玻璃纤维经过酸碱蚀刻处理后表面形成一些凹陷或微孔，一些高聚物的链段进入到孔穴中起到类似锚固作用，增加了玻璃纤维与聚合物界面之间的结合力。

④ 可逆水解平衡理论。认为硅烷偶联剂在玻璃纤维表面形成了 Si—O—Si 化学键，其化学键的水解和聚合是一个动态平衡过程。在理想状态下，水解和聚合使得硅氧烷薄层以共价键或氢键形式结合在玻璃基层表面。处理剂与增强剂表面氢键破坏和形成处于可逆的动态平衡状态，动态平衡的总效果使基体和增强剂之间保持一定量的化学结合，使界面黏结保持完好，同时在键的破坏和形成过程中松弛了界面应力。

10.2.2.2 表面活性剂

表面活性剂是一种能降低水溶液的表面张力或液-液界面张力，改变体系的表面状态从而产生润湿和反润湿、乳化和破乳、分散和凝聚、气泡和消泡以及增溶等一系列作用的化学药品。下面主要介绍一种阴离子型表面活性剂——高级脂肪酸及其盐。

高级脂肪酸及其盐的分子结构通式为 RCOOH（M）。式中，M 代表金属离子。高级脂肪酸分子一端为羧基，可与无机填料或颜料表面发生物理、化学吸附作用；另一端为长链烷基（C16～C18），其结构和聚合物分子结构相似，因而与聚合物基料有一定的相容性。因此，用高级脂肪酸（如硬脂酸）及其盐处理无机填料或颜料，有一定的表面处理效果，可改善无机填料或颜料与高聚物基料的亲和性，提高其在高聚物基料中的分散度。另外，由于高级脂肪酸及其盐本身具有润滑作用，可使复合体系内摩擦力减小，改善复合体系的流动性能。代表性品种有硬脂酸、硬脂酸钠、硬脂酸钙、硬脂酸锌、硬脂酸铝、松香酸钠等，用量约为填料或颜料质量的 0.25%～5%。使用时既可干法直接与无机填料、颜料混合分散均匀或稀释后喷洒在无机填料、颜料表面，搅拌均匀后再烘干，除去水分；也可加入料浆中湿法进行表面处理，然后再干燥。

高级脂肪酸的胺类（酰胺）及脂类与其盐类似，也可作为无机粉体如填料或颜料的表面改性剂。

10.2.2.3 不饱和有机酸

不饱和有机酸作为无机填料的表面改性剂，带有一个或多个不饱和双键及一个或多个羟基，碳原子数一般在 10 个以下。常见的不饱和有机酸有丙烯酸、甲基丙烯酸、丁烯酸、肉桂酸、山梨酸、2-氯丙烯酸、马来酸、乙酸乙烯、乙酸丙烯等。一般来说，酸性越强，越容易形成离子键，故多选用丙烯酸和甲基丙烯酸。各种不饱和有机酸可以单独使用，也可以混合使用。

含有活泼金属离子的无机填料常带有 K_2O-Al_2O_3-SiO_2、NaO-Al_2O_3-SiO_2、Ca-Al_2O_3-SiO_2 和 Mg-Al_2O_3-SiO_2 结构。由于填料表面这些活泼金属离子的存在，用带有不饱和双键的有机酸进行表面处理时，就会以稳定的离子键形式构成单分子层薄膜包覆在填料表面。由于有机酸中含有不饱和双键，在和基体树脂复合时，由于残余引发剂的作用或热能、机械能的作用，打开双键，和基体树脂发生接枝、交联等一系列化学反应，使无机填料和高聚物基料较好地结合在一起，提高了复合材料的机械物理性能。因此，不饱和有机酸是一类性能较好、开发前途较大的新型表面改性剂。

10.2.3 粉末颗粒的表面改性方法

粉末颗粒的表面改性又称表面修饰，它是指用一定的方法对颗粒表面进行处理、修饰及加工，有目的地改变颗粒表面的物理性质、化学性质，以满足粉末加工过程及应用的需要。

通过对粉末的表面改性处理，可实现对颗粒的亲水性修饰、亲油性修饰、改变磁性、改变电性、改变光学性质、增加耐候性等，由此便能显著改善或提高粉末的应用性能。例如对填料表面进行有机物或表面活性剂修饰可提高其在树脂和有机聚合物中的分散性和相容性，从而提高相应复合材料的力学性能。改变颗粒的表面电性质，可增加其与带相反电荷纤维结合的强度，从而提高纸张强度和填料的留着率。对云母粉末进行氧化钛表面处理可提高折射率，增加珠光效果。对膨润土进行有机阳离子覆盖处理，可提高其在弱极性或非极性体系中的膨胀、悬浮、触变等特性。

表面改性的方法通常可分为物理法和化学法。物理法包括机械力处理、辐射、溅射以及结合相应的真空技术处理等。化学法包括浸泡、原位或作原位化学反应的表面吸附或沉积。许多化学法过程是主体颗粒和表面层同时进行合成，这种过程即为原位反应，许多有机聚合物就是通过选择合适的前驱体原位反应在主体颗粒的表面。

10.2.3.1 物理法表面改性

粉末的物理法表面改性一般是指不用表面修饰剂而对颗粒表面实施改性的方法，包括电磁波、中子流、α 粒子流和 β 粒子流等的辐射处理，超声处理，电化学处理和等离子体处理，等等。这些物理法表面改性技术已经在矿物颗粒浮选等工程领域得到利用。下面对常见的表面修饰方法给予介绍。

（1）超声处理

超声波的频率在 20～5000kHz，其波长短，能量易集中。这种超声波可产生强烈的振动及对介质的空化，并由此诱导出热、光、电、化学和生物现象，甚至使材料的特性和状态发生变化。

其主要作用包括：①清洗矿物颗粒表面污染物；②分解表面的试剂吸附层；③通过颗粒表面的空化作用，打破细粒浮选时水动力流体流动界限，有助于细粒的回收；④促进悬浮体结构的分散，减少聚沉倾向；⑤可改变晶体结构、顺磁中心数目和晶体中活性阳离子的价键，从而改变半导体和顺磁颗粒的磁性、电特性、润湿性等。

研究表明，超声处理后矿物可浮性增加。低频超声波主要用于药剂分散、降低表面张力以及矿物颗粒表面的清洗。高频的超声波可用于提高药剂的吸附能力和气泡在浮选中的分散。

（2）辐射处理

辐射处理是将高能射线与物质相互作用，在极短的时间内将能量传递给介质，使介质发生电离和激发等变化，引起缺陷生成、辐射化学反应、热效应、荷电效应等，从而使颗粒表面性质发生变化。

电磁波、中子流、α 粒子、β 粒子在矿物颗粒表面改性领域均有应用。其作用表现在辐射能改变矿物表面结构及电荷性质，可使颗粒表面空位等晶体缺陷增加，从而改变了颗粒表面的能量状态，使其湿润性、吸附能力均有所增加。对于半导体矿物颗粒（如硫铁矿），则可改变其载流子浓度、费米能级以及它们的导电形式，从而改变其浮选规律和可浮性。

此外，电子辐射加热处理可使某些矿物颗粒的磁性发生变化，使原来的弱磁性矿物转变为强磁性矿物，从而有利于磁力分选。有些矿物颗粒由于表面电荷性质改变，其电性和介电常数发生变化，从而有利于静电分离。高能辐射水-固体系时，由于能促使水产生自由基 H^+、OH^-及活性水分子 H_2O^+，从而加速矿物颗粒表面的氧化。

（3）电化学处理

当固-液体系（如矿物颗粒-水的矿浆）达到稳定状态时各种无机离子达到平衡，整个体系存在一个平衡电位，即矿浆电位。当通过电极施加电场作用于整个矿浆时，各种离子的平衡被打破，矿浆的离子组成发生变化，从而引起矿物颗粒表面成分及特性发生变化。

用电化学作用于硫化物矿浆，可调节和控制导致硫化物疏水和亲水的电化学反应，比如颗粒表面可形成硫元素，从而改变颗粒悬浮特性。电化学处理铁锰矿物粉末的矿浆，可使颗粒表面得到清洗，其粗糙度增加，吸附活性剂的表面增加，有利于浮选效率的提高。电化学作用还可以改变矿物颗粒表面磁性。主要成分为 Fe_2O_3 的赤铁矿在电化学作用下表面可形成 Fe_3O_4 或 Fe_2O_3 等强磁性物质，从而使颗粒在磁场中的性能发生较大变化，有利于提高磁选回收率。

（4）等离子体处理

等离子体是由大量带正负电荷的粒子和中性粒子构成，并宏观表现为电中性，导电率很高的气态物质是物质存在的第四状态。用等离子处理粉末的方法有：①用聚合物气体的等离子体对粉末进行表面处理，在颗粒表面形成聚合物薄膜；②用非聚合物气体如 Ar、He、H_2O 的等离子体处理粉末表面，除去粉末表面吸附的杂质，并在粉末表面引入各种活性基团；③可由颗粒表面活性自由基引发接枝聚合反应，从而生成大分子量的聚合物薄膜。

经等离子体处理后，粉末颗粒的表面形态、结构和性质都发生变化。如云母粉末经聚合性单体-乙烯等离子体处理后，表面被一层数百纳米的海星状的薄膜覆盖。用 Ar 等离子体处理，其表面出现规则的层状凸起，从而导致颗粒的酸碱性、润湿性、介质性质、热稳定性、磁性均发生变化。将无机物颗粒表面用等离子体反应引入活性基团或形成聚合物，可大大改善与聚合物的黏合性，从而提高聚合物填充体系的力学性能。

等离子体粉末改性的工艺条件主要涉及处理时间、气体流量、放电功率、气体选择与组合等。目前存在的主要问题是设备成本高。等离子体处理超细粉体的流态化床反应器如图 10-14 所示。

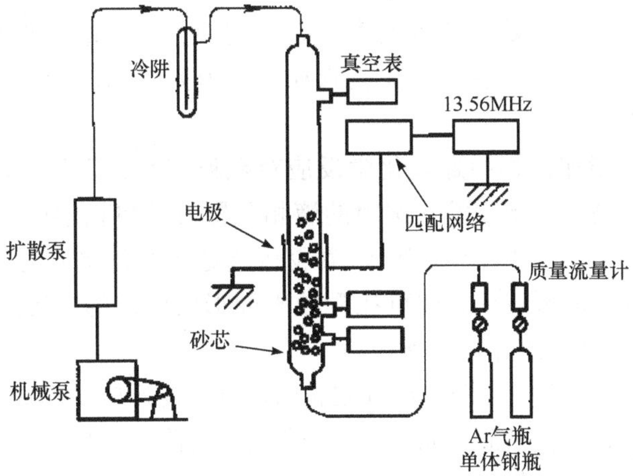

图 10-14　等离子体处理超细粉体的流态化床反应器

10.2.3.2　化学法表面改性

化学法表面改性是指通过粉体粒子表面和表面改性剂之间的化学吸附作用或化学反应，改变粒子的表面结构和状态，从而达到表面改性的目的，其中包覆处理改性是非常重要且常见的方法。包覆或称涂覆和涂层，是利用无机物或有机物（主要是表面活性剂、水溶性或油溶性高分子化合物及脂肪酸皂等）对颗粒表面进行包覆以达到改性的方法，也包括利用吸附、附着及简单（电）化学反应沉积现象进行的包覆。表面包覆改性又可分为固相包覆改性、气相包覆改性、液相包覆改性和微胶囊化包覆等。

（1）固相包覆改性

通常是指将常温下互无黏性也不发生化学反应的两种物质（一种是要改性的无机物颗粒，另一种是无机物超细粉，也可以是有机物）通过一定的处理，使一种物质或几种物质包覆在颗粒表面，从而实现表面改性的方法。实现固相包覆主要是靠机械力作用，高分子聚合物固相包覆是使高聚物在机械力的作用下产生裂解、结构化、环化、离子化和异构化等化学变化，然后在活性固体表面，在引发剂作用下实现聚合及接枝而包覆固体颗粒表面。

能用固相表面接枝包覆的聚合物或单体主要有三类：第一类是与树脂本体一致的高聚物、聚合物、单体，如聚乙烯、聚苯乙烯、丙烯酸、聚乙烯蜡。第二类是树脂接枝改性的产品，含树脂单体聚合物、改性单体、带双键的偶联剂等，如聚乙烯接枝马来酸酐、苯乙烯-丙烯酸共聚物、丙烯酸-（甲基）丙烯酸酯、硅酸偶联剂等。第三类是能与树脂反应生成交联聚合物的聚合物或者单体，如丙烯腈、丙烯酰胺、羧甲基纤维素等。

图 10-15 所示为超细碳酸钙和二氧化钛粉末的固相包覆路线，所用设备为搅拌球磨机，介质为 ZrO_2 球，作用的聚合物改性剂为聚苯乙烯（PS），单体的改性剂为苯乙烯（ST），引发剂为过氧化苯甲酰。

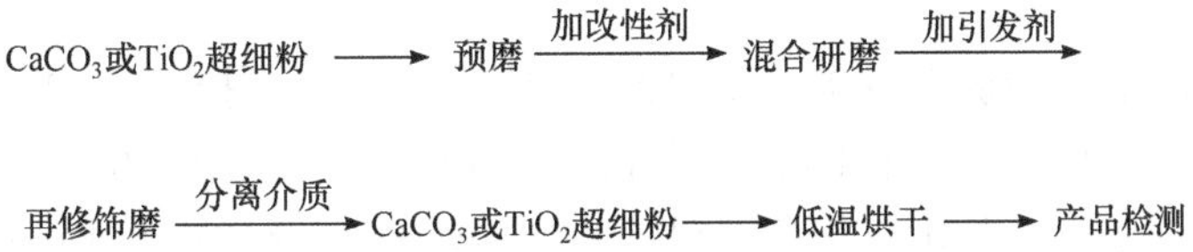

图 10-15　超细碳酸钙和二氧化钛粉末的固相包覆路线

影响固相包覆的工艺参数主要为温度、改性剂种类与用量、研磨时间、充填率等。也可采用干式冲击式混合机制备单层无机物粒子包覆高聚物的粉体。

（2）液相包覆改性

所谓液相包覆是指在液相中通过化学反应对颗粒表面进行包覆，包覆物质包括金属氧化物、金属、聚合物、硫化物等。常用的液相包覆方法包括溶胶-凝胶法、沉淀法、微乳液法、非均相凝聚法、化学镀等。溶胶-凝胶包覆是将要包覆的粉末颗粒加入溶胶中分散，再在一定条件下完成凝胶化，即可在颗粒表面形成所需的包覆层。常用的溶胶-凝胶反应包括无机盐溶胶-凝胶和醇盐水解等。

沉淀反应改性是利用无机化合物在颗粒表面进行沉淀反应，形成一层或多层“包覆”或“包膜”，以改善粉体表面性质（如光泽、着色力、遮盖力、保色性、耐候性、耐热性等）的表面处理方法。在分散的粉体水浆液中加入所需的改性（处理）剂，在适当的 pH 和温度下，使无机改性剂以氢氧化物或水合氧化物的形式均匀沉淀在颗粒表面，形成一层或多层包覆层。经过洗涤、脱水、干燥、焙烧等工序使包覆层牢固固定在颗粒表面，达到改进粉体表面性能的目的。在粉末颗粒表面包覆无机氧化物，氧化物可以是一种、两种甚至多种，矿物粉末颗粒表面涂覆 TiO_2、ZrO_2、ZnO_2 等氧化物的工艺就是通过沉淀反应改性实现的。

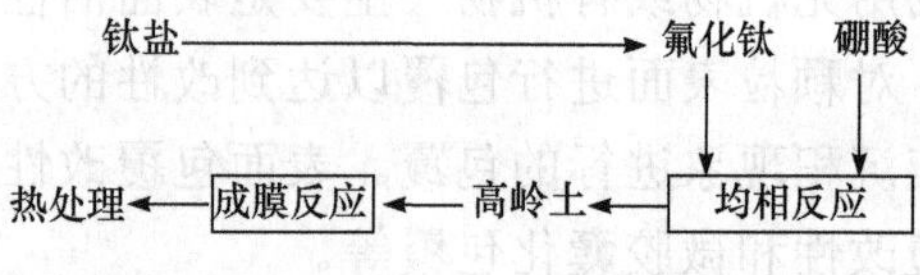

图 10-16 制备 TiO_2膜的工艺流程

以钛盐、氢氟酸、硼酸为原料，采用液相沉积法在高岭土颗粒表面包覆二氧化钛膜制备 TiO_2 薄膜的工艺流程如图 10-16 所示。

非均相凝聚法是指将两种粉末连同分散剂均匀分散于液相中，通过调整 pH 值或加入表面活性剂的方法，使被覆颗粒和包覆颗粒所带的电荷相异，通过静电力的作用，使包覆颗粒吸附在被覆颗粒周围，形成单层包覆。其过程如图 10-17 所示。该方法基于扩散双电层理论，关键是找到一个合适的 pH 值，使两种粉末体带相异电荷，一般选用的包覆颗粒为较细的纳米粒子，包覆层厚度即是涂层微粒尺寸。

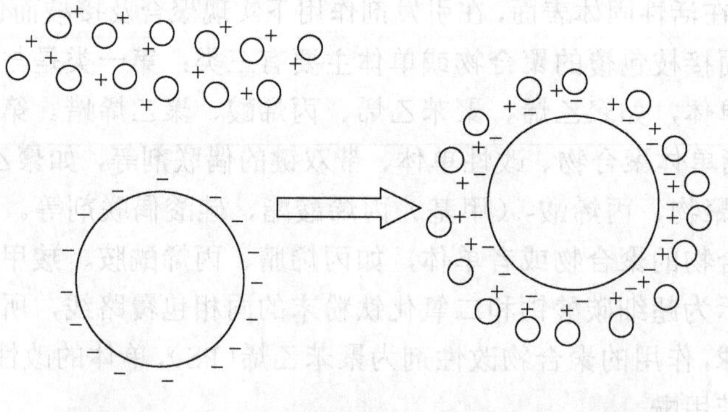
图 10-17 非均相凝聚法液相包覆过程示意图

微乳液法是在采用微乳液法制备无机纳米颗粒过程中，控制一定的反应条件，可使一种纳米微粒在另一种纳米微粒的表面生长，就可得到具备无机物-无机物包覆结构的复合粒子。若将微乳聚合与微乳沉淀反应结合在一起，即可获得有机物-无机物包覆结构的纳米粒子。

以制备 CdS-ZnS 无机包覆纳米结构为例：以甲苯为有机相，十二烷基硫酸钠为表面活性剂，正戊醇为助表面活性剂，$CdCl_2$ 水溶液为水相。将水相加入有机物中构成微乳体系，通入 H_2S 气体在水核中生成 CdS 粒子，再加入 $ZnCl_2$ 水相，以 NaOH 控制 pH 值，使 ZnS 颗粒在 CdS 微粒表面生长，从而获得 CdS-ZnS 包覆结构，其带边发射性质有明显的变化。

化学镀可用于对粉末颗粒实施金属或合金的包覆。化学镀溶液中的还原剂被氧化后放出电子，还原沉淀出金属来包覆粉体颗粒。化学镀方法可使粉体表面获得结构匀称、厚度可控的金属 Cu、Ni、Co 或其合金等包覆层。被包覆的粉末颗粒包括 SiC、Al_2O_3 等陶瓷粉末，金刚石，碳纤维，等等。化学镀铜常用甲醛作还原剂，反应原理如下：

$$2HCHO + 4OH^- \longrightarrow 2HCOO^- + H_2 + 2H_2O + 2e^- \tag{10-1}$$

$$Cu^{2+} + 2e^- \longrightarrow Cu\downarrow \tag{10-2}$$

化学镀的工艺过程包括粗化→敏化→活化→还原。粗化的目的是除去表面的油污和氧化层，常用碱或强酸，敏化用 $SnCl_2$ 水溶液，活化用 $PdCl_3$ 水溶液，涂镀时间由所需镀层厚度决定。

（3）气相包覆改性

化学气相沉积（CVD）可广泛应用于制备超细粉末、体材料表面的镀膜。近年来，也有将 CVD 应用于超细粉末颗粒表面的包覆。

超细粉末的 CVD 表面包覆常与颗粒流态化技术相结合，即将粉末颗粒物料与流动气相接触，而使固体处于流体状态。流化床内流体与颗粒剧烈混合流动，再结合 CVD 技术在颗粒表面形成均匀牢固的包覆层。采用流态化 CVD 技术，使用三乙丙基铝在粉末云母和镍粉上包覆氧化铝，用 $TiCl_4$ 作前驱体，通入 H_2 反应，可在粉状云母表面形成一层钛包覆层，若在系统中引入 NH_4，则可产生 TiN 包覆层。

10.2.4 表面改性工艺

目前，对于颗粒材料的表面改性方法还没有十分明确的分类方法。如果按改性过程中改性剂和颗粒存在的状态对改性方法进行分类，颗粒的表面改性可以分为干法改性、湿法改性和气相法改性三类。

（1）干法改性

干法改性是指颗粒在干态下在表面改性设备中首先进行分散，然后通过喷洒合适的改性剂或改性剂溶液，在一定温度下使改性剂作用于颗粒材料表面，形成一层改性剂包覆层，达到对颗粒进行表面改性处理的方法。这种改性方法具有简便灵活，适应面广，工艺简单，成本低，改性后可直接得到产品，易于连续化、自动化等优点，但是在改性过程中对颗粒难以做到处理均一、颗粒表面改性层可控等目的。

（2）湿法改性

湿法改性是指颗粒在一定浓度的改性剂水或有机溶液中，在搅拌分散和一定温度条件下，通过颗粒表面的物理作用或化学作用而使改性剂分子吸附于颗粒表面，达到对颗粒进行表面改性处理的方法。该方法改性完全，颗粒表面包覆完整，颗粒的改性效果好且稳定。但是采用该方法改性后的粉体如果要在干态下使用，还需要进行干燥后处理，工艺复杂，成本较高。

（3）气相法改性

气相法改性是指将改性剂气化以后与固体颗粒表面进行接触，在其表面发生化学反应或物理结合而吸附在颗粒表面，达到对颗粒进行表面改性处理的方法。在该方法中由于要将改性剂气化，一般局限于一些低分子量、低沸点的改性剂。

10.2.5 表面改性设备

10.2.5.1 干法改性设备

（1）高速加热式混合机

高速加热式混合机是无机填料表面改性处理常用的处理设备。高速加热式混合机的结构如图 10-18 所示，它由回转盖、混合锅、折流板、搅拌装置、卸料装置、驱动电机、机座等组成。

混合室呈圆筒形，是由内层、加热冷却夹套、绝热层和外套组成。内层具有很高的耐磨性和光洁度，上部与回转盖相连接。下部有卸料口（详见图 10-19）。为了排去混合室内的水分与挥发物，有的还装有抽真空装置。叶轮是高速加热式混合机的搅拌装置，与驱动轴相连，可在混合室内高速旋转，由此得名为高速加热式混合机。叶轮的形式有很多。折流板断面呈流线型，悬挂在回转盖上，可根据混合室内物料的多少调节其悬挂高度。折流板内部为空腔，装有热电偶，测试物料温度。混合室下部有卸料口，位于物料旋转并被抛起时经过的地方。卸料口接有气动卸料阀门，可以迅速开启阀门卸料。

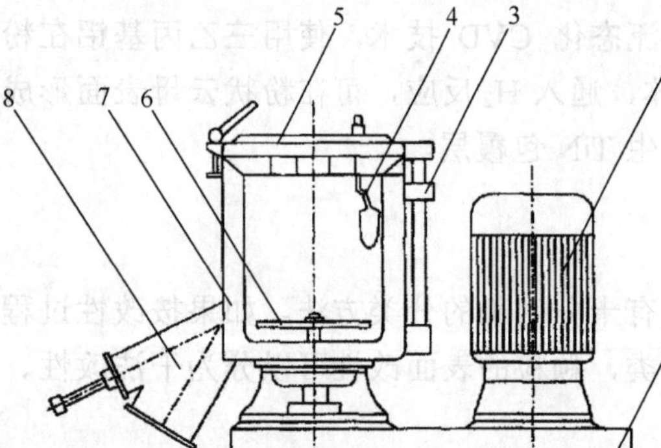

图 10-18 高速加热式混合机

1—机座；2—电机；3—气缸；4—折流板；5—锅盖；6—搅拌叶轮；7—夹套；8—卸料装置

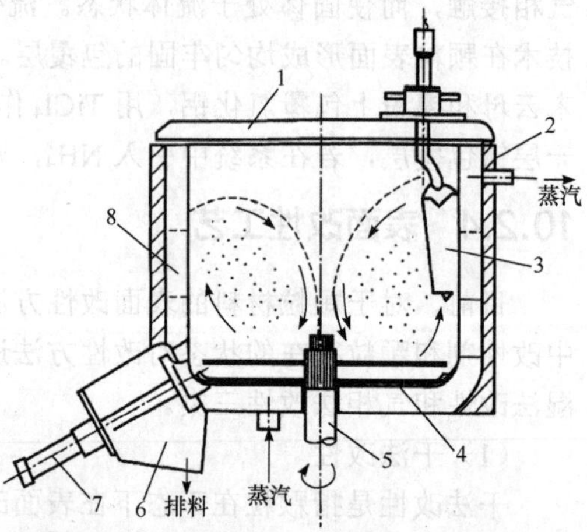

图 10-19 高速加热式混合机的工作原理

1—回转盖；2—外套；3—折流板；4—叶轮；5—驱动轴；6—卸料口；7—排料气缸；8—夹套

叶轮在混合室内的安装形式有两种，一种为高位式，即叶轮装在混合室中部，驱动轴相应长些；另一种为普通式，叶轮装在混合室底部，由短轴驱动。高位式与普通式的结构及工作原理分别如图 10-20 和图 10-21 所示。显然，高位式混合效率高，处理量大。

如图 10-19 所示，当高速加热式混合机工作时，高速旋转的叶轮借助表面与物料的摩擦力和侧面对物料的推力使物料沿叶轮切向运动。同时，由于离心力的作用，物料被抛向混合室内壁，并且沿壁面上升到一定高度后，由于重力作用又落回到叶轮中心，接着又被抛起。这种上升运动与切向运动的结合，使物料实际上处于连续的螺旋状上下运

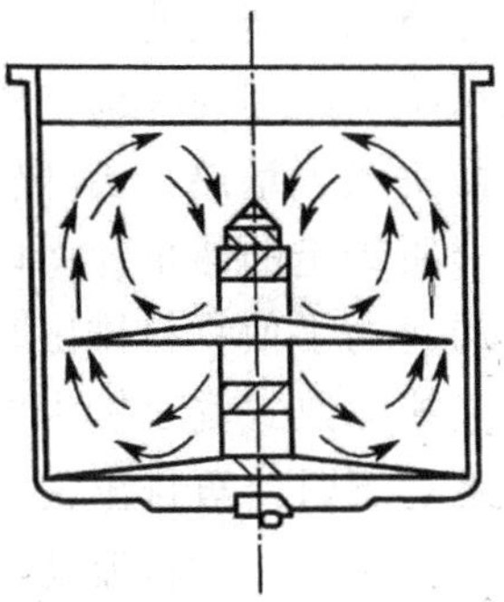

图 10-20　高位式叶轮及其工作原理

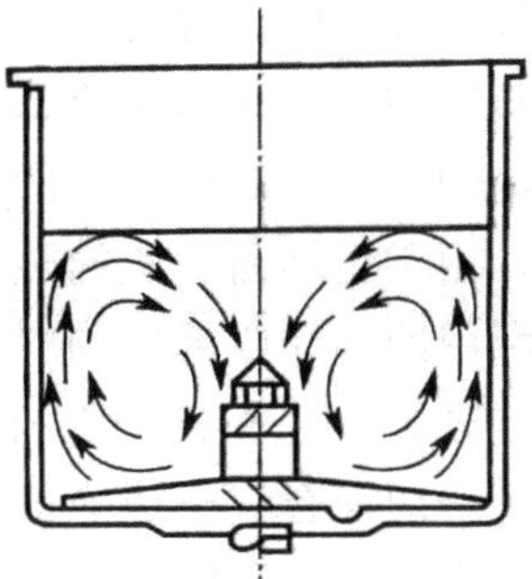

图 10-21　普通式叶轮及其工作原理

动状态。由于叶轮转速很高，物料运动速度也很快，快速运动着的颗粒之间相互碰撞、摩擦，使得团块破碎，物料温度相应升高，同时迅速地进行着交叉混合。这些作用促进了物料的均匀分散，相对液态添加剂（如表面改性剂）更均匀地吸附。混合室内的折流板进一步搅乱了物料流态，使物料形成无规运动，并在折流板附近形成很强的涡旋。对于高位安装的叶轮，物料在叶轮上下都形成了连续交叉流动，因而混合更快、更均匀。混合结束后，夹套内通冷却介质，冷却后的物料在叶轮作用下由卸料口卸出。高速加热式混合机混合速度很快，能充分促进物料的分散和颗粒与表面改性剂的接触。就一般的表面化学改性或包覆而言，使用高速加热式混合机是有效和经济的。

高速加热式混合机的混合效果与许多因素有关，主要有叶轮的形状与回转速度、物料的温度、物料在混合室内的充满程度（即填充率）、混合时间、添加剂（表面改性剂）的加入方式和用量等。

叶轮的形状对混合效果起关键作用。叶轮形状的主要要求是既达到使物料混合良好，又避免使物料产生过高摩擦热量。转动着的叶轮在其推动物料的侧面上对物料有强烈的冲击和推挤作用，该侧面的物料如不能迅速滑到叶轮表面并被抛起，就有可能产生过热并黏附在叶轮上和混合室壁上。所以，在旋转方向上叶轮的断面形状应是流线型，以使物料在叶轮推进方向迅速移动而不至受到过强的冲击和摩擦。

叶轮最大回转半径和混合室半径之差（即叶轮外缘与混合室壁间隙）的大小也是影响混合效果的因素。过小的间隙一方面可能由于过量剪切而使物料过热，另一方面可能造成叶轮外缘与室壁的刮研。过大的间隙可能造成在室壁附近的物料不发生流动或黏在室壁上。此外，叶轮每一根刮板的相对位置及叶轮在旋转轴向的投影面积在设计时也应考虑到。

叶轮设计时除了考虑形状外，还应考虑其边缘的线速度。因为叶轮速度决定着传递给物料的能量，对物料的运动和温度有重要影响。一般设计时，外缘线速度为 20～50m/s。叶轮类型很多，使用时主要依据物料种类和粒度大小等选择。

温度是影响最终混合（改性）效果的重要因素之一。一般来说，表面改性剂要加热到一定的温度后才能与颗粒表面进行化学吸附或化学反应。因此在混合处理开始时，往往在混合室夹套中通入加热介质，而在卸料时又希望物料降温到储存温度。物料在混合处理时的温度变化除了与叶轮形状、转速有关外，还与混合时间、混合方式等有关。一般来说，物料温度随混合时间延长而升高，但是其升高的情形又与表面改性剂的加入方式（连续加入还是一次加入）有关。

混合处理开始时，混合室夹套内一般需要通入加热介质以实现快速升温，但在混合开始后，却要通入冷却水来冷却物料，有时还应辅以鼓风冷却，即用风扇向混合室吹风来辅助水冷却，因为高速转动的叶轮使物料迅速运动从而生成大量热。当叶轮速度达到一定值时，由于运动而生成的热量将等于或大于由冷却介质带走的热量，所以在混合处理过程中利用冷却介质降低物料温度往往不是完全有效的。为了使物料排出时达到可存储的温度，常常采用热-冷混合机联合使用的方法，即将高速加热式混合机中的物料排入冷混机中，一边混合，一边冷却，当温度降到可存储温度之下时，再排出去。

物料填充率也是影响表面处理效果的一个因素，填充率低时，物料流动空间大，有利于粉体物料与表面改性剂的作用，但由于填充量小而影响处理量。填充率高时，影响颗粒与表面改性剂的充分接触，所以选择适当的填充率是必要的，一般认为填充率为0.5～0.7适宜，对于高位式叶轮，填充率可达0.9。

高速加热式混合机的驱动功率由混合室容积、叶轮形状、转速、物料种类、填充率、混合时间、加料方式等决定。对于大容积、高转速、高填充率的场合，混合处理过程中功耗要大些。

高速加热式混合机是一种高强度、高效率的批量表面改性处理设备，也是塑料行业广泛使用的一种高速混合设备，它的处理时间可长可短，很适合中小批量粉体（如无机填料）的表面化学改性（如偶联剂）处理。

（2）SLG型粉体表面改性机

SLG型粉体表面改性机是一种连续干式粉体表面改性机，其结构主要由温度计、出料口、进风口、风管、主机、进料口、计量泵和喂料机构成。主机由三个呈品字形排列的圆筒形表面改性腔组成（图10-22），所以又称为三筒式连续粉体表面改性机。

SLG型粉体表面改性机工作原理如图10-23所示。工作时，待改性的物料经喂料机给入，与计量泵连续给入的表面改性剂接触后，依次通过三个圆筒形的表面改性腔，然后从出料口排出。在表面改性腔中，特殊设计的高速旋转的转子和定子与粉体物料的冲击、剪切和摩擦作用产生粉体表面改性所需要的温度。这一温度可以通过转子转速、粉料通过的速度或给料速度以及风门的大小来调节，最高可达140℃。同时转子的高速旋

图10-22　SLG型粉体表面改性机的结构示意图

1—温度计；2—出料口；3—进风口；4—风管；5—主机；6—进料口；7—计量泵；8—喂料机

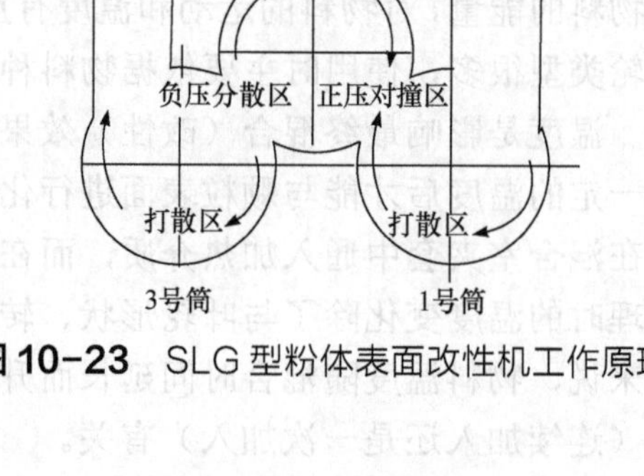

图10-23　SLG型粉体表面改性机工作原理

转强制粉体物料松散并形成涡旋二相流，使表面改性剂能迅速、均匀地与粉体颗粒表面作用，包覆于颗粒表面。因此，该机的结构和工作原理基本上能满足对粉体与表面改性剂的良好分散、粉体与表面改性剂的接触或作用机会均等的技术要求。

这种表面改性机可用于与干法制粉工艺（如超细粉碎工艺）配套，连续大规模生产各种表面化学包覆的无机粉体，如无机活性填料或颜料，也可单独设置用于各种微米级粉体的表面改性以及纳米粉体的解团聚和表面改性。

这种粉体表面改性机可以使用各种液体和固体表面改性剂，能满足同时使用两种表面改性剂进行复合改性，还可用于两种无机“微米/纳米”和“纳米/微米”粉体的共混合复合。

影响 SLG 型粉体表面改性机改性效果的主要工艺因素是物料的水分含量、改性温度和给料速度。要求原料的水分含量≤1%。给料速度要适中，应依原料的性质和粒度大小进行调节，给料速度过快，粉体在改性腔中的填充率过高，停留时间太短，难以达到较高的包覆率。给料速度过慢，粉体在改性腔中的填充率过低，温升慢，表面改性效果变差，而且处理能力也下降。改性温度要依表面改性剂的品种、用量和用法来进行调节，不要太低，也不能超过表面改性剂的分解温度。

（3）高速气流冲击式粉体表面改性机（HYB 系统）

HYB 系统是由东京理科大学小石教授和奈良机械制作所共同开发的用于粉体表面改性处理的设备。该套设备主机的结构如图 10-24 所示，主要由高速旋转的转子、定子、循环回路、翼片、夹套、给料和排料装置等部分组成。投入机内的物料在转子、定子等部件的作用下被迅速分散，同时不断受到以冲击力为主的包括颗粒相互间的压缩、摩擦和剪切力等诸多力的作用，在短时间内即可均匀地完成包覆、成膜或球形化处理。加工过程是间隙式的，计量给料机与间隙处理连动，从而实现系统连续、自动运行。

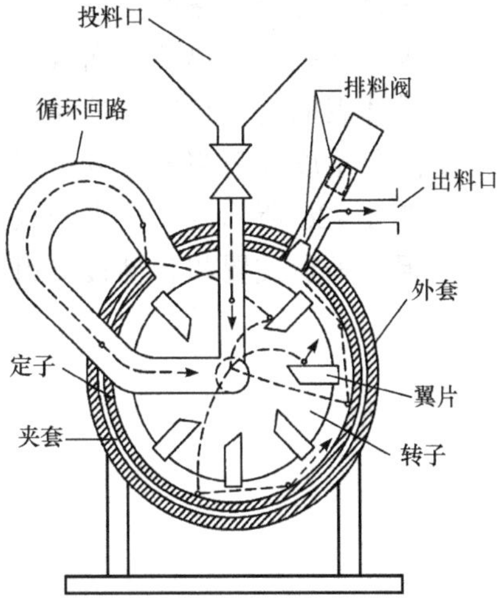

图 10-24 HYB 主机的结构示意图

整套 HYB 系统由混合机、计量给料装置、HYB 主机、产品收集装置、控制装置等组成。用这个系统进行粉体表面改性处理的特点是：处理物料可以是无机物、有机物、金属等，适用范围较广，而且是短时间干式处理。

影响该系统处理效果的主要因素是：

① 物料（即所谓“母粒子”）和表面改性剂（即所谓“子粒子”）的性质，如粒度大小及对温度的敏感性等。要求给料粒度即母粒子粒度<500μm，子粒子的粒径越小越好（即表面改性剂的分散度越高越好），母粒子与子粒子的粒径比至少要大于 10。此外，进行成膜或胶囊化处理时，子粒子（即表面改性剂）的软化点、玻璃化转变点等都必须考虑。

② 操作条件，如转速、处理时间或物料停留时间、处理温度、气氛及投料量等。转速与冲击力相关，是决定能否完成包膜固定化或胶囊化改性的关键，转速过低气流循环不好，物料分散较差，处理不均匀。处理时间与处理物料的均一性相关，一般为 5min 左右，有些物料的处理时间需要 15～20min，处理温度控制在 40～90℃范围内。由于粒子群在高速处理时与装置内面及粒子间因摩擦力作用而产生热量，机内温度大幅度升高，

为了控制加工过程中的温度以确保产品质量或处理效果，一般在系统内插入热电偶，并用冷却机构进行冷却。投料量要适中，过多或过少均会影响处理效果或产品质量。

HYB 系统可用于粉体物料（如颜料、无机填料、药品、金属粉、墨粉等）的包覆改性、胶囊化或包膜和球形化等处理。干粉涂覆过程如图 10-25。

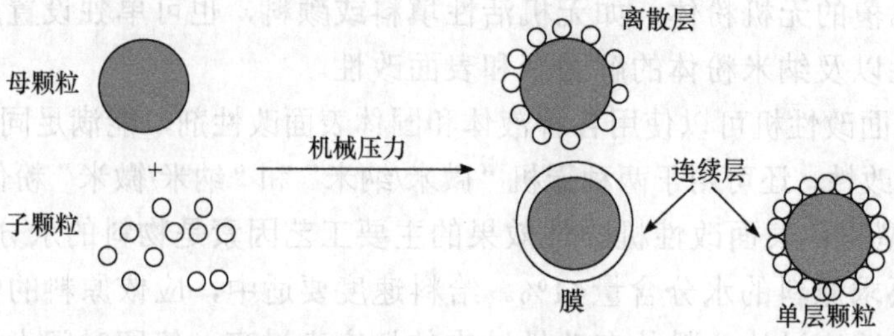

图 10-25　干粉涂覆过程

10.2.5.2　湿法表面改性设备

湿法表面改性要使用湿法设备。目前湿法表面改性设备主要采用可控温搅拌反应釜或反应罐。这种设备的筒体一般做成夹套的内外两层，夹套内通加热介质，如蒸汽、导热油等。一些较简单的表面改性罐也可采用电加热。

粉体表面化学包覆改性和沉淀包膜改性用的反应釜或反应罐一般对压力没有要求，只要满足温度和料浆分散以及耐酸或碱腐蚀即可，因此，结构较为简单。

图 10-26 所示为一般夹套式搅拌反应釜的结构，主要由夹套式筒体、传热装置、传动装置、轴封装置和各种接管组成。

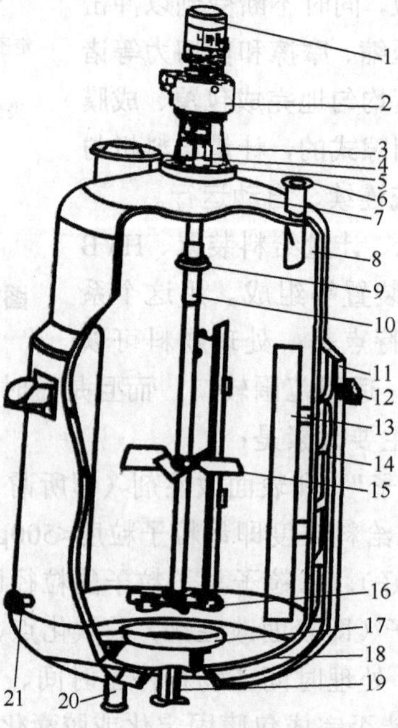

图 10-26　夹套式搅拌反应釜的结构

1—电机；2—减速机；3—机架；4—人孔；5—密封装置；6—进料口；7—上封头；8—筒体；9—联轴器；10—搅拌轴；11—夹套；12—热介质出口；13—挡板；14—螺旋导流板；15—轴向流搅拌器；16—径向流搅拌器；17—气体分布器；18—下封头；19—出料口；20—热介质出口；21—气体出口

10.2.6　改性效果评价

粉体表面改性是一项涉及众多学科的交叉学科领域。表面改性效果或改性产品的表征方法尚未完善和规范。目前的表征方法大体上可分为直接法和间接法。

直接法主要从改性物质表面性质的变化来评价改性效果的好坏。如测定用于反映物质疏水性能好坏的接触角和活化指数，用于反映物质相容性的在液体中的分散性、稳定性和体系黏度。可通过 SEM 等观察改性物质的表面形貌，分析改性物质的分布情况。也可通过 XPS、FTIR、AFM、EDX、TG 等分析测试方法，直接分析改性物质颗粒表面的结构及化学组成。间接法主要是通过将改性后的粉体制备成相应制品，通过制品的实际效果，如无机材料经改性后与有机物质制成复合材料的力学性能的好坏判定改性效果的好坏。

用于高聚物基复合材料填料的表面改性效果，可以通过检测填料改性前后填充的高聚物复合材料的力学性能来评价。用于电缆绝缘填料的煅烧高岭土改性效果，可用改性前后填充绝缘材料的体积电阻率以及拉伸强度、断裂伸长率等性能来评价。用于抗菌目的的粉体的改性效果，可用其抗菌性能检测结果来评价。颜料的表面改性可以通过其遮盖力、着色率、色差、分散稳定性等检测结果来评价。催化剂的表面改性可以通过其催化性能来评价。由于粉体表面改性的目的性和专业性很强，间接评价法非常重要，是评价表面改性粉体应用价值的主要依据。

第 11 章　粉体材料的输送与贮存

11.1　粉体材料的输送

作为粉体输送的设备种类繁多，从大的方面分为机械输送设备、气力输送设备和交通运输工具（汽车、火车和船舶）。本节仅介绍胶带输送、螺旋输送和气力输送。

11.1.1　胶带输送

胶带输送机是工业过程中应用最为普遍的一种连续输送机械，可用于水平方向和坡度不大的倾斜方向对粉体和成件物料的输送。例如，在水泥厂中通常用于矿山、破碎、包装。胶带输送机可以在堆存之间运送各种原料、半成品和成件物品。同时，胶带输送机还可以用在流水作业生产线中，有时还可作为某些复杂机械的组成部分。如大型预均化堆场中就少不了胶带输送机，再如卸车机、装卸桥的组成部分中也少不了胶带输送机。这种输送设备之所以获得如此广泛的应用，主要是由于它具有生产效率高、运输距离长、工作平稳可靠、结构简单、操作方便等优点。

胶带输送机按机架结构形式不同可分为固定式、可搬运式和运行式三种。三者的工作部分是相同的，所不同的只是机架部分。因此，本节只讨论固定式胶带输送机的构造、性能及选型计算。其他类型可仿此类推。

胶带输送机的构造如图 11-1 所示，一条无端的胶带 1 绕在改向辊筒 14 和传动辊筒 6 上，并由固定在机架上的上托辊 2 和下托辊 10 支承。驱动装置带动传动辊筒回转时，由于胶带通过螺旋拉紧装置 7 张紧在两辊筒之间，便由传动辊筒与胶带间的摩擦力带动胶带运行。物料由漏斗 4 加至胶带上，由传动辊筒处卸出。加料点和卸料点可根据工艺过程要求设在相应的位置。

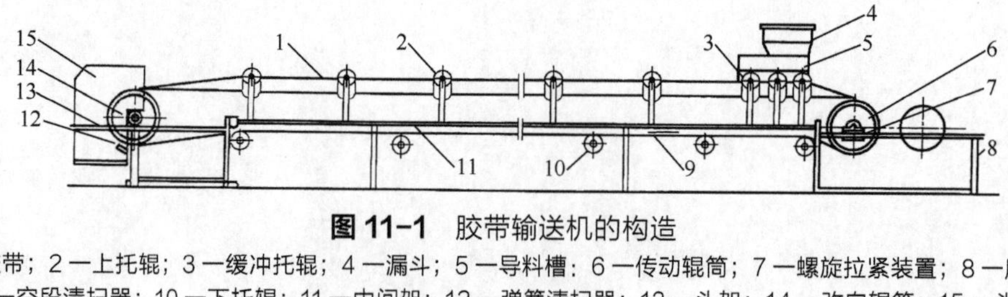

图 11-1　胶带输送机的构造

1 一胶带；2 一上托辊；3 一缓冲托辊；4 一漏斗；5 一导料槽；6 一传动辊筒；7 一螺旋拉紧装置；8 一尾架；9 一空段清扫器；10 一下托辊；11 一中间架；12 一弹簧清扫器；13 一头架；14 一改向辊筒；15 一头罩

下面分解介绍胶带输送机的各主要部件。

（1）输送带

输送带起曳引和承载作用。输送带主要有织物芯胶带和钢绳芯胶带两大类。织物芯胶带小的衬垫材料通常用棉织物，近年来也用化纤织物衬垫，如人造棉、人造丝、聚酰胺纤维（尼龙）、聚氨酯纤维和聚酯纤维等。日前用作输送带的有橡胶带和聚氯乙烯塑料输送带两种，其中橡胶带应用广泛。而塑料带由于除了具有橡胶带的耐磨、弹性等特点外，尚具有优良的化学稳定性、耐酸性、耐碱性及一定的耐油性等，也具有较好的应用前景。

橡胶带是由若干层帆布组成，帆布层之间用硫化方法浇上一层薄的橡胶，带的上面及左右两侧都涂以橡胶保护层。帆布层的作用是承受拉力。显然，胶带越宽，帆布层亦越宽，能承受的拉力亦越大。帆布层越多，能承受的拉力亦越大，但带的横向柔韧性越小，胶带就不能与支承它的托辊平缓地接触，这样就有使胶带走偏而把物料倾卸出机外的可能。

橡胶层的作用一方面是保护帆布不致受潮腐烂，另一方面是防止物料对帆布的摩擦作用。因此，橡胶层对于工作面（即与物料相接触的面）和非工作面（即不与物料相接触的面）的作用是有所不同的。橡胶带的连接是影响胶带使用寿命的关键问题之一，由于接头处强度较弱，计算时橡胶带的安全系数势必取得较大，因此影响胶带能力的充分发挥。为了保证胶带正常运转和节约橡胶，就必须合理地解决连接问题。

橡胶带的连接方法可分为两类，即硫化胶结法和机械连接法。硫化胶结法是将胶带接头部位的帆布和胶层按一定形式和角度割切成对称差级，涂以胶浆使其黏着，然后在一定的压力、温度条件下加热一定时间，经过硫化反应，使生橡胶变成硫化橡胶，以便接头部位获得黏着强度。

（2）托辊

托辊用于支承运输带和带上物料的质量，减小输送带的下垂度，以保证稳定运行。托辊可分为如下几种：

① 平形托辊：一般用于输送成件物品和无载区，以及固定犁式卸料器处。

② 槽形托辊：一般用于输送散状物料，其输送能力要比平形托辊用于输送散装物料提高 20%以上。旧系列的槽角一般采用 20°、30°，目前都采用 35°、45°，国外已有采用 60°。

③ 调心托辊：运输带的不均质性使带的延伸率不同，同时托辊安装不准确和载荷在带的宽度上分布不均等原因，都会使运动着的输送带产生跑偏现象。为了避免这种趋向，承载段每隔 10 组托辊设置一组槽形调心托辊或平形调心托辊。无载段每隔 6～10 组设置一组平形调心托辊。

④ 缓冲托辊：在受料处，为了减少物料对输送带的冲击，可以设置缓冲托辊，它的棱柱是采用管形断面的特制橡胶制成的。

⑤ 回程托辊：用于下分支支承输送带，有平形、V 形、反 V 形几种，V 形和反 V 形能降低输送带跑偏的可能性。当 V 形和反 V 形两种形式配套使用时，形成菱形断面，能更有效地防止输送带跑偏。

⑥ 过渡托辊：安装在辊筒与第一组托辊之间，可使输送带逐步形成槽形，以降低输送带边缘因成槽延伸而产生的附加应力。

托辊由滚柱和支架两部分组成。滚柱是一个组合体，由滚柱体、轴、轴承、密封装置等组成。滚柱体用钢管截成，两端具有钢板冲压或铸铁制成的壳作为轴承座，通过滚动轴承支承在心轴上。少数情况也有采用滑动轴承的。为了防止灰尘进入轴承，也为了防止润滑油漏出，装有密封装置，其中迷宫式效果最佳，但防水性能差。托辊支架由铸造、焊接或冲压而成，并刚性地固定在输送机架上。

（3）驱动装置

驱动装置的作用是通过传动辊筒和输送带的摩擦传动，将牵引力传给输送带，以牵引输送带运动。传动辊筒由电动机经减速装置而驱动。对于倾斜布置的胶带输送机，驱动装置中还设有制动装置，以防止突然停电时由于物料的作用而产生胶带的下滑。

最常用的减速器是圆柱齿轮减速器和圆锥齿轮减速器。另外，还采用圆柱-圆锥齿轮减速器和蜗轮减速器。

（4）改向装置

胶带输送机在垂直平面内的改向一般采用改向辊筒，改向辊筒的结构与传动辊筒的结构基本相同，但其直径比传动辊筒略小一些。用 180°改向者一般用作尾部辊筒或垂直拉紧辊筒，用 90°改向者一般用作垂直拉紧装置上方的改向轮，用小于 45°改向者一般用作增面轮。

此外，尚可采用一系列的托辊达到改向的目的。如输送带由倾斜方向转为水平（或减小倾斜角），即可用一系列的托辊来实现改向，其托辊间距可取正常情况的一半。有时可不用任何改向装置，而让输送带自由悬垂成一曲线来改向。如输送带由水平方向转为向上倾斜方向（或增加倾斜角）时，即可采用这种方法，但输送带下仍需要设置一系列托辊。

（5）拉紧装置（图 11-2）

拉紧装置的作用是拉紧胶带输送机的胶带，限制其在各支承托辊间的垂度和保证带中有必要的张力，使带与传动辊筒之间产生足够的摩擦牵引力，以保证正常工作。拉紧装置分螺旋式、车式和垂直式三种。

图 11-2　拉紧装置

（6）装料及卸料装置

装料装置的形式取决于被运物料的特性。成件物品通常用倾斜槽、滑板来装载或直接装到输送机上，粒状物料则用装料漏斗来装载。装料装置除了要保证均匀地供给输送机定量的被输送物料外，还要保证这些物品在输送带上分布均匀，减少或消除装载时物料对带的冲击。因此装料装置的倾斜度最好能使物料在离开装料装置时的速度能接近带的运动速度。

卸料装置的形式取决于卸料的位置。最简单的卸料方式是在输送机的末端卸料，这时除了导向卸料槽之外，不需要任何其他装置。如需要在输送机上的任意一处卸料，则需要采用犁式卸料器和电动小车。

（7）清理装置

清扫器的作用是清扫输送带上黏附的物料，以保证输送带有效的输送物料。尤其在输送较湿性物料时，清扫器的作用就显得更为重要。

清扫器分头部清扫器和空段清扫器两种。

头部清扫器又分重锤刮板式清扫器和弹簧清扫器，装于卸料辊筒处，清扫输送带工作面的黏料。空段清扫器装在尾部辊筒前，用以清扫黏附于输送带非工作面的物料。

（8）制动装置

倾斜布置的胶带输送机在运行过程中如遇到突然停电或其他事故而引起突然停机，则会由于输送带上物料的自重作用而引起输送机的反向运转，这在胶带输送机的运行中是不允许的。为了避免这一现象的发生，可设置制动装置。常见的制动装置有带式逆止器、滚柱轮器和电磁闸瓦式制动器三种。

11.1.2 螺旋输送

螺旋输送机是一种最常用的粉体连续输送设备，既可以用来沿水平方向输送物料，又可以用来沿倾斜和垂直方向输送物料，主要用作输送各种粉状、粒状、小块状的物料，在输送过程中同时可以对物料进行搅拌、混合、加热和冷却等工艺。螺旋输送机被广泛地应用于粮食工业、建筑材料工业、化学工业、机械制造工业、交通运输业等部门中。

（1）工作原理

螺旋输送机输送物料的过程有点类似于螺旋付出运动。当螺母不转而螺杆旋转时，螺母就会沿着螺杆的方向向前或向后移动。摩擦力阻止物料同步旋转，物料因而得以前进或提升。

水平螺旋输送机中，物料因自重贴紧料槽，螺旋轴旋转时，摩擦力阻止同步旋转，物料得以上升。垂直螺旋输送机中，物料由于重力和离心力的作用而与管壁（料管）紧贴，当螺旋轴旋转时，管壁与物料之间的摩擦力阻止物料与螺旋轴同步旋转，从而实现物料的上升运动。

（2）特点

结构简单，造价低，易于维修管理。尺寸紧凑，占地面积小，易于进出船舱口。能实现密闭输送，减少对环境的污染，改善工人的作业条件，可以在输送线路的任意点装料和卸料。输送过程是可逆的，对同一台输送机可以同时向两个方面输送物料，即集体向中心或远离中心。

不易输送易变质、黏性大、易结块、易碎和大块的物料。单位能耗较大，这是由于物料与螺旋以及机槽壁之间的摩擦，以及物料内部因搅拌而产生的附加阻力。螺旋叶片和机壳易于磨损。螺旋输送机对超载很敏感，易产生堵塞现象。

螺旋输运机一般在输送距离不大、生产率不高的情况下用来输送磨碴性小的粉末状、颗粒状及小块状的散粒物料或成件物品。

（3）螺旋输送机类型

螺旋输送机在输送形式上分为有轴螺旋输送机和无轴螺旋输送机两种，在外形上分为 U 型螺旋输送机和管式螺旋输送机。从输送物料位移方向的角度划分，螺旋输送机分为水平式螺旋输送机和垂直式螺旋输送机两大类型。

11.1.2.1 螺旋输送机的结构

螺旋输送机的装料和卸料布置形式如图 11-3 所示。

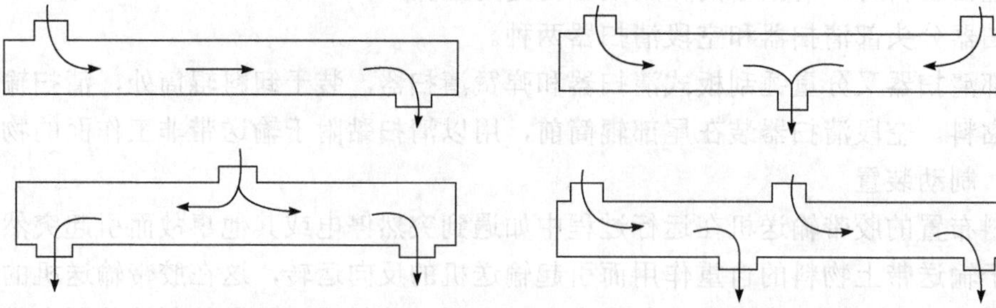

图 11–3 螺旋输送机的装料和卸料的几种布置形式

螺旋输送机的内部结构如图 11-4 所示，主要由螺旋、料槽轴承和驱动装置组成。斜槽的下半部是半圆形，螺旋沿纵向放在槽内。

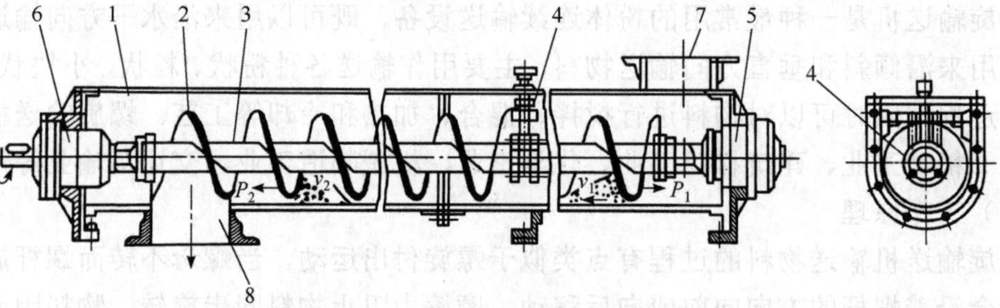

图 11–4 螺旋输送机结构示意图

1—料槽；2—叶片；3—转轴；4—悬挂轴承；5，6—端部轴承；7—进料口；8—出料口

（1）螺旋

螺旋由转轴和装在上边的叶片组成。转轴有实心轴和空心管轴两种。在强度相同的情况下，管轴较实心轴质量轻，连接方便，所以比较常用。管轴用特厚无缝钢管制成，轴径一般在 50～100mm 之间，每根轴的长度一般在 3m 以下，以便逐段安装。

螺旋叶片有左旋和右旋之分，确定螺旋旋向的方法如图 11-5 所示。物料被推送方向由叶片的力向和螺旋的转向决定。根据被输送物料的性质不同，螺旋有各种形状，如图 11-6 所示。在输送干燥的小颗粒物料时，可采用全叶式螺旋。当输送块状或黏湿性物料时，可采用带式螺旋。输送可压缩物料时，可采用桨式或型叶式螺旋。采用桨式或型叶式螺旋除了输送物料外，还兼有搅拌、混合及松散物料等作用。

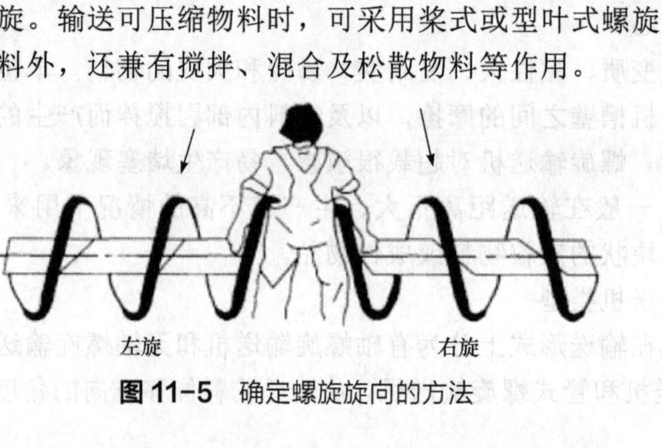

图 11–5 确定螺旋旋向的方法

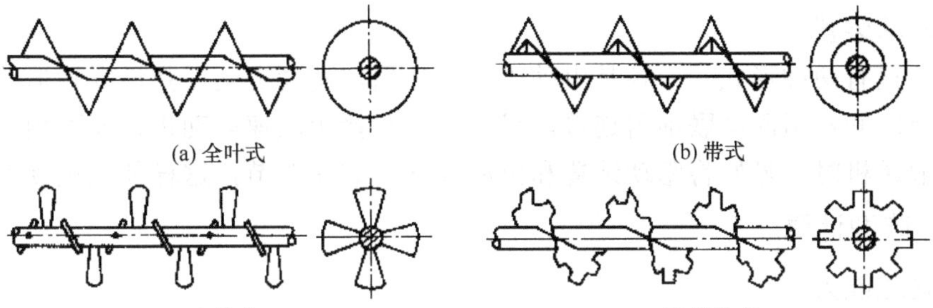

图 11-6　螺旋形式

螺旋叶片的标准形式为螺旋面的母线垂直于螺旋线的直线。螺旋叶片一般由厚 4～8mm 的薄钢板冲压而成，然后焊接到转轴上，并在相互间加以焊接，其具体厚度根据不同的物料选取对于磨损性大及黏性大的物料，可采用扁钢扎制或用铸铁铸造而成。

（2）料槽

料槽由头节、中间节和尾节组成，各节之间用螺栓连接。每节料槽的标准长度为 1～3m，每节料槽常用 3～6mm 厚的钢板制成。料槽上部用可拆盖板封闭，进料口设在盖板上，出料口则设在料槽的底部，有时沿长度方向开数个卸料口，以便在中间卸料。在进出料口处均配有闸门。料槽的上盖还设有观察孔，以观察物料的输送情况。料槽安装在用铸铁制成或用钢板焊接成的支架上，然后紧固在地面上。螺旋与料槽之间的间隙为 5～15mm。间隙太大会降低输送效率，太小则增加运行阻力，甚至会使螺旋叶片及转轴等机件扭坏或折断。

螺旋输送机的料槽一般厚度为 2～8mm，截面形状 U 形底部为一半圆，也可直接用木材制成，或者在底部垫上一层金属内衬。

螺旋与料槽的间隙与螺旋的直径成正比，其间隙值一般取为 7～10mm，一般间隙愈小，就愈能减小物料的磨损及功率的消耗。

（3）轴承

螺旋是通过头、尾端的轴承和中间轴承安装在料槽上的。螺旋的头、尾端分别由止推轴承和径向轴承支承。止推轴承一般采用圆锥辊子轴承，可承受螺旋输送物料时的轴向力，置于头节端可使螺旋仅受拉力，这种受力状态比较有利。止推轴承安装在头节料槽的端板上，它又是螺旋的支撑架。尾节装置与头节装置的主要区别在于，尾节料槽的端板上安装的是双列向心球面轴承或滑动轴承。当螺旋输送机的长度超过 4m 时，除在槽端设置轴承外，还要安装中间轴承，以承受螺旋的一部分质量和运转时所产生的力。中间轴承上部悬挂在横向板条上，板条则固定在料槽的凸缘或它的加固角钢上，因此，中间轴承称为悬挂轴承，又称吊轴承。悬挂轴承的种类很多。

在悬挂轴承处的螺旋叶片中间，物料容易在此处堆积，因此悬挂轴承的尺寸应尽量紧凑，而且不能装太密，一般每隔 2～3m 安装一个悬挂轴承。一段螺旋的标准长度为 2～3m，要将数段标准螺旋连接成工艺过程要求的长度，各段之间的连接就靠连接轴装在悬挂轴承上。连接轴和轴瓦都是易磨损部件，轴瓦多用耐磨铸铁或巴氏合金制造。轴承上还设有密封和润滑装置。

（4）驱动装置

驱动装置有两种形式，一种是电动机、减速器，两者之间用弹性联轴器连接，而减速器与螺旋之间常用浮动联轴器连接。另一种是直接用减速电动机，而不用减速器。在布置螺旋输送机时，最好将驱动装置和出料口同时装在头节，这样使螺旋受力较合理。

11.1.2.2 选型计算

（1）输送能力

螺旋输送机输送能力与螺旋的直径、螺距、转速和物料的填充系数有关。具有全叶式螺旋的螺旋输送机输送能力为：

$$G = 60 \times \frac{\pi D^2}{4} Sn\varphi\gamma_V C$$

式中，G 为螺旋输送机输送能力，t/h；D 为螺旋直径，m；S 为螺距，m，全叶式螺旋 S=0.8D，带式螺旋 S=D；n 为螺旋转速，r/min；φ 为物料填充系数；γ_V 为物料容积密度，t/m^3；C 为倾斜度系数。当倾角为 0°时，C=1；0°<倾角≤5°，C=0.9；5°<倾角≤10°，C=0.8；10°<倾角≤15°，C=0.7；15°<倾角≤20°，C=0.65。

（2）螺旋直径

$$D = K_1 \sqrt[2.5]{\frac{G}{\varphi\gamma_V C}}$$

式中，K_1 为物料的综合特性系数，具体数值可查表 11-1。

表 11-1 螺旋输送机内的物料参数

物料	水泥	生料	碎石膏	石灰
容积密度 γ_V /（t/m^3）	1.25	1.1	1.3	0.9
填充系数 φ	0.25～0.3	0.25～0.3	0.25～0.3	0.35～0.4
物料综合特性系数 K_1	0.0565	0.0565	0.0565	0.0415
物料综合特性系数 K_2	35	35	35	75
物料阻力系数 ξ	2.5	1.5	3.5	

（3）螺旋的极限转速

螺旋的转速随输送能力、螺旋直径及被输送物料的特性的不同而不同。为保证在一定的输送能力下，物料不应受太大的切向力而被抛起，螺旋转速有一定的极限，一般可按下列经验公式计算：

$$n = \frac{K_2}{\sqrt{D}}$$

式中，n 为螺旋转速，r/min；K_2 为物料的综合特性系数，具体数值可查表 11-1。

（4）功率

$$N = K_3 \frac{G}{367}(\xi L_h \pm H)$$

式中，N 为螺旋所需功率，kW；K_3 为功率储备系数，K_3=1.2～1.4；ξ 为物料的阻力系数；L_h 为螺旋输送机的水平投影长度，m；H 为螺旋输送机垂直高度，m，向上输送时取“+”号，向下输送时取“-”号。

11.1.2.3 特点及应用

螺旋输送机的优点是：构造简单，在机槽外部除了传动装置外，不再有转动部件；占地面积小；可以呈水平、垂直或倾斜输送；容易密封；可以保证防尘及密封结构的槽体设计，被输送的固体物料如果必要时，可充干燥或惰性气体保护；设备制造比较简单，工业生产中零部件的标准化程度较高；管理、维护、操作简单；便于多点装料和多点卸料。

螺旋输送机的缺点是：运行阻力大，比其他输送机的动力消耗大，而且机件磨损较快，因此不适宜输送块状、磨损性大的物料以及容易变质的、黏性大的、易结块的物料；由于摩擦力大，所以在输送过程中物料有较大的粉碎作用，因此需要保持颗粒度稳定的物料不宜用这种输送机；由于各部件有较大的磨损，所以只用于较低或中等生产率（100m^3/h）的生产中；由于受到传动轴及连接轴允许转矩大小的限制，输送长度一般要小于 70m；当输送距离大于 35m 时应采用双端驱动。

螺旋输送机的工作环境温度应在-20～50℃范围之内，被输送物料的温度应小于 200℃。

我国目前采用的螺旋输送机有 GX 系列和 LS 系列。GX 系列螺旋直径从 150～600mm 共有 7 种规格，长度一般为 3～70m，每隔 0.5m 为一档。螺旋的各段长度分别有 1500mm、2000mm、2500mm 和 3000mm 4 种，可根据物料的输送距离进行组合，驱动方式分单端驱动和双端驱动两种。

LS 系列是近年设计并已投入使用的一种新型螺旋输送机，它采用国际标准设计，等效采用 ISO1050—75 标准。它与 GX 系列的主要区别有：①头、尾部轴承移至壳体外；②中间吊轴承采用滚动、滑动可以互换的两种结构，设置的防尘密封材料采用尼龙和聚四氟乙烯树脂类，具有阻力小、密封好、耐磨性强的特点；③出料端设有清扫装置；④进、出料口布置灵活；⑤整机噪声低，适应性强。

11.1.3 气力输送

气力输送是指借助空气或气体在管道内流动来输送干燥的散状固体粒子或颗粒物料的输送方法。空气或气体的流动直接给管内物料粒子提供移动所需的能量，管内空气的流动则是由管子两端压力差来推动。

11.1.3.1 气力输送的特点

气力输送的最主要特点是具有一定能量的气流为动力来源，简化了传统复杂的机械装置；其次是密闭的管道输送，布置简单、灵活；第三是没有回路。具体讲有以下特点。直接输送散装物料，不需要包装，作业效率高。可实现自动化遥控，管理费用少。气力输送系统所采用的各种固体物料输送泵、流量分配器以及接收器非常类似于流体设备的操作，因此大多数气力输送机很容易实现自动化，由一个中心控制台操作，可以节省操作人员的费用。设备简单，占地面积小，维修费用低。输送管路布置灵活，使工厂设备配置合理化。气力输送系统对充分利用空间的设计有极好的灵活性，带式及螺旋输送机在实质上仅为一个方向输送，如果输送物料需要改变方向或提升时，就必须有一个转运点并需要有第二台单独的输送机来接运。气力输送机可向上、向下或绕开建筑物、大的设备及其他障碍物输送物料，可以使输送管高出或避开其他操作装置所占用的空间。输送过程中物料不易受潮、污损或混入杂物，同时也可减少扬尘，改善环境卫生。一个设计比较好的气力输送系统常常是干净的，并且消除了对环境的污染。在真空输送系统的情况下，任何空气的泄漏都是向内，真空和增压两种设备都是完全封闭和密封的单体，因此物料的污染就可限制到最小。主要粉尘控制点应在供料机进口和固体收集器出口，可设计成无尘操作。输送过程中能同时进行对物料的混合、分级、干燥、加热、冷却和分离过程。可方便地实现集中、分散、大高度（可达 80m）、长距离（可达 2000m），适应各种地形的输送。

气力输送的缺点是：动力消耗大，短距离输送时尤其显著；需配备压缩空气系统；不适宜输送黏性强的物料和粒径大于 30mm 的物料；输送距离受限制。至目前为止，气力输送系统只能用于比较短的输送距离，一般小于 3000m。设计长的输送线其主要障碍是在设计沿线加压站上遇到困难。

11.1.3.2 气力输送的类型

气力输送粉状物料的系统形式大致分为吸送式（图 11-7）、压送式（图 11-8）或两种方式相结合（图 11-9）三种。

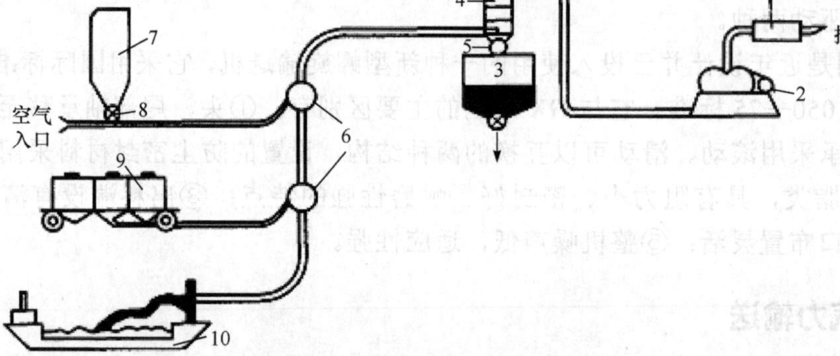

图 11-7 吸送式气力输送系统图

1—消音器；2—引风机；3—料仓；4—除尘器；5—卸料闸阀；6—转向阀；7—加料仓；8—加料阀；9—铁路漏斗车；10—船舱

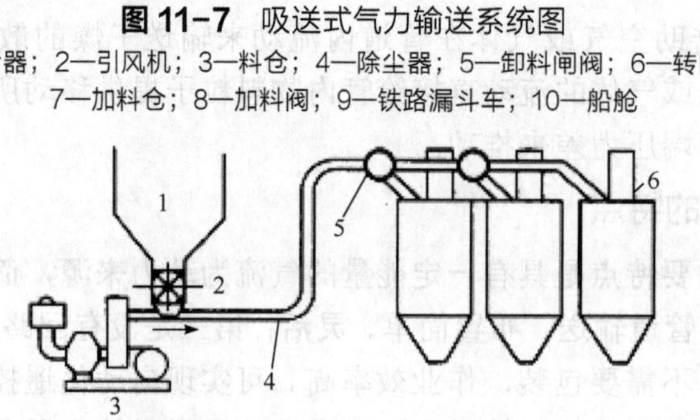

图 11-8 压送式气力输送系统图

1—料仓；2—供料器；3—鼓风机；4—输送管；5—转向阀；6—除尘器

吸送式的特点是：系统较简单，无粉尘飞扬；可同时多点取料，输送产量大；工作压力较低（0.1MPa），有助于工作环境的空气洁净；但输送距离较短，气固分离器密封要求严格。

压送式的特点是：一处供料，多处卸料；工作压力大（0.1～0.7MPa）；输送距离长；对分离器的密封要求稍低；但易混入油水等杂物，系统较复杂。

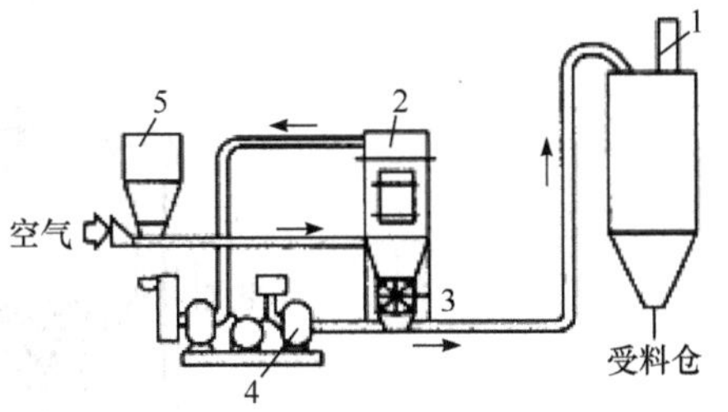

图 11-9　吸送、压送相结合的气力输送系统图

1—除尘器；2—气固分离器，3—加料机；4—鼓风机；5—加料斗

压送式又分为低压输送和高压输送两种，前者工作压力一般小于 0.1MPa，供料设备有空气输送斜槽、气力提升泵及低压喷射泵等；后者工作压力为 0.1～0.7MPa，供料设备有仓式泵、螺旋泵及喷射泵等。

11.1.3.3　气力输送系统的主要组成部分

气力输送系统的主要部件有：输送管道、供料装置、气固分离设备和供气设备。

（1）输送管道

输送管道多采用薄壁管材以减轻其质量及费用，管道系统的布置应尽量简单，少用弯头，采用最短的行程，尽量布置成直线，这样可以减少气力输送的阻力，节省动力消耗，也可减少因管道堵塞带来的困难。

通常，管道多用钢管，有时也采用塑料管、铝管、不锈钢管、玻璃管或橡胶管，这需根据被输送物料的性质而定。

（2）供料装置

气力输送系统所用的供料装置需根据物料在管道进口处输送气体压力的高低来决定其类型。一般，中压或高压气力输送系统多采用容积式发送器供料装置。真空或低压气力输送系统则常采用旋转叶片供料器，其他还有螺旋供料器、喷射式或文丘里式供料器及双翻板阀供料器等。需要考虑的重点是输送管道中的气压对供料器的影响以及要求供料器必须有恒定的加料能力。

① 容积式供料器（发送罐）。发送罐的操作原理简单，将空气与罐内的物料混合后，利用与卸料点的压力差使其排出。发送罐就其排出物料方向而言有上引式及下引式两种（图 11-10 及图 11-11）。

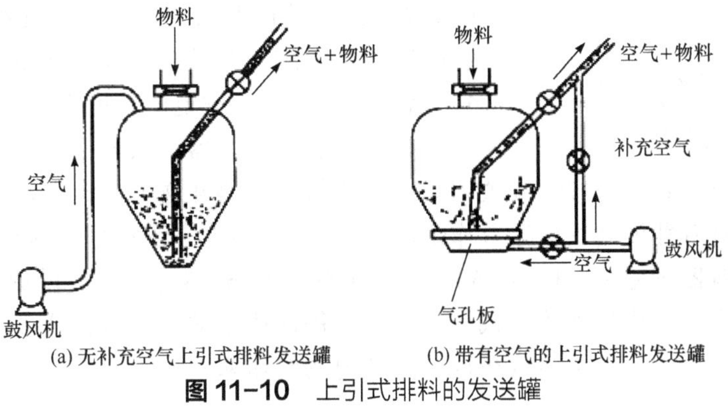

(a) 无补充空气上引式排料发送罐　(b) 带有空气的上引式排料发送罐

图 11-10　上引式排料的发送罐

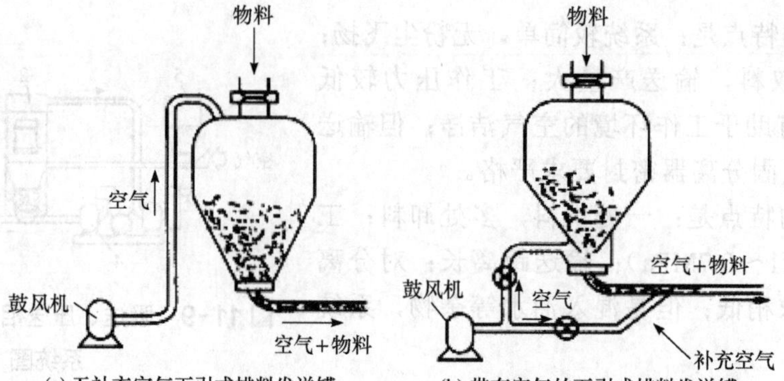

(a) 无补充空气下引式排料发送罐 (b) 带有空气的下引式排料发送罐

图 11-11 下引式排料的发送罐

② 旋转叶片供料器。旋转叶片供料器是利用其装有叶片的转子在固定的机壳中旋转，从而使物料从上面进入然后由下面排出，如图 11-12 所示。

带有文丘里式接料器的旋转叶片供料器（图 11-13）采用文丘里管的原理，在进料处管道的截面积缩小，使喷出的压缩空气的速度增大，以使气束周围压力降低，吸引从供料器送出的物料连同喷射空气一起喷入输送管道。因供料器出口处的压力降低，可减少供料器空气的泄漏。

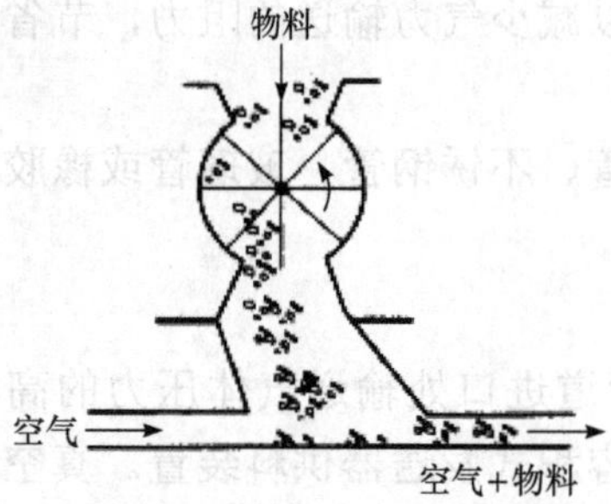

图 11-12 带有直落式接料器的旋转叶片供料器

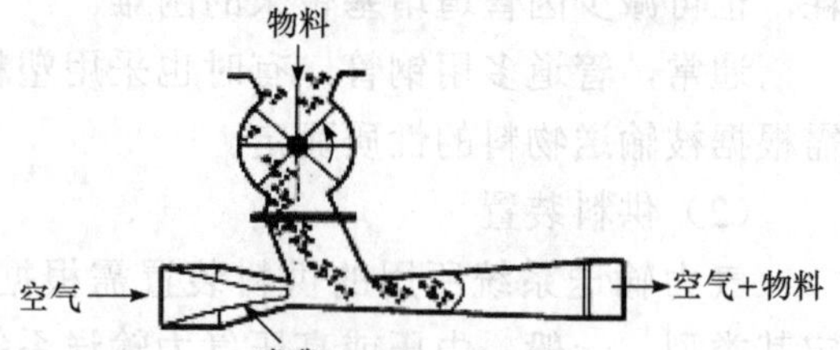

图 11-13 带有文丘里式接料器的旋转叶片供料器

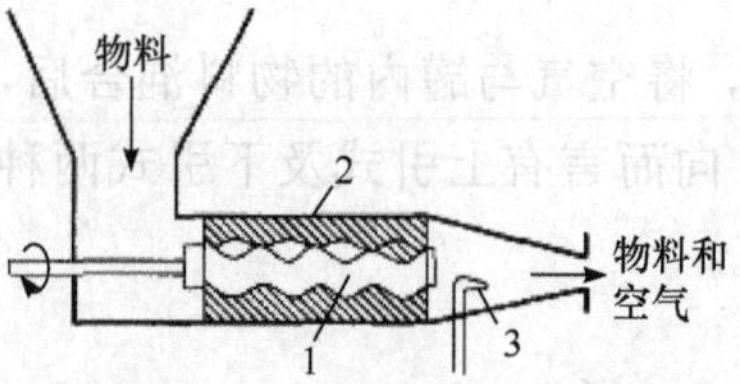

图 11-14 螺旋供料器

1—金属转子；2—弹性材料定子；3—空气喷嘴

③ 螺旋供料器。螺旋供料器是通过设计变矩螺旋在筒内形成料柱，随着螺旋的连续旋转就可将物料推进输送管中，并在此被输送空气吹散并带走，如图 11-14。螺旋供料器一般适合处理黏性物料。为气力输送系统设计的这种类型供料器的优点是可以连续将物料送到输送管道。由于螺旋的旋转速度和给料量之间有着线性关系，因此可在接近于规定的速度下卸料。

④ 双翻板阀供料器。双翻板阀供料器主要由两个阀板或闸板构成，其交替打开或关闭以便使物料从加料斗送入输送管道（图 11-15）。在一定程度上可将双翻板阀供料器看作是间歇供料器，因为它在每分钟内只排料 5～10 次，而旋转叶片供料器每分钟可排料 250 次（一般转子有 6～8 个料槽，转速为 35r/min）。在可比的给料能力下，排料次数的减少就意味着每次排出的物料体积增多。如果输送管道加料部位设计不合适，就要导致在这一区域内物料堵塞。

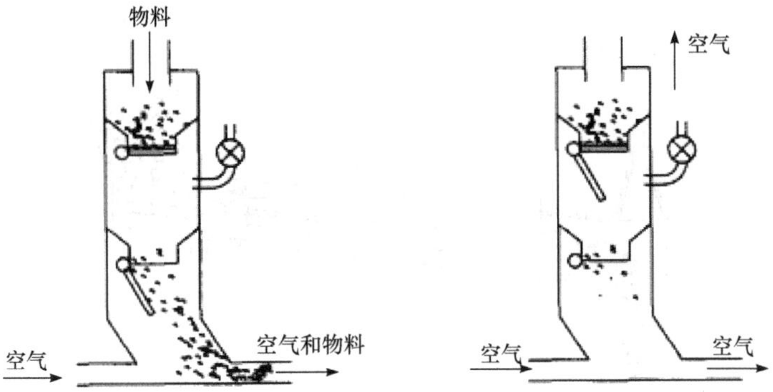

图 11-15　双翻板阀供料器

（3）气固分离设备

在任何应用中，气体和固体分离设备的选择都要受到以下因素的影响：气体中含有散状固体物料的数量，散状固体物料颗粒大小及范围；要求系统的收集效率；设备投资及运行费。

总之，收集比较细的颗粒的分离系统费用较高。适宜粉尘收集的设备有旋风分离器、袋式除尘器、重力沉降室等。对于空气中夹带的较细颗粒的物料（小于 25μm）只有用袋式除尘器才可以得到满意的收集效率。气固分离设备中的压力损失与全系统的压降相比并不太大（不包括风机）。

（4）供气设备

对于气力输送系统来说，供气设备的选择根据气体流量包括允许的漏气量以及整个输送系统的压力降来确定。在设计气力输送装置时选择供气设备是最重要的决定之一。

① 通风机与鼓风机。通风机广泛用于稀相气力输送系统，输送管道堵塞的可能性较小。恒量式鼓风机对大多数气力输送系统都适用，因为当输送管道堵塞时，它能产生较高的压力及有效的推力来移动物料。

② 罗茨鼓风机。罗茨鼓风机的鼓风能力可达 $500m^3/h$ 自由空气量。当转子旋转时，空气被吸入转子和壳体间的空间，当转子经过壳体出口时空气被压出。需要说明的是罗茨鼓风机是强制排气的机械，其本身没有空气的压缩作用。

③ 旋转叶片式压缩机。旋转叶片式压缩机适合中压及高压气力输送系统。与罗茨鼓风机相比，它可在较高的压力下产生平稳的空气流量。

④ 螺旋式压缩机。螺旋式压缩机可用于中压、高压的气力输送系统。

11.1.3.4　空气输送槽

（1）空气输送槽的基本结构

空气输送槽结构示意图如图 11-16 所示。

空气输送槽由两个薄钢板制成的断面为矩形的上下槽体联结组成。在槽形结构的上下壳体之间安装有一块多孔板透气层，多孔板之上为输料部分，多孔板下部为通风道。

（2）工作原理

空气输送槽的安装一般向下倾斜 4°～8°，物料由高的一端加入多孔板上部，具有一定压力的空气也由高的一端端部从下壳体吹入。当空气由鼓风机鼓入下壳体穿过均匀的多孔板时，处于多孔板上的物料流态化，于是，充气后的物料在重力的作用下沿斜槽向

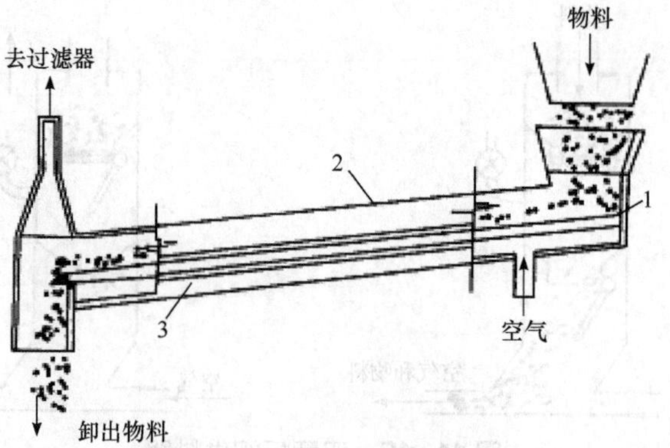

图 11-16 封闭型空气输送槽

1—气孔板；2—封闭送料槽；3—空气槽

前流动，达到输送的目的。而穿过物料层的空气则通过安装在槽盖各出气口的滤布最后排放到大气中。

（3）主要零部件

空气输送槽主要部件是输送槽的槽体组合件和多孔板。

① 输送槽的槽体组合件。用于封闭型空气输送槽的主要槽体组合件均为制造厂家的标准件。

② 多孔板。多孔板是空气输送槽的关键部件，多孔板的选取和良好的使用状态是空气输送槽经济合理、安全运行的重要因素。选择多孔板时，要求开孔率高，分布均匀，透气率高；多孔板的阻力要高于物料层阻力；能够保持平滑的表面，具备足够的强度，与机壳易于牢固地安装、密封等；并具有抗湿性，微孔堵塞后易于清洗、过滤。常用的多孔板有陶瓷多孔板、水泥多孔板、多层帆布等。陶瓷多孔板、水泥多孔板是较早使用的透气层，其优点是表面平整、耐热性好；缺点是较脆、耐冲击性差、机械强度低、易破损，另外，难以保证整体透气性一致。目前用得较多的是帆布（一般为 21 支纱白色帆布三层缝制）等软性透气层，其优点是维护安装方便，耐用不碎，价格低廉，使用效果好；主要缺点是耐热性较差。

（4）主要参数的选择与计算

① 斜度。斜度是槽内物料流动的必要条件之一，它取决于物料的性能、建筑设计及设备选型经济性。斜度用斜槽纵向中心线与水平面的夹角或其正切表示，斜度小有利于工艺和建筑设计，斜度大有利于节省动力与设备投资。斜度的确定应考虑下述方面：物料的流态化特征、透气层的透气性、物料的流量等。试验表明，对于能自由流动的物料，斜度 4%即足够，输送一般的粉粒状物料时，斜度可稍大些。

② 槽体宽度。槽体宽度是决定斜槽输送能力的主要参数之一。对于给定流量的斜槽，其宽度可用下式计算：

$$B=\sqrt{\frac{R_c q}{R_a \rho_B v}}$$

式中，q 为物料的流量，kg/s；ρ_B 为物料的容积密度，kg/m；R_c 为未流态化的物料容积密度与流态化时物料的容积密度之比；R_a 为流动物料床的高度与斜槽宽度之比；v 为物料的平均输送速度，m/s。

③ 输送能力。输送能力可按下式计算：

$$Q = 3600KA\omega\rho_B$$

式中，K 为物料流动阻力系数，K＝0.9；A 为槽内物料的横截面积，m^2；ω为槽内物料流动速度。

④ 空气消耗量。空气消耗量可按下式计算：

$$Q_A = 60qBL$$

式中，q 为单位面积耗气量；B 为斜槽宽度，m；L 为斜槽长度，m。

（5）特点及应用

空气输送槽没有运动部件，气源为离心通风机或罗茨鼓风机。空气输送槽结构简单，操作方便，磨损小，维修工作量少，能耗低，低噪声，密封性好，安全可靠。输送长度可达100m，产量达到300t/h。缺点是输送的物料种类受到限制，而且必须倾斜布置，不宜向上输送物料。

空气输送槽广泛用于各种类型的物料输送。封闭型输送可用于筒仓的进料及分配；从研磨机和斗式提升机或气力输送系统之间的物料输送；从气固分离器、旋风分离器将物料送到工艺储仓或称重料斗，在除尘器或静电除尘器的下面输送物料。封闭型输送槽还广泛用于船舶类移动设备的卸料工具。此外这种输送槽还广泛用来从储仓或料斗中将物料卸出并送到带式输送机、气力输送系统及散状固体物料的装载运输设备上。

11.2 粉体材料的贮存

现代工业生产中为了使生产连续化进行，凡涉及粉体的粉碎、筛分、混合均化等单元操作时，均广泛设置贮料设备。目前，贮料已成为粉体工程中的一个不可缺少的组成部分和生产中的一个相当重要的环节。

11.2.1 粉体贮存的作用

① 保证生产的连续性。由于受矿山开采、运输以及气候的影响，工厂需要贮存一定的原材料。另外，生产中各主要设备不可避免会发生故障或检修，均应考虑贮存足够的物料，以备下一工序的需要而不中断生产。此时，可采用露天堆场、吊车库、粉料库和料仓。

② 改善物料的某些工艺性质。进厂的原材料或半成品不能保证水分、组分或化学成分的均匀性，经过一定时间的贮存后，可使其质量均化，改善某些工艺性质。如喷雾造粒后的陶瓷粉料一般会在陈腐仓中贮存1～7d，才输送到成型工段。

③ 设备能力的平衡。由于各主机设备的生产能力、生产班制和设备利用率不平衡，必须增设各种料仓来协调。

11.2.2 粉体贮存的分类

① 按物料的粒度，贮料设备可分为两大类：用于存放粒状、块状料的堆场与吊车

库；用于贮存粉状料的贮料容器。

堆场有露天和堆棚两种。露天堆场的特点是投资省、使用灵活，但占地大，劳动条件差。为了实现机械化，必须配用铲斗车等来堆取料，某些场合为了避免污染物的混入，必须采用混凝土地坪。堆棚和吊车库在不少方面优于堆场，它可以用吊车等专用机械卸料和取料。大型预均化堆场对生产质量的控制更具有较大的优越性。

② 按用途性质和容量大小，可将贮料容器分成以下三种：

a. 料库。容量最大，使用周期达数周或数月以上，主要用于贮存生产过程的原料、半成品或成品，同时，通过料库也可对原料配料、均化等。

b. 料仓。容量居中，使用周期以天或小时计，主要用来配合几种不同物料或调节前后工序的物料平衡。其形状如图 11-17 所示。

c. 料斗。即下料斗，容量较小，用以改变物料方向和速度，使其顺利地进入下道工序设备内，其形状如图 11-18 所示。

料仓和料斗在形状及结构上并没有严格的界限，例如，料仓是由筒仓和料斗两部分组合而成的，其主要贮料部分是筒仓，这是本节要讨论的内容。

11.2.3 粉体流动的流型

在使用料仓过程中，经常碰到仓内粉体流动不稳定的情况，忽快忽慢，甚至结拱堵塞，物料无法卸出。有时中央穿孔而周围物料停滞不动，有时整仓料一下子全部卸空。因此，要从根本上解决上述问题，必须要了解仓内粉体的流动过程。

11.2.3.1 Kvapil 理论

很早以前，人们为了观察排料口附近的料流状态，在料仓出口的纵断面上装设玻璃，仓内填充着染色的粒子，观察其重力流动过程。Kvapil 对方格状堆积的粒子重力流动进行研究发现：染色粒子所呈现的流出断面的形式为排出口的正上方部分先流出，然后逐渐扩大流动范围，流动范围之外的部分静止不动，如图 11-19 所示，D 为颗粒自由降落区；C 为颗粒垂直运动区；B 为颗粒擦过 E 区向出口中心方向缓慢滑动区；A 为颗粒擦过 B 区向出口中心方向迅速滑动区；E 为颗粒不流动区。显然，凡处在大于休止角区域的颗粒均产生流向出口中心的运动。C 区的形状像一个小椭圆体；B、E 区的交界面也像一个椭圆体。为此，Kvapil 提出流动椭圆体的概念，图 11-20 所示的流动椭圆体 E_A 和 E_C 分别代表上述两个椭圆体。流动椭圆体 E_A 内的颗粒物产生两种运动：第一位的（垂

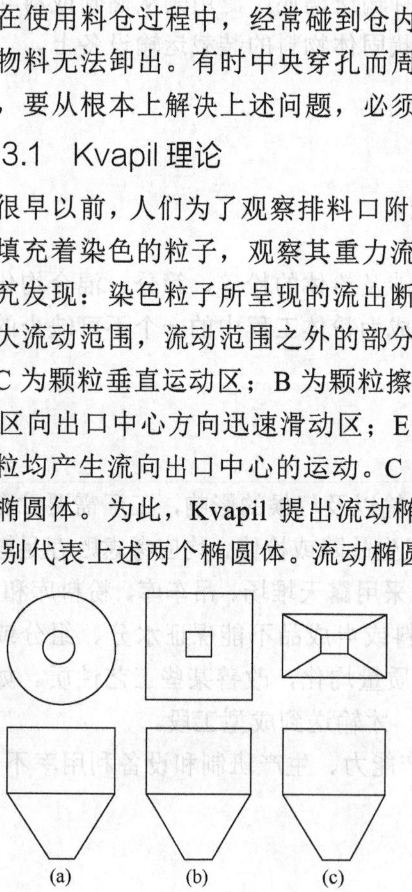

图 11-17 料仓的形状

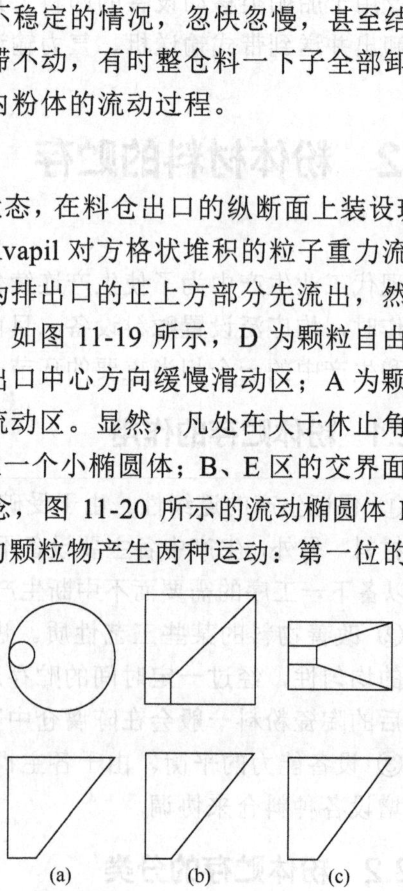

图 11-18 料斗的形状

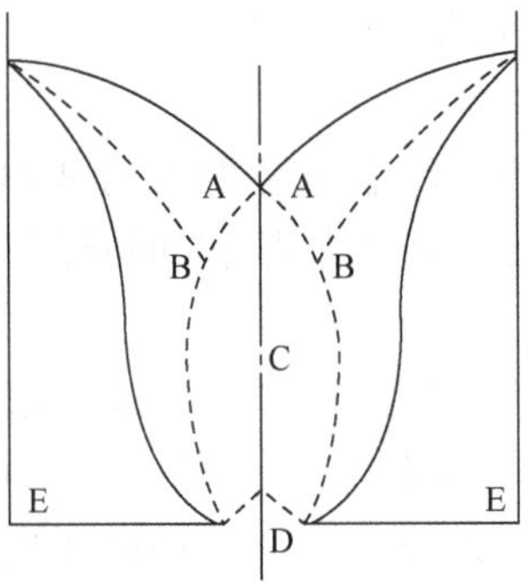

图 11-19　出料口料流状态

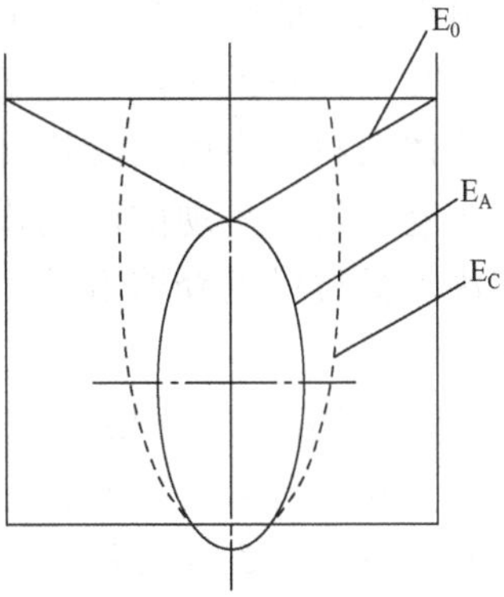

图 11-20　流动椭圆体

直）运动和第二位的（滚落）运动。边界椭圆体 E_C 以外的颗粒层不产生运动。另外，E_A 的顶部为流动锥体 E_0。显然，料仓出口料流如能形成上述椭圆体流型是所期望的。

（1）粉体从孔口中流出

对直筒型料仓，让粉体在重力作用下流出时，颗粒一边作复杂运动，一边落下来，如图 11-21 所示。

区域Ⅰ作均匀运动，颗粒几乎是垂直移动。区域Ⅱ是颗粒向圆筒形孔口移动的区域，移动的方向已偏离垂直方向。区域Ⅲ由于剪切力的作用而剧烈运动，颗粒的移动速度也大。区域Ⅳ颗粒完全不移动，底面和斜面所构成的角和粉体的安息角相等。

颗粒的速度分布如图 11-22 所示，在区域Ⅲ速度较大。即使像这样单纯地排出颗粒，内部的颗粒仍要进行剧烈的运动。由于容器的形状及颗粒本身的各种性质的影响，流动的情况更为复杂。所以很难找出一般的运动方程。对于从孔口排出粉体的流量，现在已在试验的基础上提出了许多公式。

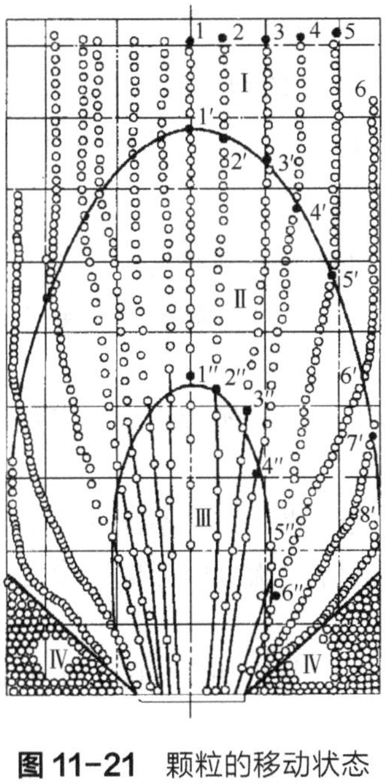

图 11-21　颗粒的移动状态

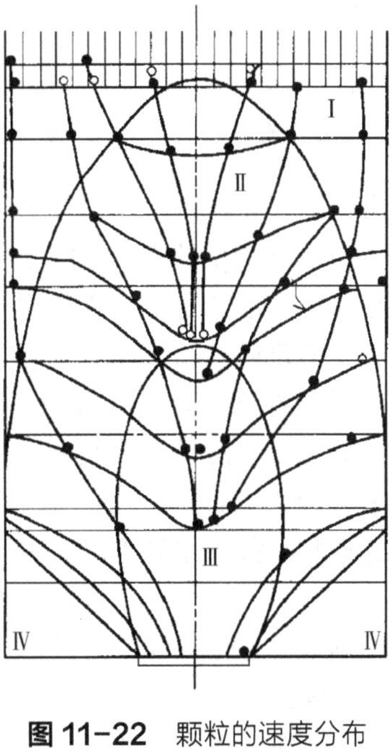

图 11-22　颗粒的速度分布

即使附着性小的粉体颗粒一般也产生堵塞现象。流出孔孔径 D_b 和颗粒直径 D_p 的比约在 5 以下时粉体不流出，即使 $D_b/D_p>10$，流量也是不均匀的，为不连续流。

（2）粉体在料仓中的流动模式

了解料仓中物料呈现的流动模式是理解作用于物料或料仓上各种力的基础。仓壁压力不仅取决于颗粒料沿仓壁滑动引起的摩擦力，而且还取决于加料和卸料过程中形成的流动模式。

① 漏斗流模式。在平底或带料斗的料仓中，由于料斗的斜度太小或斗壁太粗糙，颗粒料难以沿斗壁滑动，颗粒料是通过不流动料堆中的通道到达出口的。这种通道常常是圆锥形的，下部的直径近似等于出口有效面积的最大直径，这种流动模式也称为核心流动。这种流型使料流顺序紊乱，甚至有部分粉体滞留不动，造成先加入的物料后流出的后果。

当通道从出口处向上伸展时，它的直径逐渐增大，如图 11-23 所示。如果颗粒料在料位差压力下固结，物料密实且表现出很差的流动性，那么，有效的流动通道卸空后，就会形成穿孔和管道，如图 11-24 所示。

情况严重时，物料可以在卸料口上方形成料桥或料拱，如图 11-25 所示。这种流动通道周围的物料可能是不稳定的，在这种情况下，物料将产生一停一开式的流动、脉冲流动或不平稳流动。这些脉冲可以导致结构的破损。

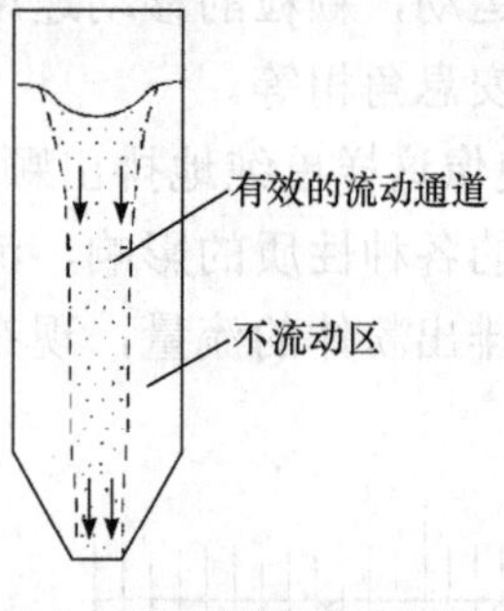

图 11-23 贯穿整个料仓的漏斗流

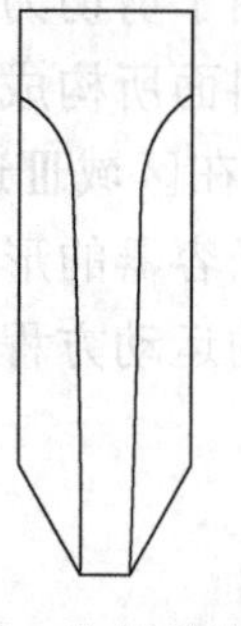

图 11-24 有效的流动通道卸空物料后形成的穿孔和管道

图 11-25 横跨流动通道形成的料拱或料桥

由此可见，漏斗流料仓存在以下缺点：

a. 漏斗流料仓的出料口的流速可能不稳定，因为料拱一会儿形成，一会儿破裂，以致流动通道变得不稳定。由于流动通道内的应力变化，卸料时粉料的密度变化很大，这可能使安装在卸料口的容积式给料器失效。

b. 料拱或穿孔崩塌时，细粉料可能被充气，并无法控制地倾泻出来。存在这种情况时，一定要用正压密封卸料装置或给料器。

c. 密实应力大，不流动区留下的颗粒料可以变质或结块。如果不流动区的物料强度增加到足够大，留在原处不动，那么流动通道卸空物料后，就可以形成一个稳定的穿孔或通道。

d. 沿料仓壁的长度安装的料位指示器置于不流动区的物料下面，因此不能正确指示料仓下部的料位。

对于贮存那些不会结块或不会变质的物料，且卸料口足够大，可防止搭桥或穿孔的许多场合，漏斗流料仓可以满足要求。

② 整体流模式。如果料仓内整个粉体层能够大致均匀地下降沉出，如图 11-26 所示，这种流动形式称为整体流（或质量流）。这种流动发生在带有相当陡峭而光滑的料斗仓内，物料从出口的全面积上卸出。整体流中，流动通道与料仓或料斗壁是一致的，全部物料都处于运动状态，并贴着垂直部分的仓壁和收缩的料斗壁移动。

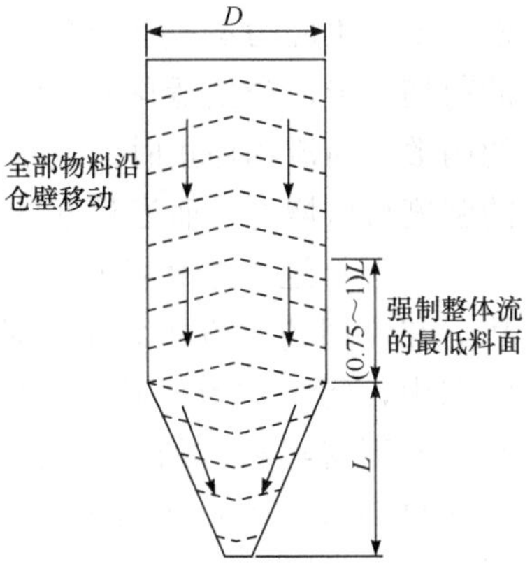

图 11-26　整体流料仓

如果料面高于料斗与圆筒转折处上面某个临界距离，料仓垂直部分的物料就以栓流形式均匀向下移动。如果料位降到转折点以下，那么通道中心处的物料将流得比仓壁处的物料快。

目前，这个临界料位的高度还不能准确确定，但它显然是物料内摩擦角、料壁摩擦力和料斗斜度的函数。

与漏斗流料仓相比，整体流料仓具有许多重要的优点：

a. 避免了粉料的不稳定流动、沟流和溢流。

b. 消除了筒仓内的不流动区。

c. 形成了先进先出的流动，最大限度地减少了贮存期间的结块问题、变质问题或偏析问题。

d. 颗粒的偏析被大大减少或杜绝。

e. 颗粒料的密度在卸料时是常数，料位差对它根本没有影响。这就有可能用容积式拱料装置来很好地控制颗粒料，而且改善了计量式喂料装置的性能。

f. 因为流量得到很好的控制，因此任意水平横断面上的压力将可以预测，并且相对均匀，物料的密实程度和透气性能是均匀的，流动的边界可以预测，因此可以用静态流动条件进行分析。

11.2.3.2　流动分析中使用的特性

（1）粉体的屈服轨迹 YL

由前述的内容可知，库仑粉体的破坏包络线为一直线，但 Jenike 发现低压下真正松散颗粒的破坏包络线并不是一条直线，该轨迹也不随 σ 值的增加而无限增加，而是终止在某个点 E，如图 11-27 所示。该轨迹的位置是物料密实程度的函数。在流动阶段，颗粒塑性范围内的应力可以由点 E 连续确定。

对于一种自由流动的物料，如干砂子，破坏包络线如图 11-28 所示。

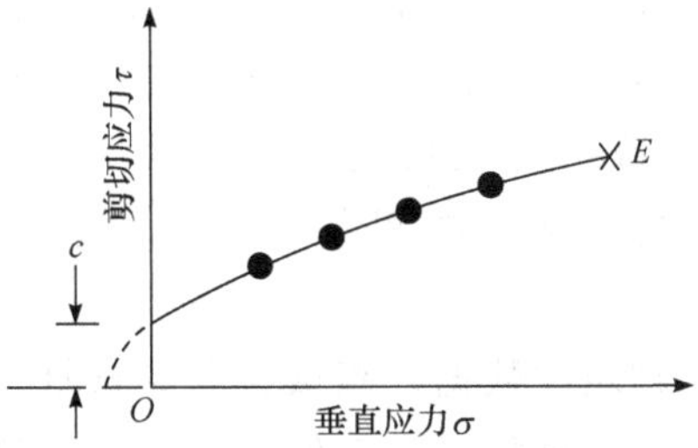

图 11-27　黏性粉体的破坏包络线

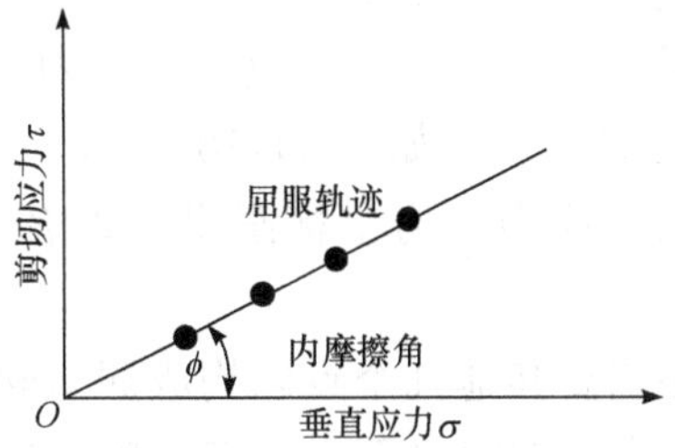

图 11-28　自由流动的干砂子的破坏包络线

第 11 章

从流动通道中取一个料流单元体，如图 11-29 所示，它上面的密实最大主应力σ_1和密实最小主应力σ_3是变化的。当单元体在另一个单元体上或料仓壁上滑动时就出现连续的剪切变形，产生滑移面。流动时，强度（抗剪切破坏的能力）和密度是最后一组应力的函数，而流动停止时，假定这些应力保持不变，由于物料在这些应力下保持静止，它的强度可以增加，而当料仓的出口再次打开时，它使流动受阻。

屈服轨迹由粉体的剪切试验确定：一组粉体样品在同样的垂直应力条件下密实，然后在不同的垂直压力下，对每一个粉体样品进行剪切破坏试验。在这种特殊的密实状态中，得到的粉体破坏包络线称为该粉体的屈服轨迹，如图 11-30 所示。E 代表初始状态下密实状态的垂直应力和剪应力（σ，τ），点 E 称为该屈服轨迹的终点。在小于终点的应力下，所对应的三组破坏点上的应力数值分别为（σ_1'，τ_1'）、（σ_2'，τ_2'）和（σ_3'，τ_3'）。

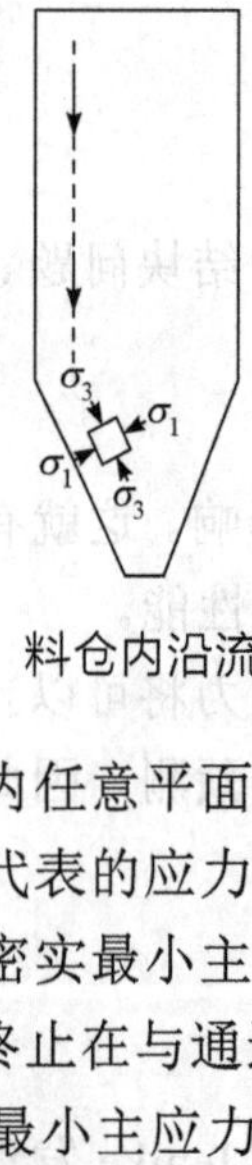

图 11-29 料仓内沿流动通道流动

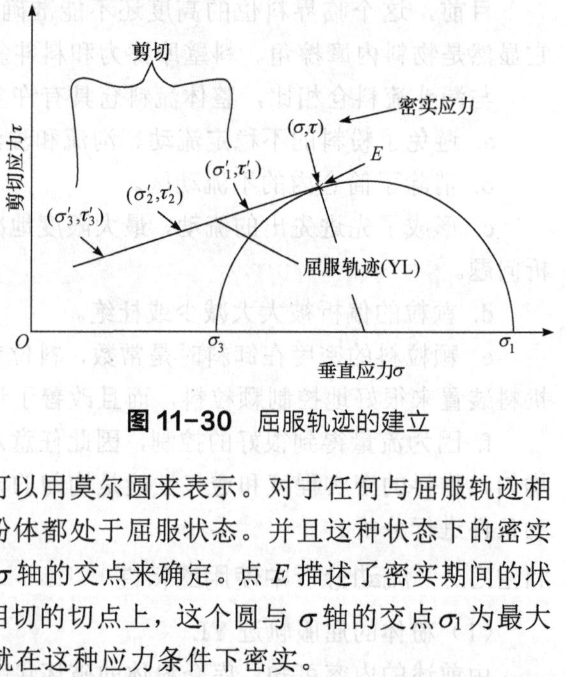

图 11-30 屈服轨迹的建立

松散粉体内任意平面上的应力状态都可以用莫尔圆来表示。对于任何与屈服轨迹相切的莫尔圆所代表的应力状态来讲，松散粉体都处于屈服状态。并且这种状态下的密实最大主应力和密实最小主应力都由半圆与 σ 轴的交点来确定。点 E 描述了密实期间的状态，屈服轨迹终止在与通过 E 点的莫尔圆相切的切点上，这个圆与 σ 轴的交点σ_1为最大主应力，σ_3为最小主应力。那么粉体样品就在这种应力条件下密实。

为了模拟稳定流动时出现的应力状态，对粉体样品先进行密实处理，然后再进行剪切处理。

密实试验如图 11-31 所示，首先在底座与剪切环中填满粉体试样，在顶盖粉料上方通过加载杆施加密实载荷 V 和剪切力 S。剪切一直延伸到剪切力达到稳定值为止，该稳定值表明塑性流动已经在整个粉体样品层内发生了。此时可以认为密实是充分的，不再施加剪应力，收回加载杆。这时颗粒上的应力若画成 τ 对 σ 的图线，就在莫尔圆上的 E 点，如图 11-30 所示。为了方便起见，数据可以画成图线表示，即把加到剪切盒的应力按力坐标画出，如 $V=\sigma A$，$S=\tau A$，这里的 A 为剪切盒的面积，如图 11-32 所示。

还需要其他几个点以构成屈服轨迹线。中间值 V'通过数据检查或判断来选择，以便保证沿着屈服轨迹至少有三个间隔距离很好的点。选定的最低的 V'值应该不小于最大密

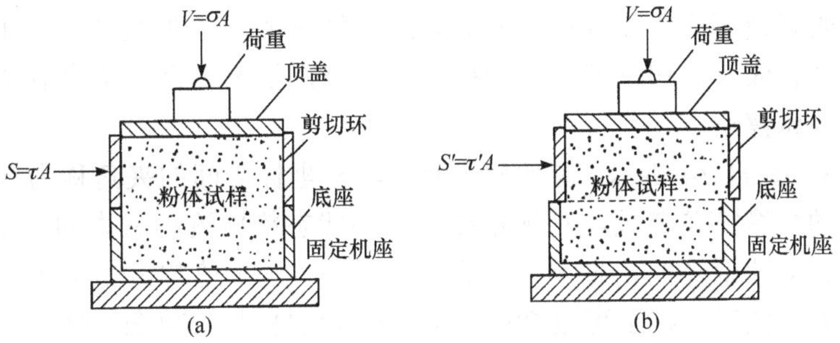

图 11-31　在密实应力条件下的剪切试验顺序

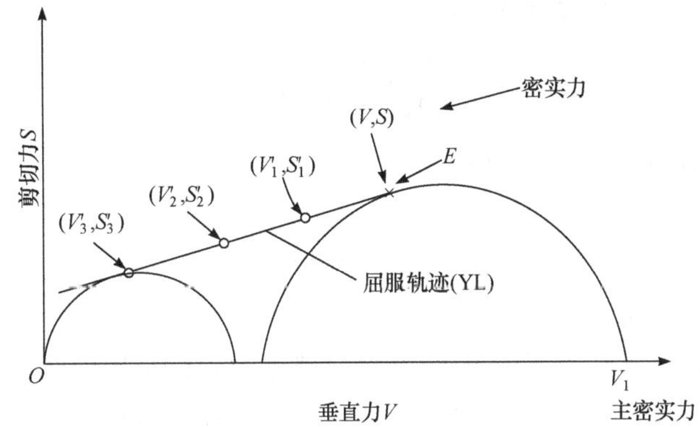

图 11-32　用力的单位画出的屈服轨迹

实载荷 V 的 1/3。屈服轨迹上的每一个点都是首先把粉体样品密实到点（V，S）而得到的，点（V，S）代表稳态流动状态，然后在较低的 V'值（V_2'、V_3'）下剪切开裂。图 11-32 表示了可取值的范围。通过（V_1'，S_1'）、（V_2'，S_2'）等点的屈服轨迹常常是形成稍有凸起的半圆形。

但是为了分析工业用料仓的面积，这条轨迹常常用一条直线来逼近。与屈服轨迹相切并通过密实点（V，S）的莫尔圆与 V 轴交点为最大密实主应力 V_t，其值为 $V_t=\sigma_t A$。

（2）有效屈服轨迹

如图 11-33、图 11-34 所示，通过坐标原点作一条直线与密实应力圆相切，这条直线就是该粉体的有效屈服轨迹 EYL。

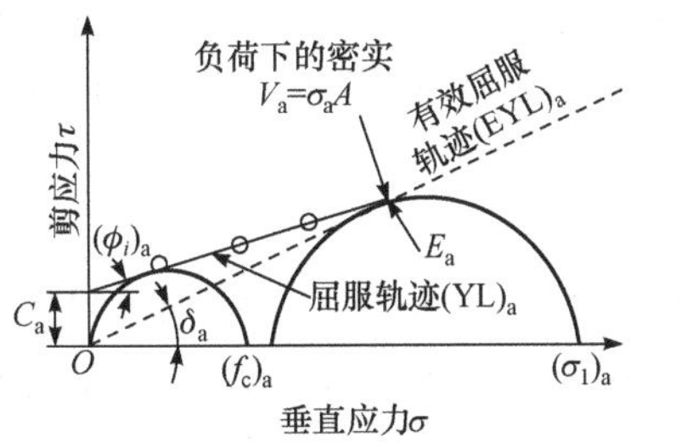

图 11-33　在密实应力 σ_a 下的屈服轨迹

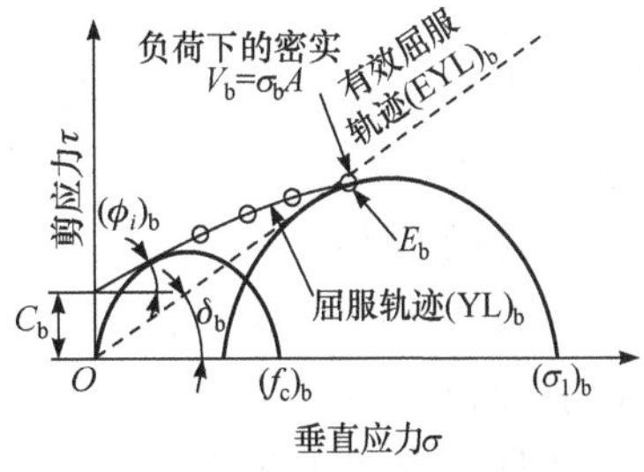

图 11-34　在密实应力 σ_b 下的屈服轨迹

剪切如图 11-31（b）所示，剪切环、粉体试样和顶盖留在原处。垂直载荷用一个较小的载荷来替代，记作 V'。剪应力再次加上去，直到应力和应变曲线出现峰值而又降下来为止，这表明开裂面形式以及说明屈服轨迹上的一个点（图 11-32）。开裂后，检查粉体试样，要求开裂面与剪切盒的剪切面差不多吻合，如不吻合，试验应重做。

（3）有效内摩擦角

如图 11-33、图 11-34 所示，有效屈服轨迹与横坐标之间的夹角称为有效内摩擦角δ。它与粉体物料的内摩擦角有关，是衡量处于流动状态粉体流动阻力的一个参数。当δ增加时，颗粒的流动性就降低。对于给定的粉体物料，这个值常常随密实应力的降低而增大，当密实应力很低时，甚至可达 90°。对于大多数物料，δ值在 25°～70°之间。

在粉体物料流动中，这些都是衡量工况的参数。流动时，最大主应力和最小主应力之比可以用有效屈服轨迹函数来表示：

$$\frac{\sigma_1}{\sigma_3}=\frac{1+\sin\delta}{1-\sin\delta}$$

EYL 可以用下面的方程来定义：

$$\sin\delta=\frac{\sigma_1-\sigma_3}{\sigma_1+\sigma_3}$$

（4）开放屈服强度 f_c

如图 11-35 所示，在一个筒壁无摩擦的、理想的圆柱形圆筒内，将粉体在一定的密实最大主应力σ_1作用下压实，然后除去圆筒，在不加任何侧向支承的情况下，如果被密实的粉体试样不倒塌，则说明其具有一定的密实强度，这一密实强度就是开放屈服强度f_c。如果粉体倒塌了，则说明这种粉体的开放屈服强度 f_c=0。显然，开放屈服强度 f_c 值小的粉体，流动性好，不易结拱。

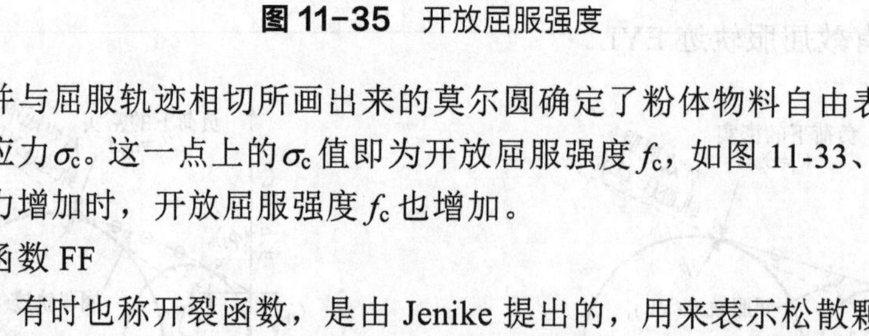

图 11-35　开放屈服强度

通过原点并与屈服轨迹相切所画出来的莫尔圆确定了粉体物料自由表面（当σ_3=0）上受到的最大应力σ_c。这一点上的σ_c值即为开放屈服强度f_c，如图 11-33、图 11-34 所示，并且当密实应力增加时，开放屈服强度 f_c 也增加。

（5）流动函数 FF

流动函数，有时也称开裂函数，是由 Jenike 提出的，用来表示松散颗粒粉体的流动性能。松散颗粒粉体的流动取决于由密实而形成的强度，开放屈服强度 f_c 就是这种强度的量值，并且是密实主应力σ_1 的函数，即：

$$FF=\frac{\sigma_1}{f_c} \tag{11-1}$$

FF 表征仓内粉体的流动性，当 f_c=0 时，FF=∞，即粉体完全自由流动。也就是说，在一定的密实应力σ_1的作用下，所得开放屈服强度f_c小的粉体，即 FF 值大者，粉体流动性好。流动函数 FF 与粉体流动性的关系见表 11-2。

表 11-2　流动函数 FF 与粉体流动性的关系

FF 值	流动性	FF 值	流动性
FF<1	凝结（如过期水泥）	4≤FF<10	易流动（如湿砂）
1≤FF<2	强附着性、流不动（如湿粉末）	FF≥10	自由流动（如干砂）
2≤FF<4	有附着性（如干的未过期水泥）		

影响粉体流动性的因素有很多，如：①粉体加料时的冲击，冲击处的物料应力可以高于流动时产生的应力；②温度和化学变化，高温时颗粒可能结块或软化，而冷却时可能产生相变，这些都可能影响粉体的流动性；③湿度，湿料可以影响屈服轨迹和壁摩擦系数，而且还能引起料壁黏附；④粒度，当颗粒变细时，流动性常常降低，而壁摩擦系数却趋于增加；⑤振动，细颗粒的物料在振动时趋于密实，引起流动中断。所以用振动器加速物料流动时，应该仅限于物料在料斗中流动的时刻。

11.2.3.3　流动与不流动判据

Jenike 指出，如果颗粒在流动通道内形成的屈服强度不足以支撑住流动的堵塞料（这种堵塞料以料拱或穿孔的形式出现），那么在流动通道内将产生重力流动。

假定物料在整体流料仓内流动，那里的物料连续地从顶部流入，随着一个物料单元体向下流动，它将在料仓内密实主应力σ_1的作用下密实并形成开放屈服强度f_c。

密实应力先增加，然后在筒仓的垂直部分达到稳定，在过渡段有一个突变，然后一直减小，到顶点时为零，与此同时，开放屈服强度也作如图 11-36 所示的类似变化。

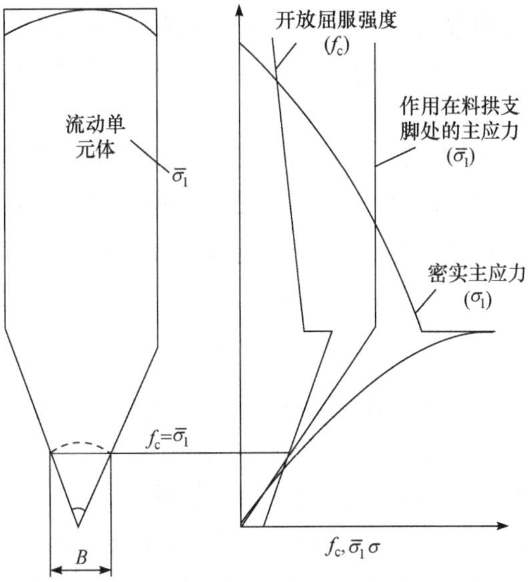

图 11-36　整体流料仓中流动单元的应力

已经表明稳定料拱的支脚上作用着主应力$\bar{\sigma}_1$，它与料拱的跨距 B 成正比，其变化如

图 11-36 所示。作用在料拱支脚处的主应力可以表示为：

$$\bar{\sigma}_1 = \frac{\rho_B B}{H(\theta)} \tag{11-2}$$

式中，ρ_B 为物料容积密度；B 为卸料口宽度；θ为料斗半顶角；$H(\theta)$ 为料斗半顶角函数，可由图 11-37 查得，也可按照下式近似计算：

$$H(\theta) = (1+m) + 0.01 \times (0.5+m)\theta \tag{11-3}$$

式中，m 为料斗形状系数。轴线对称的圆锥形料斗，m=1；平面对称的楔形料斗，m=0。

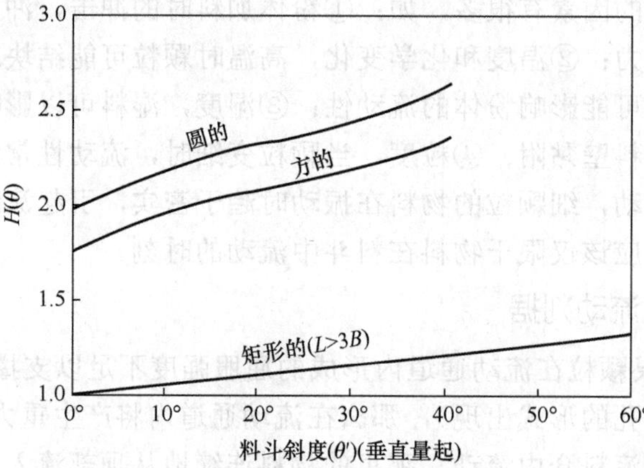

图 11-37 料斗半顶角函数 $H(\theta)$

由图 11-36 可知，f_c 值和$\bar{\sigma}_1$值的两条线相交于一个临界值，由此可以确定料拱的尺寸 B。根据流动不流动判据，交点以下，粉体物料形成足够的强度支撑料拱，使流动停止；该点以上，粉体物料的强度不够，不能形成料拱，就发生重力流动。

在相应的密实应力下，对粉体物料进行剪切试验，可以确定开放屈服强度 f_c，由此可以建立该粉体物料的流动函数 FF。

比值 $\sigma_1/\bar{\sigma}_1$ 定义为流动因素 ff，用来描述流动通道或料斗的流动性。作用在流动通道上的密实应力越高，作用在料拱上的应力 $\bar{\sigma}_1$ 越低，那么流动通道的流动性或料斗的流动性就越低。根据试验研究和理论分析可得流动因数 ff 的方程为：

$$\text{ff} = \frac{\sigma_1}{\bar{\sigma}_1} = \frac{S(\theta)(1+\sin\delta)}{2\sin\theta} H(\theta) \tag{11-4}$$

式中，$S(\theta)$为应力函数，对于各种数值不同的有效内摩擦角、壁摩擦角和料斗半顶角θ，Jenike 已经算出了它们的流动因素。图 11-38、图 11-39 为内摩擦角 40°时颗粒轴对称圆锥形整体流料斗和对称平面流动的流动因数图线。

流动函数 FF 和流动因数 ff 画在一起，如图 11-40 所示。当密实主应力σ_1大于临界密实主应力时，位于 FF 线之上的 ff 那部分（ff<FF）满足流动判据，处于料拱上的应力$\bar{\sigma}_1$超过料拱强度 f_c，则发生流动。σ_1 小于临界密实主应力时，应力不足以引起破坏，将发生起拱。两条线的交点代表了临界值，该点可用来计算最小的料斗开口尺寸。

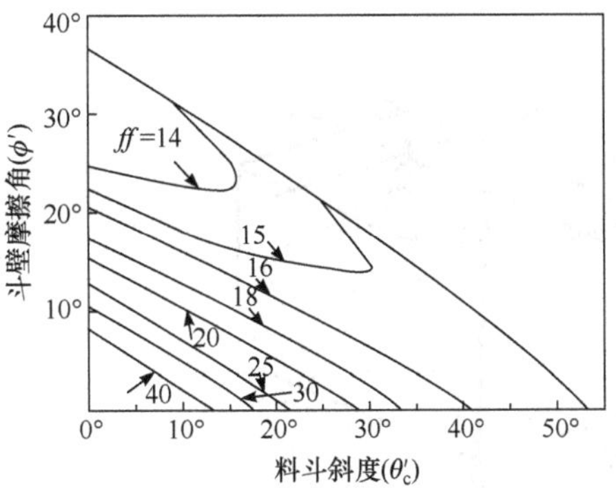

图 11-38　内摩擦角 40°时轴对称圆锥形整体流料斗的流动因数图线

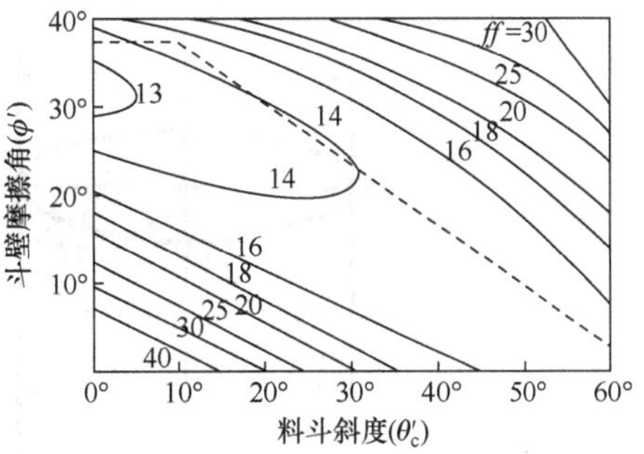

图 11-39　内摩擦角 40°时对称平面流动的流动因数图线

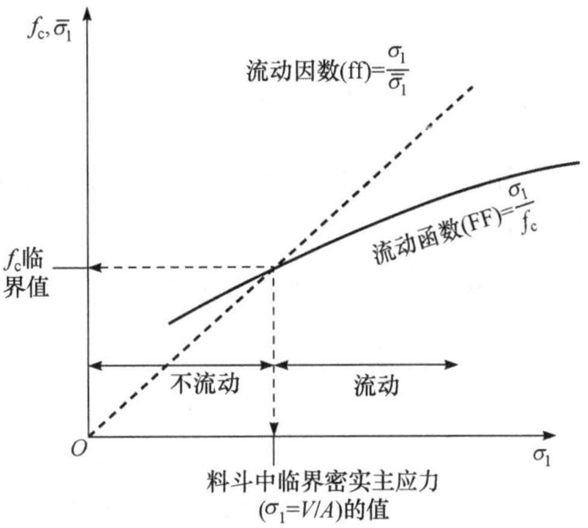

图 11-40　流动因数与流动函数的关系

11.2.4　粉体贮仓初步设计

粉体贮仓种类习惯上有各种名称，从工程功能上看主要分为筒仓、料斗和漏斗。

粉体堆积时构成安息角 Φ_1，因此，产生损失容积 V_L。所求的容量为水充满时容积扣除 V_L 后的实际容积。

圆筒形容器[图 11-41（a）]的 V_L 按下式确定：

$$V_L=\frac{4}{3}R^3\left\{3F\int_0^{\pi/2}\cos^2 x\sqrt{(1-F)+F\cos^2 x}\,\mathrm{d}x+\int_0^{\pi/2}[(1-F)+F\cos^2 x]^{3/2}\mathrm{d}x\right\}\tan\phi_1$$

式中，$F=\left(1-\dfrac{a}{R}\right)^2$。

棱柱形容器如图 11-41（b）所示，通过堆积中心铅垂地分为四部分，四个棱柱各有堆积中心，设长边为 L，短边为 b，令 $\beta=b/L$，则 V_L 按下式确定：

$$V_L=\frac{L^3}{6}\left[2\beta\sqrt{1+\beta^2}+\beta^3\ln\left(\frac{1+\sqrt{1+\beta^2}}{\beta}\right)+\ln\left(\beta+\sqrt{1+\beta^2}\right)\right]\tan\phi_1$$

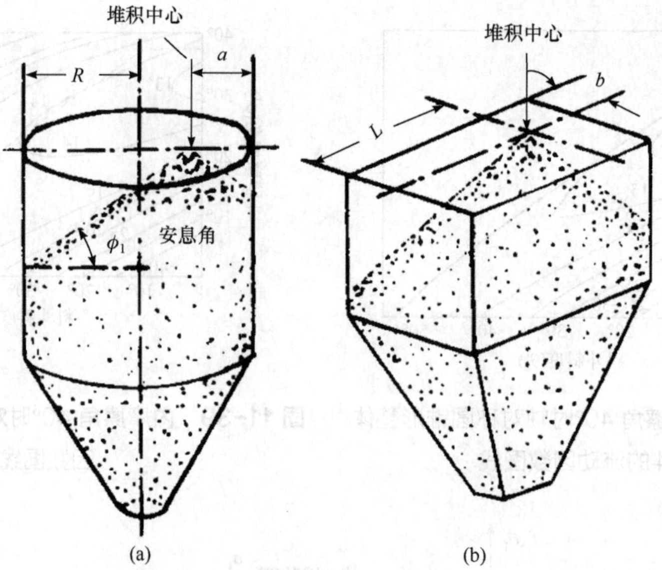

图 11-41 物料在料斗中的存在状态

物料在料仓中的运动模式应为整体流模式，不应出现漏斗流模式。

结拱的临界条件为 FF=ff，即$\sigma_1=f_c$，而形成整体流动的条件为 FF>ff，即 $f_c<\sigma_1$。如以 $f_{c,crit}$ 表示结拱时的临界开放屈服强度，则料口孔径 D_C 为：

$$D_C = \frac{H(\theta) f_{c,crit}}{\rho_B} \tag{11-5}$$

流动函数 FF 越大，粉体的流动性越好，它与粉体的有效内摩擦角 δ 有关；而流动因数 ff 越小，粉体在流动通道的流动性或料斗的流动性越好，流动因数是壁摩擦角ϕ_r和料斗半顶角θ的函数，壁摩擦角ϕ_r越小，料斗半顶角θ越小，料斗的流动性越好。

因此在料仓设计时，应尽量使料斗的半顶角小些，但这会增加料仓的高度。料斗用材料的壁摩擦系数越小越好，这些材料包括聚四氟乙烯塑料、玻璃、各种环氧树脂涂料、不锈钢和超量高分子聚乙烯。料斗表面光滑，则可以适当增大料斗半顶角，从而降低整个料斗的高度。

Janssen 法确定整体流料仓最小卸料口径步骤：

① 作剪切测定，在σ-τ坐标上画出屈服轨迹，求有效内摩擦角δ、开放屈服强度f_c、壁摩擦角ϕ_r。

② 在流动形式判断图上的整体流区域中选择料斗半顶角θ，并确定料斗的流动因数 ff。

③ 从相应的摩尔圆上确定f_c及σ_1值，做出流动函数 FF 曲线，并在同一坐标中画出 ff。

④ 算出最小卸料口径。

11.2.5 颗粒贮存和流动时的偏析

粉体颗粒在堆积或卸料过程中，由于粒径、颗粒密度、颗粒形状、表面形状等差异，粉体层的组成呈不均质的现象称为偏析。偏析现象在粒度分布范围宽的自由流动颗粒粉体物料中经常发生，但在粒度小于 70μm 的粉料中却很少见到。黏性粉料在处理中一般不会发生偏析，但包含黏性和非黏性两种成分的粉料可能发生偏析。

11.2.5.1　粉体偏析机理

对颗粒偏析产生的机理及其预防措施的研究有着较大的工程应用意义。颗粒偏析的作用机理包括如下几个方面。

（1）细颗粒的渗漏作用

细颗粒在流动期间自身重新排列时，可能通过较大颗粒的空隙渗漏。这种现象可能发生在搅拌、振动、堆积或流动期间。

在料仓加料阶段，如图 11-42（a）所示，撞到料堆上的颗粒形成一薄层快速移动的物料，在移动层内，较细的颗粒渗透到下面静止料层并固定在某个适当的位置，无法渗入的大颗粒继续滚动或滑移到料堆的外围。

卸料时，再次发生颗粒的重新排列，在整体流料仓中，重新混合发生在偏析物料离开垂直部分并进入整体流料斗过程中，如图 11-42（b）所示，在漏斗中会发生细颗粒与粗颗粒部分混合。

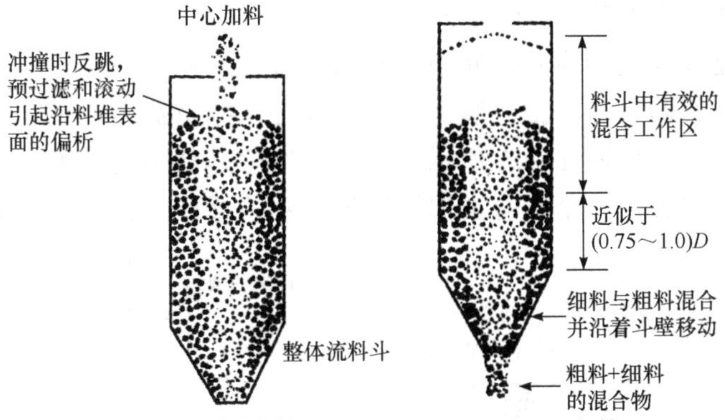

图 11-42　整体流动中典型的偏析与混合

而对于漏斗流料仓，就像整体流料仓中一样，在加料期间形成一个由较细颗粒组成的中央料芯，料斗卸空时，最后排出料斗的物料将是最粗的。

输送过程中，颗粒混合物受到振动或搅拌时，也会发生渗漏。这种影响可以在振动运送和斜槽中发生，也可以在用振动助流的小型料斗中发生。

（2）振动

在振动槽里的大颗粒由于振动力的作用，会上升到粉体层的表面上来。振动槽的每一次垂直运动都会使细颗粒运动到大颗粒的下面。当细料积累并密聚时，它就能托住大颗粒，使之上升到表面。贮存仓通常不会受到很强的振动，因此不会引起偏析，但是小型的喂料料斗和斜槽却能产生偏析。

（3）颗粒的下落轨迹

从输送机或斜槽上抛落到料堆的物料在冲撞之前由于颗粒的粒度和密度不同可能产生偏析，有时也因为空气的拖带作用而引起偏析。如果物料有偏析的倾向，根据前面已经讲述过的机理，偏析已经发生在输送机或斜槽上了，而卸料的轨迹只起到维持这种偏析状态的作用，如图 11-43 所示。

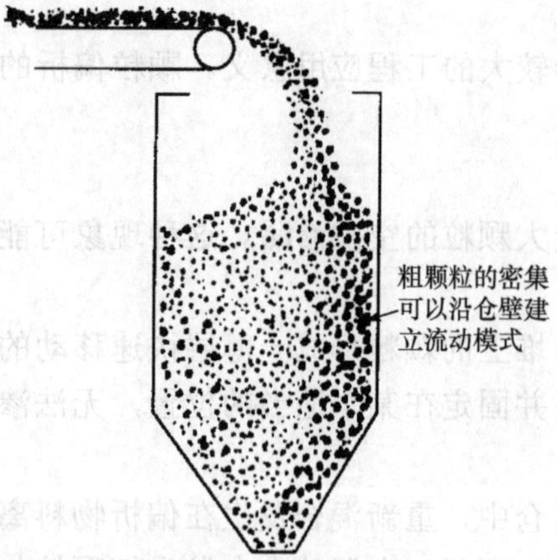

图 11-43　抛射分离

（4）料堆上的冲撞

大的粗颗粒冲撞到料堆上，势必在较小的颗粒上滚动或滑动，使之集中于外面。弹性好的、较大的颗粒势必反弹，集中于料堆外围；弹性差、较小的颗粒又势必向中心集中。

（5）安息角的影响

颗粒均匀、安息角不同的颗粒状混合物料倒在料堆上时，安息角较大的颗粒往往会集中在料堆的中心。

11.2.5.2　防止偏析的方法

在加料时，采取某些能使输入物料重新分布和能改变内部流动模式的方法可以防止偏析。常采用的方法有活动加料管法和多头加料管法（图 11-44）。

卸料时，通过改变流动模式以减小偏析的装置，从本质上讲，其设计是尽可能地模仿整体流。在料斗的卸料口的上方装一个改流体可以拓宽流动通道，有助重新混合。也可采用多通道卸料管，如图 11-45 所示。它们的原理是从不同的偏析区收取物料，并在卸料处把它们重新混合，一个具有类似用途的专利装置展示在图 11-46 中。

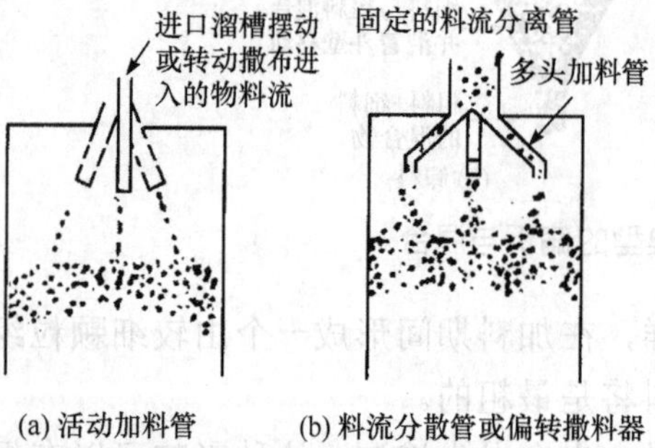

图 11-44　料仓加料时减少偏析装置

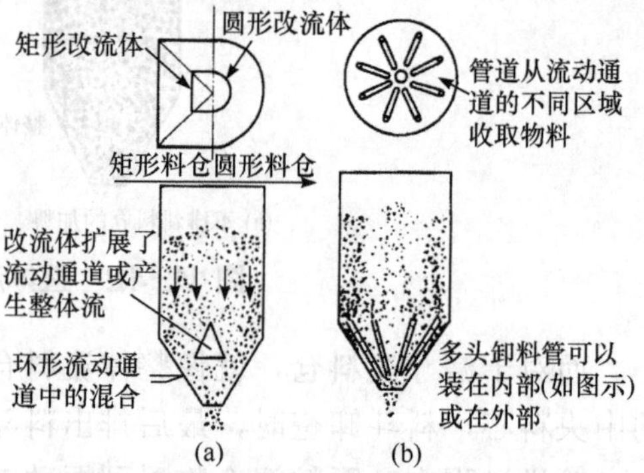

图 11-45　卸料助混装置

11.2.6　结拱效应

粉体物料在料仓内存储一定时间后，由于受粉体附着力、摩擦力的作用，在某一料层可能产生向上的支持力。该支持力与料层上方物料的压力达到平衡时，在此料层的下方便处于静平衡状态，发生结拱现象。另外，仓内空气温度、湿度的变化会造成粉体固结甚至黏附在筒壁上，也容易造成结拱。粉体在料仓内结拱会影响料仓卸料的连续性，结拱严重时会导致卸料困难，甚至卸料中断。结拱现象有时也称为棚料、架仓或架桥，主要是指当排料口直径远大于颗粒直径时，粉体在排料口往往还会发生闭塞不流现象。

在生产实际中，粉体在料仓内的结拱现象时有发生，给操作带来不应有的麻烦。因此，了解和熟悉粉体结拱的产生原因、结拱类型和防拱破拱措施是非常有必要的。

11.2.6.1　结拱类型

① 压缩拱：粉体因受到仓压力的作用，固结强度增加而导致起拱。

② 楔形拱：颗粒状物料因相互啮合达到力平衡状态所形成的料拱。

③ 黏结黏附拱：黏结性强的物料在含水、吸潮或静电作用下增强物料与仓壁的黏附力所形成的料拱。

④ 气压平衡拱：料仓回转卸料器因气密性差，导致空气进入料仓，当上下气压达到平衡时所形成的料拱。

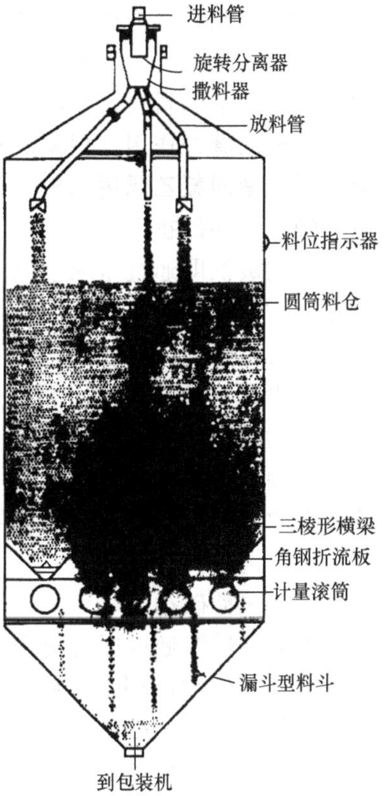

图 11-46　计量滚筒装置

11.2.6.2　结拱产生的原因

结拱产生的原因一般有如下四种。

① 粉体的内摩擦力和内聚力使之产生剪应力并形成一定的整体强度，阻碍颗粒位移，使流动性变差。

② 粉体的外摩擦力与筒仓内壁间的摩擦力。该摩擦力与筒仓内壁粗糙度、锥体部分倾角的大小有关，粗糙度越大，倾角越小，则外摩擦力就越大，越易结拱。

③ 外界空气的湿度、温度的作用使粉体的内聚力增大，流动性变差，固结性增强，导致出现结拱的可能性增大。

④ 筒仓卸料口的水力半径减小，使筒仓内粉体的芯流截面变小，则易产生结拱。

11.2.6.3　防拱及破拱措施

（1）正确设计料仓的几何结构

加大筒仓锥体部分的倾角，使之大于粉体与筒仓内壁的壁摩擦角，可减小粉体的壁摩擦力，有助于粉体的流动。但增大倾角会使筒仓的高度增加或容量减小，故一般取 55°～65°。

近年来，曲线料仓技术得到了发展和应用，如图 11-47 所示。对于曲线料仓，底锥母线为直线，底锥截面收缩率 K 可按式（11-6）计算：

$$K=\frac{A_{i+1}-A_i}{A_i} \tag{11-6}$$

式中，A_i 为直径为 D_i 处的横截面积。

这种曲线料仓的截面收缩率自上而下逐渐增大，使向下流动的粉体越接近出口处受横向挤压越密实，形成一定强度，也越易起拱。为了使 K 值沿母线保持一致，母线应符合曲线 $y=\log_a x$ 的关系。图 11-47 所示的近似曲线料仓，母线上的点 a, 1, …, b 均在理想曲线 $y=\log_a x$ 上，整个底锥的收缩率 K 基本一致，从而可消除由于局部 K 值过大而造成的卡脖子问题。试验证明，同等条件下，曲线料仓的出料流速明显快于直线料仓。

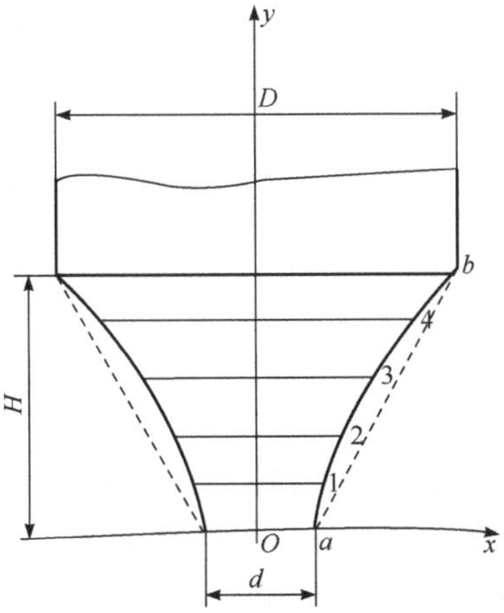

图 11-47　曲线料仓

（2）提高料仓内壁的平滑度

正确选择料仓内壁材料是提高料仓内壁的平滑度、减小壁摩擦系数的有效途径。例如用钢板建造的料仓，壁摩擦系数低，有利于物料滑动和排出，还可以避免一些腐蚀物料对仓壁的磨蚀作用。根据贮存物料的不同，可选择金属衬板、铸石衬板、碳化硅混凝土衬板、聚四氟乙烯树脂板、硬质面砖和特殊的橡胶衬板等。

（3）气动破拱

气动破拱即通过压缩空气的冲击来破坏拱形平衡以达到破拱的目的。常见方法有：①在仓体锥部距出料口约 1/3 处锥体周围安装几个喷嘴，通过气源加压向里吹气；②在锥体靠近出料口附近铺设若干块多孔板，从这些细小孔喷进压缩气体；③在锥体内部易起拱处设置气囊-空气炮，通过气囊的膨胀和收缩来破坏拱塞处的剪应力平衡。

气动破拱的特点是简单方便，比较经济实惠，效果显著，是最常用的一种措施。但在空气潮湿的季节或地区吹进的气体会使其冷却而结块，导致给料不均匀，影响计量；其次在吹管附近还易形成黏结层；破拱效果不太明显，所以在气路中应添加油水分离器，阻止水分进入筒仓。

（4）振动破拱

振动破拱即通过振动使物料内摩擦系数减小，抗剪强度降低，从而得以实现破拱。常见的方法有：①在锥体易起拱处设置一个振动器，通过其振动达到破拱的目的；②在锥体上设置一个行程很短的汽缸，利用汽缸端部安置的平板来击打筒壁，使拱形得以破坏。

振动破拱的特点是简单方便，易于控制振动频率，破拱有一定效果。但振动后的物料在静放长时间后可能失效、振密甚至结块堵塞料门；同时，振动产生噪声较大，对仓壁有所破坏，而且振动能量容易被锥体的钢板所吸收，有效利用率不高。

（5）机械破拱

机械破拱的种类很多，基本原理均为通过机械在物料拱塞处的强制运动来克服其内聚力，破坏拱形平衡，是效果最明显的一种破拱措施。

机械破拱的特点：①将机构设置在起拱要害部位，便于能量集中，达到最佳效果，由于料仓锥部物料受压最大，密实度也最大，粉体在空气潮湿、高温等条件的影响下易起拱，故将机构置于此处为宜；②强制性直接作用于拱塞处，破坏粉体摩擦剪应力的平衡；③连续性往复剪切运动保证破坏拱形平衡的效果，有利于实现均匀给料，提高粉体的计量精度；④由于所需运动部件较多，成本造价较高，同时在粉体内动作的零部件易磨损，维修和排除故障比较困难，所以在耐磨性和可靠性方面尚有待提高。

此外，对于不同类型的结拱，其防拱措施也不尽相同。

对于压缩拱，可采取以下措施：①通过增大卸料口尺寸、减小斗顶角来改善料斗几何形状；②料仓间隔较多的，减少料仓间隔或者采用该流体来降低粉体压力；③改善仓壁材料以减小仓壁摩擦阻力。

对于楔形拱，可通过增大卸料口尺寸、减小斗顶角或者采用非对称性料斗（偏心卸料口）来改善料斗几何形状。

对于黏结黏附拱，采取防潮或消除静电的方法可有效减小仓壁摩擦阻力；易吸水的物料存放要注意防潮；在料仓以及防爆和排气装置上设置静电接地板可消除静电。

对于气压平衡拱，常采用的方法为：①通过采用非对称性料斗（偏心卸料口）来改善料斗几何形状；②通过采取排气的措施来减小仓壁摩擦阻力。

第12章　混合与造粒

12.1　混合

混合是指两种或两种以上不同组分的物料在外力（重力及机械力）作用下发生运动速度和方向改变，使各组分颗粒得以均匀分布的操作过程。这种操作过程又称为均化过程。经过混合操作后得到的物料称为混合物。习惯上把同相之间的移动叫混合，不同相之间的移动叫搅拌，又把高黏度的液体和固体相互混合的操作叫捏合或混炼，这种操作相当于混合及搅拌的中间程度。从广义上讲，一般也将这些操作统称为混合。

在不同产品的生产过程中，混合操作的方式多种多样，但其共同目的是通过混合过程获得组成和性质均匀的混合物，以保证产品组成、结构和性能的均匀一致性。例如，多组分功能材料的混合，是为获得特种功能的组织结构；而耐火材料的混合，则是为了制备最紧密填充状态的颗粒配合料，以便获取所需的强度；医药品的混合，是微量药效成分与大量增量剂的混合。

12.1.1　混合机理

关于固体颗粒混合的机理，主要包括以下几种。

（1）扩散混合

扩散混合即颗粒小规模随机移动。分离的颗粒散布在不断展现的新生料面上并作微弱的移动，使各组分颗粒在局部范围内扩散实现均匀分布。出现扩散混合的条件是：颗粒分布在新出现的表面上，或单个颗粒能增大内在的活动性。

（2）对流混合

对流混合即颗粒大规模随机移动。物料在外力的作用下产生类似流体的运动，颗粒从物料的一处位移到另一处，所有颗粒在混合设备中整体混合。

（3）剪切混合

剪切混合即在粉体物料团内部，由于颗粒间的相互滑移，如同薄层状流体运动一样，形成滑移面，导致局部混合。

需要指出的是，上述三种混合机理各有不同，但其共同的本质是施加适当形式的外力使混合物中各种组分颗粒产生相互间的相对位移，这是发生混合的必要条件。各种混合机进行混合时，并非单纯利用某种机理，而是以上三种机理均起作用，只不过以某一种机理起主导作用。

12.1.2　混合过程

混合与偏析是相反的两个过程。一正一反，反复进行，最终达到混合与偏析的平衡。

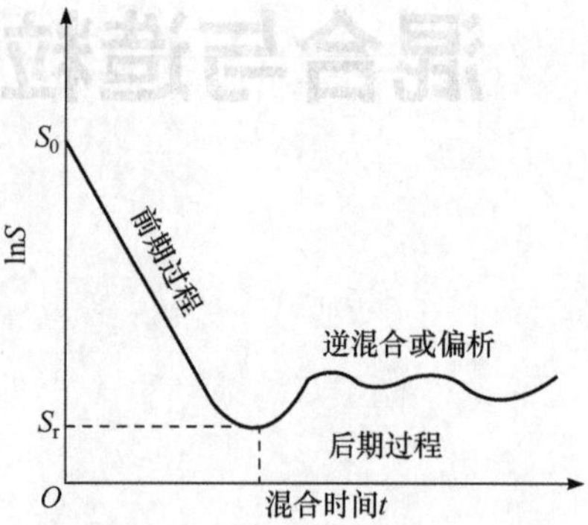

图 12-1 混合过程的典型曲线

所谓偏析，是指物料的分离过程。若物料的特性差别较大，如密度、粒度或形状具有相当大差别的颗粒，其偏析程度就大。故在某种情况下，对物料进行预处理就可降低物料的偏析。

物料混合的前期，进行迅速混合，达到最佳混合状态，而后期，则会产生偏析，一般再不能达到最初的最佳混合状态。因此，对于不同的物料，掌握其最佳混合时间是至关重要的。混合过程一般如图 12-1 所示。

对两种以上组分混合时，其均匀度（或混合度）可以每一试样中各组分所计数的粒子数来评价。Weidenbaum 对此做了专门研究。若用 W 表示混合性能，令 1 个试样中某一组分的粒子数为 μ，各组分的配合比为 H，则 W^2 可由下式确定：

$$W^2 = \sum \frac{(\mu - H)^2}{H} \tag{12-1}$$

在 W^2 的场合下，得：

$$\frac{-\mathrm{d}\psi}{\mathrm{d}\tau} = K\psi，\ \ln\psi = K\tau \tag{12-2}$$

式中，ψ 为偏析指数；τ 为混合时间；K 为比例常数。在半对数纸上可得曲线。

12.1.3 影响混合的因素

影响混合过程的因素主要有物料的物理性质、混合机的结构形式和操作条件三个方面。

12.1.3.1 物料的物理性质对混合的影响

物料颗粒所具有的形状、粒度及粒度分布、密度表面性质、安息角、流动性、含水量、黏结性等都会影响混合过程。

在混合过程中，总是伴随着混合与反混合两种作用。颗粒被混合的同时，偏析作用又使物料进行逆混合，混合状态是偏析与混合之间的平衡。适当地改变这些条件，就可使平衡向着有利于混合的方向转化，从而改善混合作业。

物料颗粒的粒度、密度、形状、粗糙度、安息角等物理性质的差异将会引起偏析，其中以混合料的粒度和密度差影响较大。偏析的作用有以下三个方面。

（1）堆积偏析

具有粒度差（或密度差）的混合料，在倒泻堆积时就会产生偏析，细（或密度小）颗粒集中在料堆中心部分，而粒度大（或密度大）的颗粒则在其外围。

（2）振动偏析

具有粒度差和密度差的薄料层在受到振动时，也会产生偏析。即使是埋陷在小密度细颗粒料层中的大密度粗颗粒，仍能上升到料层的表面。

（3）搅拌偏析

采用液体搅拌的方式来强烈搅拌粒度差的混合料，也会出现偏析，往往难以获得良好的混合效果。一种混合方法对液体混合可能很有效，但未必适合于固体粉料混合，甚至会导致严重的逆混合。

在实际混合过程中，应针对不同情况，选取相应的防止偏析措施。从混合作用来看，对流混合偏析程度最小，而扩散混合则有利于偏析。因此，对于具有较大偏析倾向的物料，应选用以对流混合为主的混合设备。

12.1.3.2 混合机结构形式对混合的影响

混合机机身的形状和尺寸、所用搅拌部件的几何形状和尺寸、结构材料及其表面加工质量、进料和卸料的设置形式等都会影响到混合过程。设备的几何形状和尺寸影响物料颗粒的流动方向和速度，混合机加料的落料点位置和机件表面加工情况影响着颗粒在混合机内的运动。

图 12-2 所示为水平圆筒混合机混合中的偏析现象。采用粒度分别为 80～100 目和 35～42 目的砂各 2.5kg，在水平圆筒混合机内水平装填物料后进行混合，发现在 2min 后，1–M 值降至最小，之后开始回升，出现比较明显的偏析。

图 12-3 所示为物料在回转圆筒中的径向运动。颗粒随着圆筒内壁上升至一定高度，然后沿着混合区斜面滚落。在滚落过程中，上层颗粒就有机会落入下层出现的空穴中去，这种颗粒层位的变更即产生混合作用。水平圆筒混合机的混合区是局部的，而且径向混合是主要的。但是，由于在物料流线包围的中心部位呈现一个流动速度极小的区域，微细颗粒就可能穿过大颗粒的间隙集中到这个区域中来，形成沿圆筒轴向的细颗粒芯。

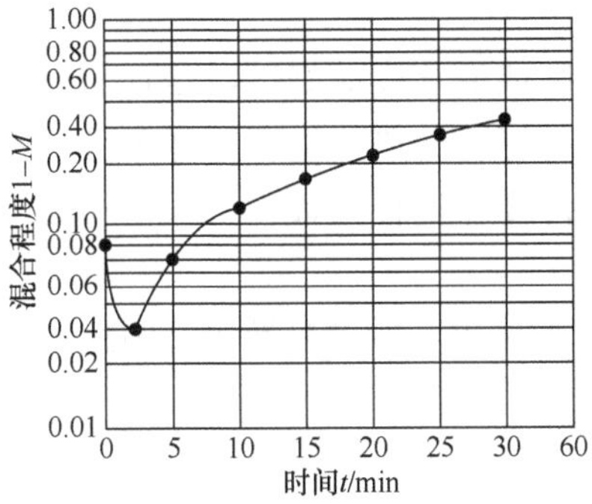

图 12-2 水平圆筒混合机混合中的偏析现象

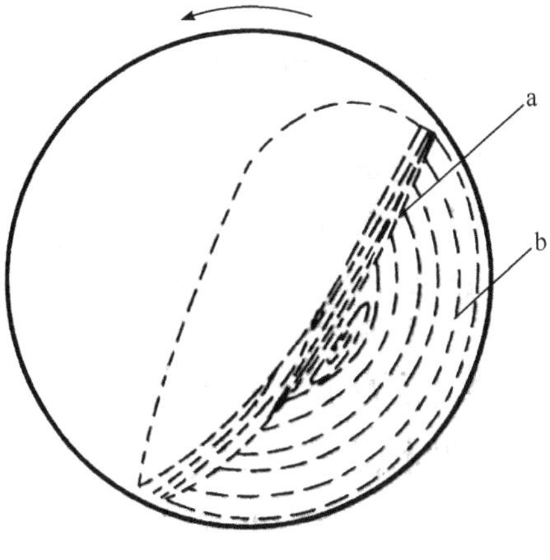

图 12-3 物料在回转圆筒中的径向运动
a—混合区；b—静聚区

颗粒的轴向运动情况如图 12-4 所示。图中标出物料沿轴向流动速度的梯度，曲率最大的 D 处表示其轴向速度为最大，距离混合机端面越远，由于端面的影响越小，而使轴向速度趋于一恒定值。这说明在径向混合时，颗粒也有沿轴向运动。由于在流动速度大的 D 处出现颗粒的空隙区域，细颗粒就可能穿过相邻的料带集中在这个区域中。在料带 D 两侧的料带 C 与 E，较小的颗粒有轴向移入轴向速度料带 D 中去的倾向。但是，在料带 D 外两侧的料带 B 与 F，它们的颗粒向 C 与 E 的轴向摆动都比较缓慢。这种轴向物料运动的不平衡性，使料带 D 中的细颗粒芯不断壮大，形成与轴向垂直的料带。当较小颗粒具有较高的安息角时，轴向速度的速度梯度会更大，甚至有可能达到在整个纵向上全部形成较小（或较重）和较大（或较轻）颗粒集积层相间隔的状态。这是在轴向的偏析现象，与依靠重力的径向混合相比，轴向混合是次要的。因此，采用长径比 $L/D<1$ 的鼓式混合机较有利于混合。

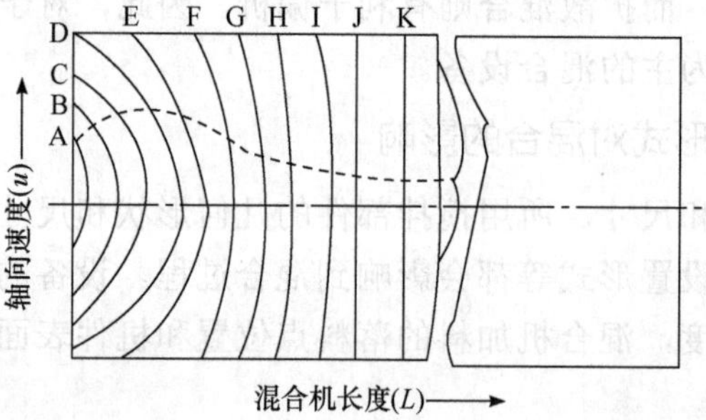

图 12-4 物料在回转圆筒中的轴向运动情况（虚线表示速度分布）

12.1.3.3 操作条件对混合的影响

操作条件包括：混合料内各组分的多少及其所占据混合机体积的比例；各组分进入混合机的方法、顺序和速率；搅拌部件或混合机容器的旋转速度；等等。上述操作条件对混合过程都有影响。

对于回转容器型混合机来说，物料在容器内受重力、惯性离心力、摩擦力作用产生流动而混合。当重力与惯性离心力平衡时，物料随容器以同样速度旋转，物料间失去相对流动，不发生混合，此时的回转速度为临界转速。

12.1.4 混合程度的评价

混合程度是指混合物的均匀度或混合度。均匀度或混合度的好坏，是评价混合程度的重要指标。判别均匀度或混合度的好坏，通常需对混合的粉体进行采样及分析。混合效果通常的量化评价指标有标准偏差、离散度、均匀度和混合指数。

（1）标准偏差

设样品数为 n，x 为每一样品某一组分的分数，如浓度、质量分数等，则这一组分分数的平均值为：

$$\overline{x}=\frac{1}{n}\sum_{i=1}^{n}x_i \tag{12-3}$$

这一组分分数的标准偏差或均方根 S 为：

$$S=\sqrt{\frac{1}{n-1}\sum_{i=1}^{n}\left(x_i-\overline{x}\right)^2} \tag{12-4}$$

可以用混合前后物料的标准偏差之比表示混合效果，即：

$$H=\frac{S_1}{S_2} \tag{12-5}$$

式中，S_1 和 S_2 分别为混合前、后物料的标准偏差。显然 H 值越大，意味着混合效果越好。

但标准偏差的大小与测量次数多少有关。另外，标准偏差值只与各测定值相对于平均值的残差有关，而与各测定值本身的大小无关。当混合物料中的组分含量相差悬殊时，用标准偏差很难说明混合的程度。例如，某组分在一种混合物料中的含量为50%，在另一种混合物料中的含量为5%，测定值的标准偏差均为0.5，尽管二者的标准偏差相同，但实际上两种情形的混合效果是不同的。因此，仅用标准偏差还不足以充分说明混合程度。

（2）离散度和均匀度

为了客观地反映混合程度，应同时考虑标准偏差和平均值两个参数。

离散度（变异系数）C_v是指标准偏差与测量平均值的比值：

$$C_v=\frac{S}{\bar{x}}\times 100\% \tag{12-6}$$

借助于式（12-6）可知，上述两种混合物料中，第一中物料的离散度为1%，而第二种物料的离散度则是10%，可见混合程度的判别是显而易见的。

均匀度H_S是指一组测定值接近测定平均值的程度，数学表达式为：

$$H_S=1-C_v \tag{12-7}$$

均匀度与离散度是一个问题的两个方面，其实质是相同的。

（3）混合指数

在标准偏差中，当粉体达到随机完全混合时，某一组分分数的标准偏差S_R为：

$$S_R=\sqrt{\frac{P(1-P)}{N}} \tag{12-8}$$

式中，P为该组分的百分数；N为样品的颗粒总数。可以看出当样品取样很多即$N\to\infty$时，$S_R\to 0$。

当粉体完全未混合时，某一组分分数的标准偏差S_0为：

$$S_0=\sqrt{P(1-P)} \tag{12-9}$$

混合从S_0的起始状态向随机完全混合状态S_R推进，用某个瞬间的某一组分的标准偏差S与混合之前及随机完全混合状态下的标准偏差S_0及S_R进行比较，描述混合进行的程度，定义粉体的混合度M为：

$$M=\frac{S_0^2-S^2}{S_0^2-S_R^2} \tag{12-10}$$

M为无因次量，未混合时，$S=S_0$，$M=0$；达到随机完全混合状态时，$S=S_R$，实际的随机混合为$0<M<1$。式（12-10）的缺点在于当稍微作些混合时，M值十分接近于1，无法表示出混合的微量程度，故可将式（12-10）改为：

$$M=\frac{\ln S_0-\ln S}{\ln S_0-\ln S_R} \tag{12-11}$$

12.1.5 混合机的类型

混合机的类型很多，可按以下几个方面进行分类。

（1）按操作方式分为间歇式和连续式两类

间歇混合时，混合机的加料和卸料要求容器在固定的位置停止回转，因而需要加装定位机构，多用于品种多、批量较小的生产中。间歇式混合机的优点是容器内部容易清扫，缺点是加料与卸料时容易产生粉尘，需要采取防尘措施。连续混合时，选取合适的喂料机，它既能给料又能连续称量。连续式混合机的优点是：①可使整个生产过程实现连续化、自动化，减少环境污染以及提高处理水平；②可放置在紧靠下一工序的前面，从而大大减少混合料在输送和中间储存中出现的分料现象；③设备紧凑，且易于获得较高的均匀度。连续式混合机的缺点主要是：①参与混合的物料组分不宜过多；②微量组分物料的加料不易计量精确；③对工艺过程的变化适应性较差；④设备价格较高；⑤维修不便。

（2）按工作原理分为重力式和强制式两类

重力式混合机是物料在绕轴转动的容器内，主要受重力作用产生复杂运动而相互混合。该类混合机按容器外形来分有：圆筒式、鼓式、立方体式、双锥式和 V 式等。该类混合机易使粒度差或密度差较大的物料趋向分料。为了减少物料结团，有些重力式混合机（如 V 式）内还设有高速旋转桨叶。强制式混合机是物料在旋转桨叶的强制推动或在气流作用下产生复杂运动而强行混合。这类混合机按其轴的转动形式来分有水平轴式（即桨叶式、带式等）、垂直轴式（即定盘式和动盘式）、斜轴式（即螺旋叶片式）等。强制式混合机的混合强度较重力式更大，且可大大减少物料特性对混合的影响。

（3）按设备运转形式有固定容器式和回转容器式两类

固定容器式混合机的特点是：在搅拌桨叶强制作用下使物料循环对流和剪切位移而达到均匀混合，混合速度较高，可得到较满意的混合均匀度；由于混合时可适当加水，因而可防止粉尘飞扬和分料。缺点是：容器内部较难治理；搅拌部件磨损较大。回转容器式混合机的特点是：几乎全部为间歇操作；装料比固定容器式小；当粉料流动性较好而且其他物理性质差异不大时，可得到较好的均匀度；容器内部容易清扫；可用于腐蚀性强的物料混合，多用于品种多而批量较小的生产中。其缺点是：混合机的加料和卸料都要求容器停止在固定的位置上，故需加装定位机构；加卸料时容易产生粉尘，需要采取防尘措施。

（4）按混合方式分为气力混合机和机械混合机两类

气力混合机用脉冲高速气流使物料受到强烈翻动或由于高压气流在容器中形成对流流动而使物料混合，主要有重力式（包括外管式、内管式和旋管式等）、流化式和脉冲旋流式等。气力混合机因为没有运动部件，限制性较小，故其设备容量可高达 $100m^3$，而且气力混合机结构简单，混合速度快，混合均匀度较高，动力消耗低，易密闭防尘，维修方便。但是，对于黏结性物料的混合则不宜使用。机械混合机在工作原理上大致又可分为重力式（回转容器式）和强制式（固定容器式）两类。机械混合机多数有机械部件直接与物料接触，尤其是强制式混合机，机械磨损较大。机械混合的设备容量一般为 $20\sim60m^3$。

（5）按混合与分料机理分为分料型混合机和非分料型混合机两类

分料型混合机以扩散混合为主，属于重力式混合机；非分料型混合机以对流混合为主，属于强制式混合机。强制式混合机也存在有一定程度的分料，但远比重力式混合机小。对于较难流动的（可能出于水分或极细颗粒等影响）非分料型的物料，任何混合机都能适用。而对于可作自由流动（干燥的、自然安息角比较小的）且存在密度差或粒度差的分料型物料，则只有采用非分料型混合机才能得到较好的混合。

（6）按混合物料分为混合机和搅拌机两类

通常将干粉料混合或增湿混合的机械称为混合机；将软质原料（如黏土、高岭土或白垩等）碎解在水中制成料浆，或使料浆保持均匀悬浮状态防止沉淀的机械设备称为搅拌机。

选用混合机时，必须充分比较其混合性能，既要考虑对混合物的质量要求，又要考虑过程要求。例如混合均匀度的好坏、混合时间长短、粉料物理性质对混合机性能的影响、混合机所需动力及生产能力、加卸料是否简便、对粉尘的预防等等，这些问题需要统筹考虑，然后选取适合生产需要的混合机。

12.2 造粒

12.2.1 造粒定义

广义上，造粒的定义为：将粉状、块状、溶液、熔融液等状态的物料进行加工，制备具有一定形状与大小的粒状物的操作。广义的造粒包括了块状物的细分化和熔融物的分散冷却固化等。通常说的造粒是狭义定义上的概念，是将粉末状物料聚结，制成具有一定形状与大小的颗粒的操作。从这个意义上讲，造粒物是微小粒子的聚结体。如今，造粒过程遍及许多工业部门。

12.2.2 造粒的目的

① 将物料制成理想的结构和形状，如粉末冶金成形和水泥生料滚动制球。

② 为了难确定量配剂和管理，如将药品制成各类片剂。

③ 减少粉料的飞尘污染，防止环境污染与原料损失，如将散装废物压团处理。

④ 制成不同种类颗粒体系的无偏析混合体，有效地防止固体混合物各成分的离析，如炼铁烧结的团矿过程。

⑤ 改进产品的外观，如各类形状的颗粒食品和用作燃料的各类型煤。

⑥ 防止某些固相物生产过程中的结块现象，如颗粒状磷胺和尿素的生产。

⑦ 改善粉粒状原料的流动特性，有利于粉体连续化、自动化操作的顺利进行，如陶瓷原料喷雾造粒后可显著提高成型给料时的稳定性。

⑧ 增加粉料的体积质量，便于贮存和运输，如超细的炭黑粉需制成颗粒状散料。

⑨ 降低有毒和腐蚀性物料处理作业过程中的危险性，如氢氧化钠、三氧化铬类压制成片状或粒状后使用。

⑩ 控制产品的溶解速度，如一些速溶食品。

⑪ 调整成品的孔隙率和比表面积，如催化剂载体的生产和陶粒类多孔耐火保温材料的生产。

⑫ 改善热传递效果和帮助燃烧，如立窑水泥的烧制过程。

⑬ 适应不同的生物过程，如各类颗粒状饲料的生产。

由于各工业部门特点和造粒目的及原料的不同，这一过程体现为多种多样的形式。

总体上可将其分为突出单个颗粒特性的单个造粒和强调颗粒状散体集合特性的集合造粒两类。前者侧重每一个颗粒的大小、形状、成分和密度等指标，因而产量较低，通常以单位时间内制成的颗粒个数来计量。后者则考虑制成的颗粒群体的粒度大小、分布、形状的均一性、容重等指标，处理能力以 kg/h 或 L/h 来计量，属于大规模生产过程。集合造粒是本节内容的主题。

12.2.3 造粒方法

（1）压缩造粒法

压缩造粒法有在两个对辊间压缩和在一定模型中压缩两种。它具有颗粒形状规则、均一、致密度高、所需黏结剂用量少和造粒水分低等优点。但是生产能力低、模具损耗大、所制备的颗粒粒径有一定的下限。该造粒方法多被制药造粒、食品造粒、催化剂成型和陶瓷行业等静压制微粒球磨等工艺所采用。

（2）挤压造粒法

挤压造粒法是用螺旋、活塞、辊轮、回转叶片对加湿的粉体加压，并从设计的网板孔中挤出，此法可制得 0.2mm 至几十毫米的颗粒。该法要求原料粉体能与黏结剂混合成较好的塑性体，适合于黏性物料的加工，颗粒截面规则均一，但长度和端面形状不能精确控制，致密度比压缩造粒低，黏结剂、润滑剂用量大，水分高，磨具磨损严重。不过，因为其生产能力很大，被广泛地用于农药颗粒、催化剂载体、颗粒饲料和食品的造粒过程。这类造粒设备有螺旋挤压式、旋转挤压式、摇摆挤压式等，如图 12-5 所示。

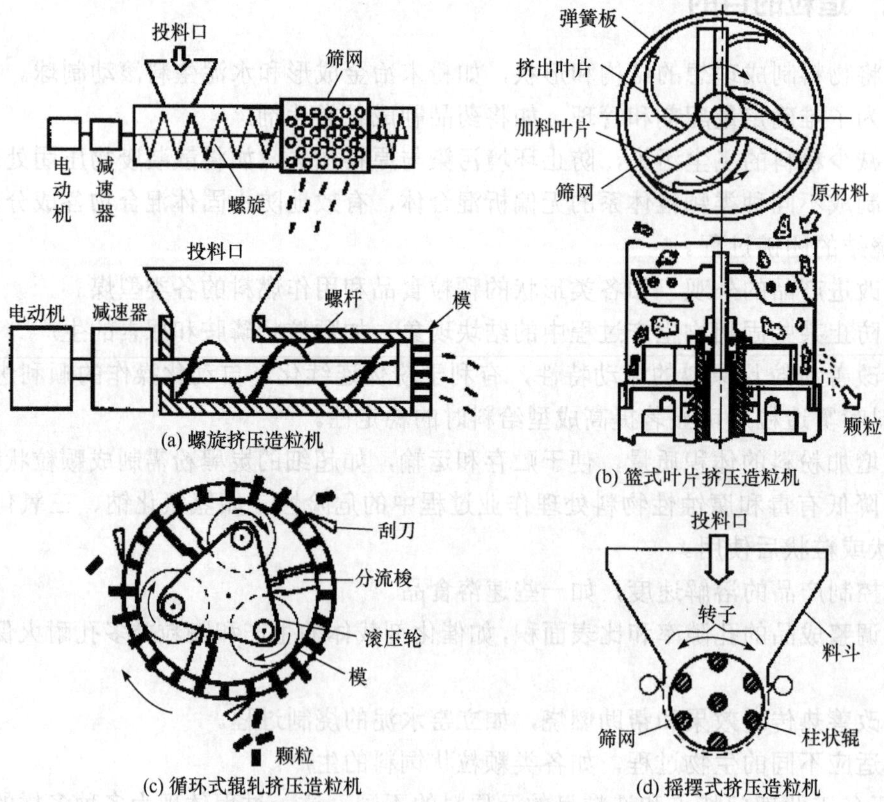

(a) 螺旋挤压造粒机

(b) 篮式叶片挤压造粒机

(c) 循环式辊轧挤压造粒机

(d) 摇摆式挤压造粒机

图 12-5　挤压式造粒机

（3）破碎造粒法

破碎造粒法有干法和湿法两种。将物料破碎之后，再粉碎，从而凝聚成粒。湿法可制得 0.1～0.3mm 的颗粒。这里所说的破碎造粒不是单纯的粉碎操作，也不是制造细粉，而是在所定的粒度范围内的破碎。

（4）凝聚造粒法

含少量液体的粉体因液体表面张力作用而凝聚，用搅拌、转动、振动或气流使干粉体流动，若再添加适量的液体黏结剂，则可像滚雪球似地使制成的粒子长大，粒子的大小可达数毫米至几十毫米。该方法的优点是处理量大、设备投资少和运转率高，缺点是颗粒密度不大，难以制备粒径较小的颗粒。该方法多被用于冶金团矿、立窑水泥成球、粒状混合化肥以及食品的生产，也用作颗粒多层包覆工艺制备功能性颗粒。常用盘式成球机来凝聚造粒，回转盘内物料的转动如图 12-6 所示。

（5）喷雾造粒法

喷雾造粒法是将物料溶液或混悬液用雾化器喷雾于干燥室的热气流中，使水分迅速蒸发以直接获得球状干粉的操作方法。该法在数秒内完成液态原料的浓缩、干燥、造粒。对用微米和亚微米级的超细粉体制备平均粒径为几十微米至数百微米的细小颗粒来说，喷雾造粒几乎是唯一而且很有效的方法。所制备的颗粒近似球形，有一定的粒度分布。整个造粒过程全部在封闭系统中进行，无粉尘和杂质污染，其缺点是水分蒸发量大，喷嘴磨损严重。该法多被食品、医药、染料、非金属矿加工、催化剂和洗衣粉等行业采用。图 12-7 是典型的喷雾造粒流程示意图。喷雾造粒过程可分为喷雾过程、雾气接触过程、干燥过程及产品收集过程。喷雾设备可分为喷雾装置、干燥器、产品收集装置及气体清洁装置。

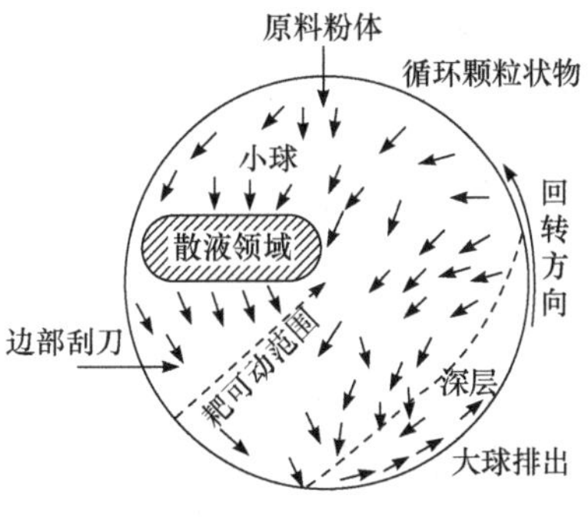

图 12-6　盘式成球机的工作原理

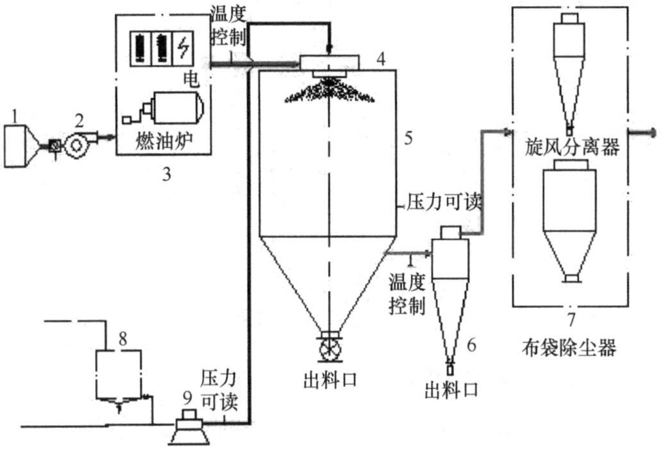

图 12-7　典型的喷雾造粒流程示意图

1—空气过滤器；2—送风机；3—加热器；4—雾化喷枪；5—干燥塔；6——级除尘器；7—二级除尘器；8—搅拌池；9—压力送料泵

（6）流化床造粒

让粉料在流化床床层底部空气的吹动下处于流态化，再把水或其他黏结剂雾化后喷入床层中，粉料经过沸腾翻滚逐渐形成较大的颗粒。这种方法的优点是混合、造粒、干燥等工序在一个密闭的流化床中一次完成，操作安全、卫生、方便。该法广泛应用于肥料、药品、工业化学品、食品（尤其速溶食品）、陶瓷、核燃料以及树脂工艺等。流化床造粒机示意图如图 12-8 所示，其主要结构由容器、气体分布装置（如筛板等）、喷嘴、气固分离装置、空气进口和出口、物料排出等组成。

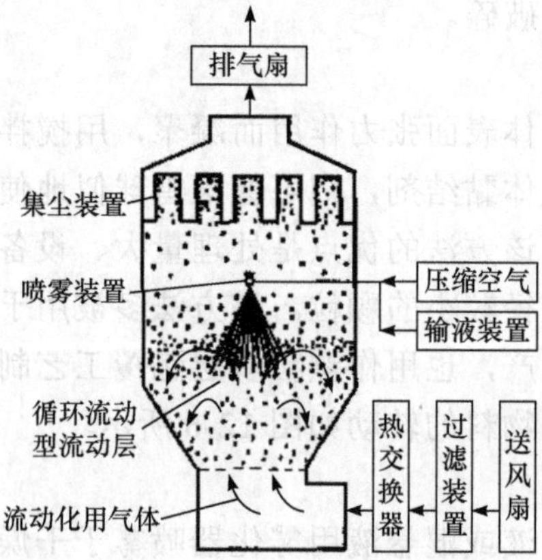

图 12-8 流化床造粒机示意图

（7）滚动造粒

滚动造粒多采用如图 12-9 所示的盘式造粒设备，该装置主要是由一个倾角可调的转动圆盘组成，盘中的粉料在喷入的水或黏结剂的作用下形成微粒并在转盘的带动下升至高处，然后借助于重力向下滚动，这样反复运动，颗粒不断增大至一定粒径后从下边缘滚出。该法处理量大，设备投资少，运转率高。但采用该法获得的颗粒密度较低，难以制备粒径较小的颗粒。

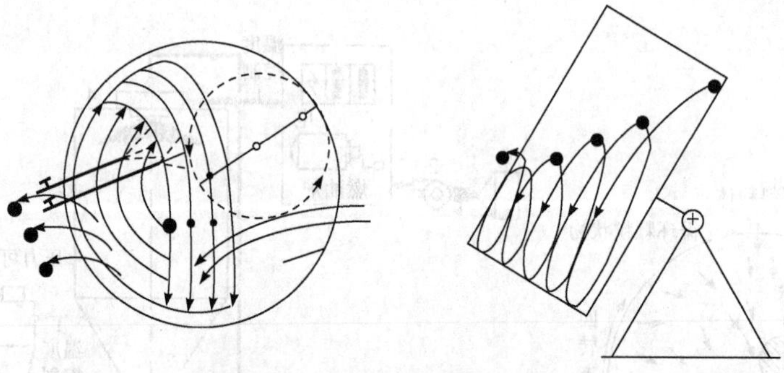

图 12-9 成球盘造粒机工作原理

（8）熔融造粒法

将物质熔融细化，然后冷却凝固，通过喷射或由板上滴下进行细化，通过将熔融液黏附于冷却转筒凝固而成碎片状或将熔融液注入铸型等不同方法制粒，如铁矿的烧渣等。

第 13 章　粉尘的危害与防护

13.1　粉尘的定义

粉尘是对能较长时间悬浮于空气中的固体颗粒物的一种总称。实际上，悬浮于空气的固体颗粒物有多种名称，粉尘往往只是指那些由固体物料经机械撞击、研磨、碾轧而形成的固体颗粒，其粒径大都在 0.25～20μm，其中绝大部分为 0.5～5μm。另外一种在物料燃烧或金属熔炼过程中产生的固体微粒，一般称为烟尘或烟，其粒径小于 1μm，其中较多的粒径为 0.01～1μm。此外，大气中一些气态化学物质，在一定条件下，经过复杂的物理、化学反应而形成的固态的微小粒子（粒径为 0.005～0.05μm）也属于烟、雾，这些固体微颗粒经气流扬散而悬浮于空气中，给人们的生产、生活以及环境带来许多危害，有些甚至是灾难性的，例如国内外频繁发生的煤矿瓦斯煤粉爆炸等。因此，从 20 世纪起，世界许多国家已开始注重粉尘危害的预防与控制，制定相关行业的标准。在本章中，我们就粉尘的一些特性、危害等基本知识作一些介绍。

13.2　粉尘的来源及分类

13.2.1　生产过程与生产性粉尘的来源

许多工业生产部门，如冶金行业的冶炼厂、烧结厂、耐火材料厂、粉末冶金厂，机械行业的铸造厂，建材行业的水泥厂、陶瓷厂、玻璃厂，纺织行业的棉纺厂、麻纺厂，电力行业的火力发电厂，化工行业的橡胶厂、农药厂、化肥厂等，在生产过程中均可能产生大量粉尘。

归纳起来，粉尘的来源主要有以下几个方面：

① 固体物料的机械粉碎和研磨等加工过程，如球磨机将煤块磨成煤粉。

② 粉状物料的运输、筛分、混合和包装等过程，如用皮带运输机和斗式提升机运输物料或向料仓卸料。

③ 固体表面的加工过程，如用砂轮机磨削刀具或清理黏附在铸件表面的黏砂和氧化皮等。

④ 粉状物料的成型过程，如用压砖机对模具中的粉料进行冲压使之成型。

⑤ 物质的加热和燃烧过程，以及金属的冶炼和焊接过程，如发电过程中煤在锅炉中燃烧后所产生的烟气就夹杂着大量粉尘。

以上除⑤属于物理化学过程外，①～④均属于机械过程。

13.2.2 粉尘的分类

粉尘可以根据许多特征进行分类，大致可分为下列几种：

（1）按粉尘的成分

① 无机粉尘包括矿物性粉尘、金属粉尘以及人工无机粉尘等。

② 有机粉尘包括动物性粉尘、植物性粉尘以及有机性粉尘等。

③ 混合性粉尘是指上述两种或多种粉尘的混合物。混合性粉尘在生产环境中常常遇到，如水泥生产过程中产生的粉尘，既有石灰石和黏土粉尘，又有煤粉等。

（2）按粉尘的粒径

① 可见粉尘是指肉眼可见的粉尘，粒径大于10μm。

② 显微粉尘是指在普通显微镜下可以分辨的粉尘，粒径为0.25～10μm。

③ 超显微粉尘是指在高倍显微镜或电子显微镜下才能分辨的粉尘，粒径小于0.25μm。

（3）按燃烧和爆炸性质

① 易燃易爆粉尘，如金属铝粉尘、煤粉尘、硫磺粉尘等。

② 非易燃易爆粉尘，如石英砂、黏土粉尘等。

（4）从卫生学角度分类

① 呼吸性粉尘，又称可吸入性粉尘，是指能进入人体的细支气管到达肺泡的粉尘微粒，其粒径在5μm以下。由于呼吸性粉尘能到达人的肺泡，并沉积在肺部，所以对人体健康危害大。

② 非呼吸性粉尘，又称不可吸入性粉尘。

③ 有毒粉尘，如锰粉尘、铅粉尘等。

④ 无毒粉尘，如铁矿石粉尘等。

⑤ 放射性粉尘，如铀矿石粉尘等。

此外，还可以根据产生粉尘的生产设备或地点、粉尘的物性等对粉尘分类。

13.3 粉尘的特性

13.3.1 粉尘的润湿性

粉尘粒子能否被液体润湿和润湿难易的性质称为粉尘的润湿性。它取决于粉尘的成分、粒度、温度以及荷电性等因素。例如，破碎后的金属矿石易被水润湿，称为亲水性粉尘；焦油烟气中冷凝而得到的粉尘往往不易被水润湿，称为疏水性粉尘。

粉尘的润湿性除与尘粒本身性质有关外，还与液体性质有直接关系，如表面张力小的液体（汽油）容易润湿尘粒，反之，表面张力大的液体则不易润湿尘粒。因此，在设计湿法除尘设施时，正确地选用润湿液和润湿剂是很重要的。

13.3.2 粉尘的分散度

粉尘的粒径分布也称为粉尘的分散度，是指物质被粉碎的程度。以粉尘粒径大小

（μm）的数量或质量分数来表示，前者称为粒子分散度，粒径较小的颗粒愈多，分散度愈高；反之，则分散度愈低。后者称为粉尘质量分散度，即粉尘粒径较小的颗粒质量分数愈大，质量分散度愈高，吸入量愈多，对人体危害愈严重。

粉尘分散度的高低与其在空气中的悬浮性、被人体吸入的可能性和在肺内的阻留及其溶解度均有密切的关系。

（1）粉尘的分散度与其在空气中的悬浮性

粉尘粒子的大小直接影响其沉降速度。分散度高的尘粒，由于质量较轻，可以较长时间在空气中悬浮，不易降落，这一特性称为悬浮性。如以密度为 2.62g/cm^2 的石英粉尘为例，根据其粒径的不同，其在静止空气中的沉降速度见表 13-1。

表 13-1　不同粒径的石英粉尘在静止空气中的沉降速度

尘粒直径/μm	0.1	1	10	100
沉降速度/（cm/s）	0.0028296	0.28296	28.296	2829.6

从表 13-1 中可以看出粉尘的沉降速度随其粒径的减小而急剧降低，在生产环境中，直径大于 10μm 的粉尘很快就会降落，而直径为 1μm 左右的粉尘可以较长时间悬浮在空气中而不易沉降。粉尘在空气中的悬浮时间与许多因素有关，除与粉尘分散度有关外，还与粉尘的密度和尘粒的形状有关。

在生产条件下，由于机械的转动、工人的走动以及存在热源等因素的影响，经常会有气流运动，这些因素都能延长粉尘在空气中的悬浮时间。一般在生产环境中能较长时间悬浮在空气中的粉尘多为 10μm 以下的尘粒。

（2）粉尘分散度与其表面积的关系

总表面积是指单位体积中所有粒子表面积的总和。粉尘分散度愈高，粉尘的总表面积就愈大，如 1 个 1cm^3 的立方体其表面积为 6cm^2。当将其粉碎成直径为 1μm 的颗粒时，其总表面积就增加到 6m^2，即其表面积增大为原来的 10000 倍，因而分散度高的粉尘容易参加物理化学反应。如有些粉尘可与空气中的氧气发生反应从而引起粉尘的自燃或爆炸，分散度高的粉尘，由于其表面积大，因而在溶液或液体中溶解速度也会增加。

13.3.3　粉尘的溶解度

粉尘溶解度的大小与其对人体的危害性有关。对于有毒性粉尘，随着其溶解度的增加，其对人体中毒作用增强，如铅、砷等。而面粉、糖等粉尘溶解度高，易吸收，并被排出，故反而可减轻对人体的危害。石英尘是难溶物质，在体内持续产生毒害作用，故其危害极其严重。

13.3.4　粉尘的荷电性

粉尘粒子可带有电荷，其来源可能是由于物质在粉碎过程中因摩擦而带电或与空气中的离子碰撞而带电。尘粒的荷电量除与其粒径大小、密度有关外，还与作业环境温度和湿度有关。温度升高时，荷电量增高。湿度增加时，荷电量降低。

粉尘的荷电性对粉尘在空气中的悬浮性有一定的影响，带相同电荷的尘粒由于相互排斥而不易沉降，因而增加了尘粒在空气中的悬浮性；带异性电荷的尘粒则因相互吸引，易于凝聚而加速沉降。

13.3.5 粉尘的爆炸性

悬浮在空气中的某些粉尘，当达到一定浓度时，如果存在着能量足够的火源（如火焰、电火花、炽热物体或由于摩擦、振动、碰撞等引起的火花），就会发生爆炸。具有爆炸危险的粉尘在空气中的浓度只有在一定范围内才能发生爆炸。因此，对于有爆炸危险性的粉尘，在进行通风除尘系统设计时，必须给予充分注意，采取必要的防爆措施。

13.4 粉尘对人体健康的影响

13.4.1 粉尘在呼吸道的沉积

粉尘可随呼吸进入呼吸道，进入呼吸道内的粉尘并不会全部进入肺泡，可以沉积在从鼻腔到肺泡的呼吸道内。尘粒在呼吸道内沉积的方式主要有以下几种：①尘粒的截留；②尘粒的惯性冲击；③尘粒的沉降作用。

13.4.2 粉尘从肺内的排出

人体的肺有排出吸入尘粒的自净化能力，在吸入粉尘后，沉积在有纤毛气管内的粉尘能很快地被排出，但进入到肺泡内的微细尘粒则排出较慢。前者称为气管排出，后者称为肺清除。

关于粉尘在肺内的消除速率，有人用放射性气溶胶进行过研究，发现吸入的尘粒大部分在 24h 内清除。尘粒从肺内的排出速度与尘粒的大小和沉积的部位有关。

13.4.3 粉尘对人体的致病作用

工人作业区的空气中含有大量粉尘，如果没有合适的除尘设备及防护措施，那么在这种环境下工作的工人吸进肺部的粉尘量就多。当吸入的粉尘达到一定数量时，就会引起肺组织病变，一般常引起的疾病主要包括以下几个方面。

13.4.3.1 呼吸系统疾病

（1）肺尘埃沉着病（尘肺病）

肺尘埃沉着病是指由于人体吸入较高浓度的生产性粉尘而引起的以肺组织弥漫性纤维化病变为主的全身性疾病。由吸入粉尘引起肺尘埃沉着病是无疑的，但并不是所有的粉尘都可引起肺尘埃沉着病。目前，确认能引起肺尘埃沉着病的粉尘有硅尘、硅酸盐尘（如石棉尘、云母尘、滑石尘等）、炭粉尘（如石墨尘、活性炭尘等）、金属尘。

（2）肺粉尘沉着病

有些粉尘，特别是金属性粉尘，如钡、铁和锡等粉尘，长期吸入后可沉积在肺组织中，主要产生一般的异物反应，也可激发轻微的纤维化病变，对人体的危害比硅沉着病、硅酸盐肺小。在脱离粉尘作业后，有些病人的病变有逐渐减轻的趋势。但也有研究认为，某些金属粉尘也可引起肺尘埃沉着病。

（3）有机粉尘引起的肺部其他疾患

许多有机性粉尘吸入肺泡后可引起过敏反应，也有些粉尘可引起外源性过敏性肺泡炎，同时，有机性粉尘的成分复杂，有些粉尘可被各种微生物污染，也常混有一定的游离二氧化硅等无机性杂质，长期吸入这种粉尘也可以引起肺组织的病变。

13.4.3.2 其他系统疾病

接触生产性粉尘除可引起上述呼吸系统的疾病外，还可引起眼睛及皮肤的病变。如在阳光下接触煤焦油、沥青粉尘时可引起眼睑水肿和结膜炎。粉尘落在皮肤上可堵塞皮脂腺而引起皮肤干燥，继发感染时可形成毛囊炎、脓皮病等。

因此，为了防治污染，保护人体健康和环境，我国颁布了《中华人民共和国环境保护法》，并经过多次修订。

13.5 粉尘的爆炸性危害

在空气中能够燃烧的任何固体物质，当其分裂成细粉末状时，都可能发生爆炸。如果物质的颗粒尺寸很小，即使它们的氧化速度比通常所说的术语“燃烧”中所指的氧化速度慢得多，但是粉末发生氧化的表面积很大，而颗粒的体积却很小，因此温度上升，氧化速度增快，就会产生更多的热量，以致很快达到失控状态。食用药物、谷物产品、有机材料聚合物和金属等都能发生爆炸。粉尘的爆炸可在瞬间产生，并伴随着高温、高压，热空气膨胀形成的冲击波具有很大的摧毁力和破坏性。

许多迹象表明，粉尘发生爆炸必须同时具备三个条件：①要有充足的氧气来支持燃烧；②要有一个能量足够的点燃源；③粉尘云是在爆炸限度内。

13.5.1 粉尘爆炸机理及特点

粉尘爆炸与气体爆炸相似，也是一种连锁反应，即粉尘云在火源或其他诱发条件作用下，局部发生化学反应释放能量，迅速诱发较大区域粉尘发生反应并释放能量，这种能量使空气温度升高，急剧膨胀，形成摧毁力很大的冲击波。

与气体爆炸相比，粉尘爆炸有三个显著特点：

① 必须有足够数量的尘粒飞扬在空中才能发生粉尘爆炸。尘粒飞扬与颗粒的大小和气体的扰动速度有关。

② 粉尘燃烧过程比气体燃烧过程复杂，感应期长。有的粉尘要经过粒子表面的分解或蒸发阶段，即使是直接氧化，这样的粒子也有由表面向中心燃烧的过程。感应时间（接触火源到完成化学反应的时间）可达几十秒，为气体的几十倍。

③ 粉尘点爆的起始能量大，几乎是气体的几十倍。

在粉尘爆炸的危害方面还有以下两个特点：

① 粉尘爆炸有产生二次爆炸的可能性，因为粉尘初始爆炸的气浪会将沉积的粉尘扬起，在新的空间形成爆炸浓度而产生爆炸，这叫二次爆炸。这种连续爆炸会造成极严重的破坏。

② 粉尘爆炸会产生两种有毒气体：一种是一氧化碳，另一种是爆炸物（如塑料）自身分解的毒性气体。毒气的产生往往造成爆炸过后的大量人畜中毒伤亡，必须充分重视。

13.5.2 影响粉尘爆炸的因素

影响粉尘爆炸的因素有粉尘自身形成的和外部条件形成的两方面因素。影响粉尘爆炸的主要因素如下：

① 爆炸浓度。各种可燃粉尘都有一定的爆炸浓度范围，也即具有爆炸危险的粉尘在空气中的浓度只有在一定范围内才能发生爆炸，这个爆炸范围的最低浓度称为爆炸下限，最高浓度称为爆炸上限。粉尘的爆炸上限，由于浓度值过大（如糖粉的爆炸上限为 $13.5kg/m^3$），在多数场合下都达不到，故设计手册一般只给出粉尘爆炸下限的数值，如表 13-2 所示。

② 燃烧热。燃烧热高的粉尘，其爆炸下限低，爆炸威力也大。

③ 燃烧速度。燃烧速度快的粉尘，爆炸压力较大。

④ 粒径。多数爆炸性粉尘的粒径在 1～150μm 范围内，粒径越细越易飞扬。小粒径粉尘的比表面积大、表面能大，所需点燃能量小，所以容易点爆。因此，限制小颗粒粉尘的产生或设法使粒子凝聚成大粒子，对防止爆炸是有作用的。否则，要对细粒爆炸性粉尘的浮游空间采用灌充抑爆气等防爆措施。

表 13-2 粉尘的爆炸下限

粉尘名称	爆炸下限/（g/m^3）	粉尘名称	爆炸下限/（g/m^3）
铝粉	58.0	谷仓尘末	227.0
煤粉	114.0	面粉	30.2
硫黄	2.3	亚麻皮屑	16.7
硫矿粉	13.9	染料	270.0
泥炭粉	10.1	烟草末	10.1
木屑	65.0	奶粉	7.6
棉花	25.2		

⑤ 氧含量。随着空气中氧含量的增加，爆炸浓度范围也扩大。在纯氧中的爆炸浓度下限降到只有空气中的 1/4～1/3，而能够发生爆炸的最大颗粒尺寸则增大到空气中相应值的 5 倍。

⑥ 惰性粉尘和灰分。惰性粉尘和灰分的吸热作用会影响爆炸。例如，煤粉尘中含 11%的灰分达 15%～30%时，就很难爆炸了。根据这个原理，可在煤巷顶部设岩粉斗，一旦发生爆炸，岩粉斗受爆炸波作用而自动翻转，将岩粉撒出，可以抑制煤尘二次爆炸。

⑦ 空气中含水量。空气中含水量对粉尘爆炸的最小点燃能量有影响。水分能使粉尘凝聚沉降，使爆炸不易达到爆炸浓度范围。水分的蒸发要吸收大量热能使温度不易达到燃点而破坏化学反应链。所产生的水蒸气占据空间，稀释了氧含量而降低了粉尘的燃烧速度。所以在生产条件许可时，喷水是有效的防爆措施。

⑧ 可燃气含量。当粉尘与可燃气共存时，爆炸浓度下限相应下降，且最小点燃能量也有一定程度的降低，可燃气的存在能大大增加粉尘的爆炸危险性，必须警惕产尘生产设备被意外的可燃气（如溶剂挥发气）污染。

⑨ 温度和压力。温度升高和压力增加均能使爆炸浓度范围扩大，所需着火能量下降，所以输送易燃粉尘的管道要避免日光暴晒。

⑩ 最小着火能量。粉尘着火能量一般为 10mJ 至数百毫焦耳，相当于气体着火能量的 100 倍左右。粉尘的着火能量除与粉尘种类有关外，还与粉尘的浓度、粒径、含水量、含氧量、可燃气含量等许多因素有关。

13.6 粉尘爆炸的预防与防护

13.6.1 粉尘爆炸的预防

由上述可知，粉尘爆炸必须具备三个条件，即尘云、氧气和着火源，缺少任一条件都不能发生粉尘爆炸。因此，可以从以下几个方面来预防粉尘爆炸。

（1）防止可爆粉尘云形成

可爆粉尘云的存在是爆炸发生的必要条件之一。所谓可爆粉尘云，是指粒度小于 500μm 的粉尘含量占有一定比例，且其浓度在爆炸范围内，粉尘与空气或氧气充分混合呈悬浮状的尘云。

① 控制粉尘浓度，也就是使粉尘浓度低于爆炸下限或高于爆炸上限。

② 生产过程的惰化处理，它是避免形成可爆煤粉气混合物的有效方法。例如，烟煤的最大爆炸压力上升速率随氧浓度的降低而明显下降，当温度不太高（≤100℃）、氧浓度为 12%时，烟煤粉尘不会发生爆炸。此外，也可用惰性粉惰化的方法。由于无烟煤比烟煤爆炸浓度低得多，故常用其与烟煤粉混合使用，用以在启动或停机时降低烟煤粉的爆炸性。新投产的烟煤粉处理系统，先用石灰石（惰性粉）试车，使设备死角被惰性料填充，以避免烟煤粉残留在死角内发生自燃。设备启动前或停机后，使用惰化气体清除设备内的积尘，也是防爆措施之一。

（2）限制氧气量

如能降低空气中氧的浓度，也可大大减小爆炸的可能性。空气中氧的浓度小于 10%时，许多有机物粉尘将不会发生爆炸。英国的塑料制品厂就是通过限制最大许可氧气量来防止爆炸。研究表明，点火源即点火方法不同，最大许可氧气浓度值明显不同，炉内试验时易着火，故许可氧气量低。防止金属粉着火的空气最大许可含氧量如表 13-3 所示。

表 13-3 防止金属粉着火的空气最大许可含氧量

粉体	氧气量/%	粉体	氧气量/%
铝	3	锰	15
锌	10	硅	15
铁（羟基化铁）	10	锑	16
铁（氢还原）	13～18	锡	16

必须指出，限制氧气量对防止粉尘爆炸虽然是有效的，但空气中氧气不足对工作人员的健康是有害的。因此，在没有采取有效的保健措施之前，不能采用减少氧气量的方法。如果用 CO_2 或 N_2 稀释氧含量，其优缺点与前者无多大差别。而且，用 CO_2 或 N_2 充入空气也不能防止某些金属粉体的爆炸。因为自由燃烧的高温金属在缺氧的空气中仍能和 CO_2 或 N_2 发生剧烈反应。尤其铸造锆、镁以及镁合金时易产生爆炸。因此，这种情况下金属粉体的存在是非常危险的。

（3）排除着火源

引起粉尘爆炸的着火源有明火、电加热、连续的电火花、大电流电弧、热辐射、冲击等，甚至自燃形成的火源，例如烟煤的自燃。这些火源在尘云内出现，爆炸将是难免的，因此，排除着火源是预防粉尘爆炸的有效措施之一。

火花探测和熄灭系统是消除着火源的有效途径。这种系统通常安装在除尘管道上，在探测到着火源后，用适量的水雾将火花熄灭。

对于煤粉储罐内引起的自燃，因燃烧不充分放出 CO，则可用监控 CO 浓度，及时向罐内补充惰性气体抑制自燃。

在处理气体或水蒸气类的爆炸性混合物、可燃性液体、具有爆炸性的粉体时，要防止静电放电引起爆炸。所以，盛装这些物质的实验容器必须用导电性好的材料制作，实验装置还必须有良好的接地装置。另外，粉体在空气中自由降落时，往往由于与空气摩擦、表面脱落而带电，为此，接收粉体的容器必须绝缘以防放电。欲通过接地而将粉体所带的电导出并非易事，如果使粉体处于含大量水蒸气的气氛中，则能有效地防止粉尘带电。此外，还可采用在空气中放电，使粉尘离子化以中和带电的方法。

13.6.2 粉尘爆炸的防护

由于人为的误差、设备的故障和程序的失误，在生产过程完全消除可燃性粉尘的燃烧或爆炸是很困难的，万一发生粉尘爆炸，可以通过以下几种方法将损害降至最低程度。

（1）爆炸封锁

就是使容器或外壳具有足够的强度，能承受点燃时的最大爆炸压力，这样使爆炸发生在空腔内。例如烟煤的最大爆炸压力一般不超过 0.9MPa，采用爆炸封锁技术是可行的，爆炸封锁技术对设备强度的要求较高，设备必须具备可承受粉尘的最大爆炸压力而不产生永久变形。显然，设备的强度必须按压力容器的要求进行设计，设计耐压力应大于最大爆炸压力。

（2）泄爆

泄爆就是降低爆炸作用的一种防护措施，用此方法就可以把外壳中因快速燃烧产生的最大爆炸压力限制到不会使外壳结构产生极大应力或破坏的程度。这个方法可以通过孔洞或泄爆孔把燃烧物质释放到外部来达到目的。它可能是一个可打开的或带铰链的门，或是一个薄材料制成的爆破膜，爆炸压力升高时就会破裂。用泄爆技术的设备投资比爆炸封锁技术低，所以应用较普遍，但对于高压系统不宜采用泄爆技术，因其泄爆气流可达音速之大，易造成环境污染，且维修不便。

（3）爆炸抑制

爆炸抑制的基本原理就是在爆炸发生之前早期检测出来，并采用灭火介质覆盖在系统上以防止爆炸发生。对许多粉尘来说压力升高或火焰的第一个信号和峰压脉冲间隔的时间是 0.01～0.07s，检测和开始释放抑制物的时间大约为 0～0.002s，因此，阻止许多爆炸进一步扩大是可行的。

爆炸抑制所采用的抑制剂可以是液态、雾态或粉末状的形式。两种最普通类型的抑制剂是卤代烃（例如卤溴甲烷）和磷酸铵粉末，但在某些情况下也可使用水。抑制剂的作用是复杂的，大致可分为以下几种：①冷却燃烧区域，例如利用液态抑制剂的蒸发原理；②游离基的清除，抑制剂中的活性物质阻止燃烧传播的化学反应链；③提前惰化，在未燃烧混合物中的抑制剂浓度可使混合物变成不燃的；④氧隔绝；⑤物理熄灭，未燃烧微粒或液滴发生凝聚作用使不爆炸条件占优势。上述中任何一种作用都能抑制一次爆炸。

与泄爆相比，爆炸抑制措施的安装和维护费用要贵得多。但是事故后只有较少的污染，而且通常不需要大量的清理工作。爆炸抑制不仅保护了设备本身，而且还保护了现场的操作人员。对于无法避免粉尘沉积的地方，爆炸抑制措施还能够避免在室内发生的二次爆炸。

（4）惰化

惰化系统把设备内的氧浓度降到不能支持爆炸的程度。最常用的气体是氮和二氧化碳，便宜且易于买到。在某些制造工艺中，也可以很容易从燃烧产物中得到一定数量的惰性气体。在这种情况下就能为惰化提供更经济的解决办法。

一般说来，惰化是解决粉尘爆炸的最昂贵的办法，但是在着火频繁不能减少的地方，从惰化可以完全消除爆炸这一长远观点来看，它或许是最经济的，因为没有频繁开动抑制系统的花费或破坏，以及在泄爆中时间的浪费和产品的损失。

参考文献

[1] 张长森. 粉体技术及设备[M]. 上海: 华东理工大学出版社, 2007.
[2] 周仕学, 张鸣林. 粉体工程导论[M]. 北京: 科学出版社, 2013.
[3] 郑水林. 超微粉体加工技术与应用[M]. 2 版. 北京: 化学工业出版社, 2011.
[4] 曹茂盛. 超微颗粒制备科学与技术[M]. 哈尔滨: 哈尔滨工业大学出版社, 1998.
[5] 盖国胜. 超细粉碎分级技术[M]. 北京: 中国轻工业出版社, 2000.
[6] 卢寿慈. 粉体加工技术[M]. 北京: 中国轻工业出版社, 1999.
[7] 李凤生. 超细粉体技术[M]. 北京: 国防工业出版社, 2000.
[8] 吴丽, 王晓伟, 路兴杰, 等. 颗粒测试技术发展现状及应用进展[J]. 工业计量, 2019, 29(1): 1-8.
[9] 王世敏, 许祖勋, 傅晶. 纳米材料制备技术[M]. 北京: 化学工业出版社, 2002.
[10] 张立德, 牟季美. 纳米材料和纳米结构[M]. 北京: 科学出版社, 2001.
[11] 蒋阳, 程继贵. 粉体工程[M]. 合肥: 合肥工业大学出版社, 2005.
[12] 姜奉华, 陶珍东. 粉体制备原理与技术[M]. 北京: 化学工业出版社, 2019.
[13] 陶珍东, 郑少华. 粉体工程与设备[M]. 3 版. 北京: 化学工业出版社, 2015.
[14] 谢洪勇. 粉体力学与工程[M]. 北京: 化学工业出版社, 2003.
[15] 陆厚根. 粉体技术导论[M]. 上海: 同济大学出版社, 2006.
[16] 郑水林, 王彩丽, 李春全. 粉体表面改性[M]. 4 版. 北京: 中国建材工业出版社, 2019.
[17] 王介强, 徐红燕. 粉体测试与分析技术[M]. 北京: 化学工业出版社, 2017.